本书是江苏高校哲学社会科学研究重大项目“移动互联网时代高校网络安全教育对策研究”（项目批准号：2021SJZDA083）、教育部人文社会科学研究专项任务项目（高校辅导员研究）“高校辅导员与思政课教师、专业课教师协同育人研究”（项目批准号：23JDSZ3133）、江苏大学大学生思想政治教育专项重点项目“高校大学生国家安全意识研究”（项目批准号：JDXGZD202104）、江苏大学课程思政教学改革研究项目“精准思政视域下国家一流专业课程思政实施路径探析”（项目批准号：2022SZYB023）的阶段性研究成果。

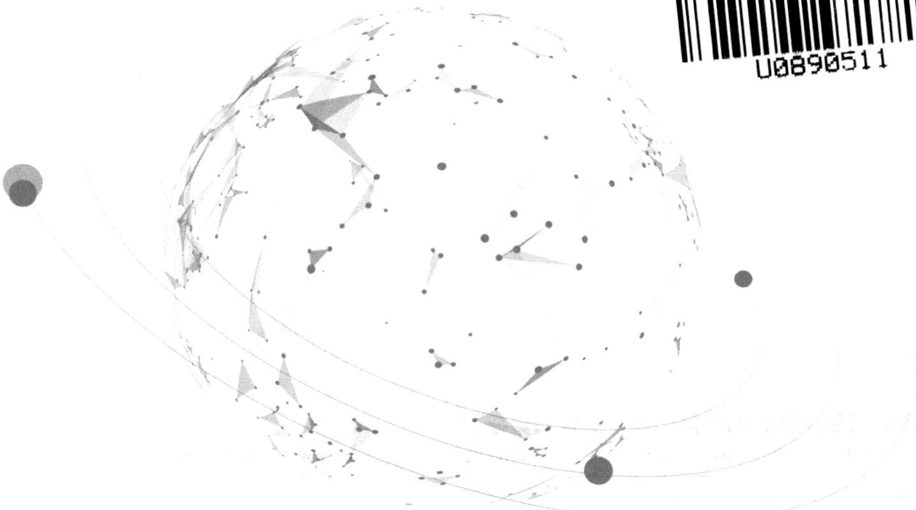

移动互联网时代
高校网络安全教育对策研究

王训兵　丁雯雯　著

江苏大学出版社
JIANGSU UNIVERSITY PRESS
镇　江

图书在版编目(CIP)数据

移动互联网时代高校网络安全教育对策研究 / 王训兵，丁雯雯著. -- 镇江：江苏大学出版社，2024.10
ISBN 978-7-5684-2069-3

Ⅰ. ①移… Ⅱ. ①王… ②丁… Ⅲ. ①高等学校–计算机网络–信息安全–研究 Ⅳ. ①TP393.08

中国国家版本馆 CIP 数据核字(2023)第 251305 号

移动互联网时代高校网络安全教育对策研究
Yidong Hulianwang Shidai Gaoxiao Wangluo Anquan Jiaoyu Duice Yanjiu

著　　者/王训兵　丁雯雯
责任编辑/吴春娥
出版发行/江苏大学出版社
地　　址/江苏省镇江市京口区学府路 301 号(邮编：212013)
电　　话/0511-84446464（传真）
网　　址/http://press.ujs.edu.cn
排　　版/镇江市江东印刷有限责任公司
印　　刷/苏州市古得堡数码印刷有限公司
开　　本/710 mm×1 000 mm　1/16
印　　张/16
字　　数/300 千字
版　　次/2024 年 10 月第 1 版
印　　次/2024 年 10 月第 1 次印刷
书　　号/ISBN 978-7-5684-2069-3
定　　价/58.00 元

前言
PREFACE

随着移动互联网技术的广泛传播与应用，高等院校中的大学生群体的网络活动愈发频繁，网络空间逐渐成为大学生学习、交流和娱乐的关键场所。然而，网络环境的复杂多变和不确定性，导致大学生在享受网络带来的便利的同时，也遭遇了众多网络安全方面的问题。因此，如何站在国家长远发展的战略高度，紧跟移动互联网时代的步伐，构建新型网络安全教育生态系统，以及如何运用移动互联网思维对传统的网络安全教育模式进行创新与改革，实现网络安全教育的课堂化、教材化和内化，全面提升学生的网络安全意识，成为高等院校必须正视并亟待解决的关键问题。

本书在对移动互联网时代高等院校网络安全教育进行系统性研究与分析的基础上，通过文献综述、调查研究、数据分析等方法深入探讨了移动互联网为高等院校网络安全教育带来的机遇与挑战，以及高等院校网络安全教育问题的形成机制与影响因素。本书借鉴了网络思想政治教育和计算机学科的相关理论与研究成果，基于网络安全教育的问题导向，遵循网络安全教育的基本原则、理论逻辑和实践要求，探索并实践移动互联网时代高等院校网络安全教育的有效策略和机制创新，体现出网络思想政治教育的针对性和有效性。

本书的结构安排如下：第一章为绪论，阐述了研究的背景与意义，明确了研究的目的、内容、方法及研究的重点与难点。第二章介绍了移动互联网时代高校网络安全教育研究的相关理论，系统性地说明了网络安全的概念、特征及移动互联网时代网络安全的新特点。第三章分析了移动互联网时代高校网络安全教育的机遇，探讨了高校如何通过移动互联网深化网络安全教育，以及如何利用大数据、人工智能等提升网络安全教育效果。第四章深入探讨了移动互联网时代高校网络安全教育面临的挑战，并结合具体案例，深入剖析了这些挑战的成因，以便为后续对策的制定提供依据。第五章运用了问卷调查的方法开展实证研究，结合统计软件进一步审视高校网络安全教育中存在的具体问题。同时，运用了系统论的方法，从制度设计、资源配置、师资力量、学生认知等多个维度深入分析了这些问题的成因。第六章提出了移动互联网时代高校网络安全教育的建议，涵盖教育内容的更新与拓展、教育方式的创新与优化、教育资源的整合与共享、教育评价的完善与强化等多个方面，旨在构建一个全方位、多层次、立体化的高等院校网络安全教育体系。

本书在有限范围内开展调查研究，运用统计软件对问卷调查得到的数据进行分析，探究了移动互联网时代高校网络安全教育的原则、途径和机制等，旨在使高校网络安全教育贯穿教育教学全过程、融入人才培养各环节，全面增强学生的网络安全意识，提升学生维护网络安全的能力，使学生成为网络安全的建设者。

本书是一部探索性著作，内容尚有值得商榷之处，同时作者的精力和水平有限，难免存在疏漏之处，敬请同行、专家、学者及广大读者批评指正。

王训兵

2023 年 10 月

目录
CONTENTS

第一章
绪 论

随着信息网络技术的飞速发展和智能终端的快速普及，我们迈入了移动互联网快速发展的时代。《中华人民共和国国民经济和社会发展第十四个五年规划和2035年远景目标纲要》第五篇指出，要“迎接数字时代，激活数据要素潜能，推进网络强国建设，加快建设数字经济、数字社会、数字政府，以数字化转型整体驱动生产方式、生活方式和治理方式变革”，“加强网络安全宣传教育和人才培养”，为新时期网络安全发展和人才培养指明方向。时代是思想之母，实践是理论之源。高校需要站在国家事业长远发展的全局高度，紧扣移动互联网时代的脉搏，建立新型网络安全教育生态格局，全面增强大学生的网络安全意识，提升大学生维护网络安全的能力。

第一节　研究背景与意义

21世纪是信息网络技术高速发展的时代。网络融入人们生活的方方面面，时时刻刻都在影响着人们的生活。移动互联网为人们的生活带来了极大的便利，拉近了人与人之间的距离，不断改变着人们的生活方式和交往方式，在国际竞争和人才培养方面发挥着重要的作用。然而网络技术的发展一方面给人们带来了机遇，另一方面也衍生出了一系列的安全风险。网络安全已不只是网络本身的安全，更关系着国家安全、社会安全、个人的人身安全等。

一、研究背景

在网络信息时代，移动互联网已成为大学生学习生活的重要空间、信息交互的重要渠道、学术交流的重要载体、高校治理的重要平台和思想政治教育的重要媒介，影响着当代大学生的思想观念、行为方式、心理状况。大学生是网络技术重要的应用者和积极的参与者，增强大学生的网络安全意识是守护国家安全的重要一环。如何在大学生群体中发挥移动互联网的积极作用，降低移动互联网对高校思想政治教育造成的负面影响？这是高校思想政治工作者需要深入思考的问题。

习近平总书记多次对网络安全作出重要论述。2014年2月，中央网络安全和信息化领导小组第一次会议召开，习近平总书记对网络安全和信息化发展作出一系列重要论断和重大部署，他强调，要“努力把我国建设成为网络强国”。显然，网络安全问题已经上升到国家战略层面。2015年12月，在第二届世界互联网大会开幕式上，习近平总书记指出：“各国应该加强沟通、扩大共识、深化合作，共同构建网络空间命运共同体。”2019年网络安全宣传周前夕，习近平总书记强调，“举办网络安全宣传周、提升全民网络安全意识和技能，是国家网络安全工作的重要内容”。习近平总书记在党的二十大报告中强调，要“健全网络综合治理体系，推动形成良好网络生态”。

在网络安全愈加严峻的形势下，一方面要通过技术筑牢网络安全防线，另一方面要最大限度地降低人为因素导致的网络安全风险。网络空间存在高度信息化、虚拟化、平等化、间接化等特点，这给主要通过思想政治理论课开展网络安全教育的高校带来了挑战。因此，探索和完善移动互联网时代大学生网络安全教育的有效策略具有重要的理论和实践意义。

二、研究意义

（一）理论意义

本书分析移动互联网时代高校网络安全教育面临的机遇和挑战，结合教育学、管理学、心理学、计算机科学与技术等学科知识，从多个角度深刻把握移动互联网的发展对高校网络安全教育有效策略的要求，探索高校网络安全教育新路径，有助于丰富和完善网络思想政治教育的理论体系，促进思想政治教育学科的发展。

（二）实践意义

本书通过对移动互联网时代高校网络安全教育的传统路径和新兴路径进行调查，梳理高校网络安全教育的典型案例、实施途径、理论成果，提出提升高校网络安全教育的对策。同时，本书通过调查移动互联网时代高校网络安全教育存在的主要问题，了解大学生的核心诉求，探究高校网络安全的影响因素和加强高校网络安全的措施。本书旨在增强高校网络思想政治教育的实效性，促进大学生成长成才，提升高等教育人才培养质量。

深化和完善高校网络安全教育，是切实维护国家安全的必然要求。国家始终将依法治网作为加强数字生态建设、构建规范有序网络环境的基础性手段，坚定不移推进依法管网、依法办网、依法上网，推动互联网在法治轨道上健康运行。提升大学生的网络安全素养，有利于维护网络安全，同时也有利于维护国家安全。大学生如果缺乏网络安全素养，可能会被境内外敌对势力蛊惑，从而做出危害社会公共利益，甚至实施损害国家安全的行为，对国家、社会造成严重的危害。

深化和完善高校网络安全教育，是构建良好网络安全生态的必然要求。“网络空间是亿万民众共同的精神家园。”① 随着智能终端特别是智能手机的日益普及，网络空间已成为大学生学习生活的“第一环境”。高校在满足学生需

---

① 习近平总书记在网络安全和信息化工作座谈会上的讲话［EB/OL］.（2016-04-25）［2023-05-28］. http：//www. cac. gov. cn/2016-04/25/c_1118731366. htm.

求、强化优质内容供给的同时，也要不断应对从现实世界蔓延到网络世界的问题。良好的网络安全保障能力和健康的网络安全生态是大学生正常开展学习科研生活的前提，电信网络诈骗，如刷单返利、虚假投资理财、虚假网络贷款、冒充客服、冒充公检法等无疑会威胁大学生的人身安全和财产安全。因此，不断提升大学生网络安全素养，既是应对网络安全威胁的有效手段，也是构建良好网络安全生态的现实需要。

深化和完善高校网络安全教育，是培养社会主义合格建设者的必然要求。大学是大学生人生重要的转折点，也是奠定大学生未来发展的基石。大学生群体既是推动国家发展的生力军，也是网络安全人才的主要后备力量，在维护国家网络安全、实施网络强国战略方面肩负极其重要的责任。大学生的综合素质对国家未来的发展有着深远的影响，因此高校不仅要重视培养大学生的专业知识，而且要重视大学生的思想政治教育。提升网络安全素养既需要大学生学习网络安全技术知识，又需要大学生增强网络安全意识、遵守网络行为规范、养成文明的网络生活方式。随着人工智能等技术的飞速发展，人类社会的发展已离不开网络空间。网络信息服务的推陈出新和不断增加的网络安全威胁，使得高校网络安全教育成为一项长期性和系统性的工程。网络安全教育是解决网络安全人才培养质量和数量不足这一问题的根本办法。

最后，本书还提出了移动互联网时代高校网络安全教育的路径，进一步丰富完善高校网络思想政治教育内容，以数智化推动高校思想政治教育转型升级。高校应在解决网络安全教育问题的基础上，积极利用移动互联网时代所带来的新媒体技术和工具，构建以大学生为主体的移动互联网时代高校网络安全教育的实践体系，拓宽教育形式，系统推进网络安全教育进教材、进课程、进校园，提升大学生网络安全教育的有效性，提高高校思想政治教育的吸引力和影响力，增强高校思想政治教育的获得感。

第二节　国内外研究现状

互联网起源于20世纪60年代的美国，它的出现是人类通信技术的一次革命。相对于西方发达国家，我国的网络安全教育起步较晚，近些年才迈入迅速发展的阶段。随着云计算、大数据、物联网、人工智能等信息技术的发展和智能终端特别是智能手机的普及，移动互联网以不可阻挡之势融入人们学习生活工作的方方面面。截至2022年12月，我国网民规模达10.67亿人，手机网民规模达10.65亿人，网民使用手机上网的比例为99.8%，网民的人均每周上网时长为 26.7 个小时，互联网普及率达 75.6%。[①] 移动互联网的迅猛发展，深刻地改变了高校网络安全教育的现状与格局。

一、国内研究现状

20 世纪 90 年代，互联网进入我国。在综合国力不断增强的情况下，我国信息网络基础设施建设实现了跨越式发展，互联网普及率快速提高，信息化进程显著加快，与西方发达国家之间的差距逐渐缩小。与此同时，高校的网络安全问题日益突出，网络对大学生的影响已不容忽视。通过检索中国知网，我们发现，学界对“移动互联网+高校网络安全教育”的研究与思考始于 2003 年，之后几年虽有学者发表相关论文，但多从技术角度探讨高校网络安全教育。2014 年 2 月，习近平总书记在中央网络安全和信息化领导小组第一次会议上指出，“网络安全和信息化对一个国家很多领域都是牵一发而动全身的”“没有网络安全就没有国家安全，没有信息化就没有现代化”“建设网络强国的战略部署要与‘两个一百年’奋斗目标同步推进”。随后，有关互联网网络安全教育的研究开始增多。李克强在《2015 年政府工作报告》中提出制定“互联网+”行动计划，将“互联网+”上升至国家战略层面，同年“中国‘互联网+’大学生创新创业大赛”创办，学术界对移动互联网和高校网络思想政治教育的相关问题进行了更加广泛的研究。2016 年 11 月，《中华人民共和国网络安全法》颁布，于 2017 年 6 月 1 日实施。这是我国网络安全领域首部基础性、框架性、综合性法律。2017 年 2 月，中共中央、国务院印发《关于加强和改进新形势下高校思想政治工作的意见》，强调“要强化思想理论教育和价值引领”“要加强对校园各类思想文化阵地的规范管理，加强校园网络安全管理，营造风清气正的网络环境”。

（一）移动互联网技术发展研究

移动互联网发展方兴未艾，正深刻影响着世界的发展。赵林指出中国移动互联网的时代正在悄然来临，客观条件决定了这一场技术和商业革命的来势将比几年前的有线互联网更为迅猛。[②] 余晓辉等提出移动互联网是以移动通信网作为接入网络的互联网及服务，它包括三个要素，即移动通信网络接入、公众互联网服务和移动终端。[③] 梁晓涛和汪文斌认为移动互联网是指移动通信终端与互联网相结合成为一体，用户使用手机、掌上电脑或其他无线终端设备，通

① 中国互联网络信息中心．第 51 次中国互联网络发展状况统计报告［R/OL］.（2023-03-02）［2023-05-30］. https://www.cnnic.cn/n4/2023/0302/c199-10755.html.

② 赵林．中国移动互联网：机遇、挑战与策略［J］. 无线电工程，2002（2）：30-33，47.

③ 余晓辉，许志远．技术业务发展催生移动互联网［J］. 世界电信，2008（2）：62-66.

过速率较高的移动网络，在移动状态下（如在地铁、公交车等）随时、随地访问互联网以获取信息，使用商务、娱乐等各种网络服务。① 该观点不仅概括了移动互联网的物质载体、使用的技术和运用的范围，还指出了移动互联网的优势，即人们能随时随地连接网络，享受到便利和快捷的网络服务。许志远等认为移动互联网跨越了产业之间、产业链上下游之间的壁垒，让互联网公司、消费电子公司、电信运营商、终端厂商、芯片厂商之间形成了短兵相接的竞争，使互联网延伸至更深的领域，产生更多的影响。移动互联网改善了整个社会使用信息技术的基本方式，网络接入方式更具人性化。② 郑凤等编著的《移动互联网技术架构及其发展》、傅洛伊等编著的《移动互联网导论》等，侧重于梳理和探索移动互联网的技术发展脉络，虽然未直接涉及网络思想政治教育相关问题，但是书中占领网络入口、打造开放平台、移动互联网安全等主张对网络思想政治教育有一定的借鉴意义。

（二）网络思想政治教育研究

张建松认为网络思想政治工作是基于数字化的网络空间，通过双方互联，进行直接的信息交流来实现的，它不仅是思想政治工作信息的网络化，更是思想政治工作本身的信息化、网络化。③ 刘梅认为网络思想政治教育是根据传播学原理和思想宣传的理论，利用计算机网络所进行的思想政治教育。④ 此观点为其他学者后续开展研究提供了参考依据。曾令辉认为网络思想政治教育的基本内容体系包括网络思想教育、网络政治教育、网络伦理教育、网络法治教育和网络心理教育等内容。其中，网络思想教育是先导，渗透在其他各项教育之中；网络政治教育处于核心地位；网络伦理教育（道德教育）、网络法治教育是重点和主要内容；网络心理教育是基础。⑤ 刘献君认为加强网络法制、责任、政治、安全意识教育，本身也是网络思想政治教育的重要内容。⑥ 杨立英从传播学的角度对网络思想政治教育进行界定，认为网络思想政治教育是指运用思想宣传的理论和传播学的原理，以互联网为载体开展教育。它通过制作、传播和控制网络信息，引导网民（或受众）在全面客观地接触信息的基础上，

① 梁晓涛，汪文斌．移动互联网［M］．武汉：武汉大学出版社，2013：2.

② 许志远，周兰，黄伟，等．移动互联网：模式创新的力量［M］．北京：电子工业出版社，2014：2.

③ 张建松．发挥校园网络思想政治工作的作用［J］．空军政治学院学报，1999（6）：70-71.

④ 刘梅．试论网络思想政治教育［J］．福建论坛（经济社会版），2000（3）：50-52.

⑤ 曾令辉．网络思想政治教育概论［M］．南宁：广西民族出版社，2002：75.

⑥ 刘献君．迎难而上：推进思想政治教育进网络［J］．中国高等教育，2001（Z1）：36-37.

有选择性地吸收正确的消息，从而达到思想政治教育的目的。① 曾令辉认为网络思想政治教育应有广义与狭义之分。广义的网络思想政治教育，是指一定阶级、政党、社会团体用一定的思想观念、政治观点、道德规范，通过现代信息网络传媒对其网络受众施加有目的、有计划、有组织的影响，使他们形成符合一定社会（物理现实社会和网络虚拟社会）、一定阶级所需要的思想品德和信息素养的网络实践活动。狭义的网络思想政治教育，是指在传统思想政治教育理论基础上，运用心理学、行为学、传播学和现代信息技术等学科的相关知识，研究网络受众的思想形成、发展和行为的规律及方法，引导网络受众形成符合社会主义社会要求的思想观念、政治观点、道德规范的网络实践活动。② 张再兴认为可以从两个层面理解网络思想教育的内涵：一是网络环境下的思想教育，二是基于网络的思想教育。前者是广义的网络思想教育，其要解决的问题是在网络化的社会环境中，传统的思想教育从理念到内容、手段、机制、组织方式如何发展、如何创新，涉及思想教育全面体系的构建问题；而后者是狭义的网络思想教育，其要解决的问题是如何将网络作为思想教育的新阵地、新工具、新方法，用于加强和改进思想教育，涉及思想教育局部体系的构建问题。③ 上述分类方式丰富和细化了网络思想政治教育的内涵。

与网络思想政治教育相关的著作较多，如 2009 年张再兴等人著的《网络思想政治教育研究》、2010 年徐建军著的《大学生网络思想政治教育理论与方法》、2012 年宋元林著的《网络思想政治教育》、2019 年吴满意等人著的《网络思想政治教育生态系统研究》、2022 年陈联俊编著的《网络思想政治教育前沿问题研究》等。它们从不同视角剖析了网络环境下思想政治教育的特点、机遇和面临的挑战，探讨了网络思想政治教育的主体建设、网络道德与法治建设等问题。例如，张再兴等人专门研究分析了互联网的技术特性，总结了高校网络思想政治教育所经历的技术应用发展阶段，提出了建构校园信息安全管理体系的对策。徐建军分析了网络道德的特点，列举了网络领域的道德问题和违法活动，总结了网络道德规范与法律法规的基本内容，提出了网络主体提升道德自律、高校加强网络道德与法制教育、社会完善网络行为控制与管理三位一体的大学生网络道德与法制教育基本途径。宋元林以网络思想政治教育的学科体系为主线，就其产生和发展、本质和特征、功能和价值、主体和客体、内容和方法、理念和原则、基础理论和指导价值这七个维度进行了深入阐述。吴满

① 杨立英．网络化境遇与思想政治教育创新［J］．思想教育研究，2003（11）：24-26．

② 曾令辉．网络思想政治教育的提出及其特征探析［J］．教育与职业，2004（15）：80-82．

③ 张再兴．我国高校网络思想教育的十年历程与发展［J］．思想教育研究，2005（7）：2-6．

意等人系统提出了网络思想政治教育生态系统的概念和理论，把宏观和微观思想政治教育系统进行有机结合，构建了完整的网络思想政治教育生态系统，并搭建出保障系统运行稳定性的指标体系。陈联俊研究了网络空间的意识与意识形态、网络空间的舆论与意识形态、网络空间的认同与意识形态三个维度的内容，对网络空间的意识形态话语、形式、教育及价值理想进行了探讨。众多学者的研究推动了网络思想政治教育的学科建设和理论发展。

（三）高校网络安全教育的重要性研究

目前，网络在高校大学生中的普及率已接近100%。不过，由于高校大学生处于世界观、人生观和价值观的形成期，学者对网络安全的看法各不相同。林阳等人认为网络时代的传统教育方式的功能和道德传递效果相对减弱，随着现代通信技术和计算机网络的发展，青少年以极快的速度接受新的知识或信息，道德观念也在发生变化。这就大大拓展了青少年思维和行为的空间，同时也增强了道德行为的自由度和灵活性。若不加强网络信息安全教育，后果将非常严重。① 聂多均等人认为网络安全教育是高等院校教育管理的重要内容，也是学生知识技能体系中不可缺少的部分。② 刘庆庆等人认为移动互联网新时代高校网络安全教育是实现国家“网络强国”战略的重要路径，是维护社会“网络生态”环境的应然选择，是保障大学生健康成长成才的基本手段。③ 蒋燕玲认为加强高校网络安全教育事关国家网络安全防线，事关国家意识形态安全，事关高校立德树人根本任务，具有重要意义。④ 马瑞映等人认为一个安全、稳定和繁荣的网络空间，对维护国家安全甚至维护世界和平具有重要意义。具体而言，网络安全事关国家安全和发展，网络安全事关国家网络空间主权，网络安全事关广大人民群众生活，网络安全事关经济社会稳定运行。⑤ 互联网与大学生的生活关系日益密切。然而，互联网这个拥有丰富资源的虚拟空间，也充斥着各种诈骗短信、垃圾邮件、钓鱼网站，网络安全风险就在大学生身边。大学生要学会保护自己，增强网络安全意识。我国学者基于相关研究，对我国现阶段互联网上存在的不安全的因素有着比较全面的认识，并且对大学

---

① 林阳，祝智庭．中国网络信息安全教育研究［J］．开放教育研究，2003（6）：37-40.

② 聂多均，许洞．高校网络安全教育问题与对策探究［J］．教育与职业，2009（30）：180-181.

③ 刘庆庆，何燕君，杨守鸿．移动互联网新时代高校网络安全教育的困境与策略［J］．重庆大学学报（社会科学版），2018，24（5）：218-226.

④ 蒋燕玲．新时代高校网络安全教育的意义、困境与路径［J］．中国高等教育，2020（20）：59-61.

⑤ 马瑞映，杨松．新时代高校国家安全教育通论［M］．北京：高等教育出版社，2022：146-147.

生群体的特点有着理性的分析，认为高校应加强大学生的网络安全教育，增强大学生的网络安全意识。

（四）高校网络安全教育的主要内容研究

我国学者一直十分关注高校网络安全教育的主要内容研究，对高校大学生在网络安全中遇到的问题进行了总结分析，并对如何丰富完善高校网络安全教育的主要内容提出了建议。张立彬等人认为网络社交安全问题严重地影响了高校的教学秩序及大学生的学习和身心健康，为此提出了自律性和防范性相结合的网络社交安全教育新模式。① 聂多均等人认为需要进一步完善网络安全教育的内容，一是要在教材内容中加强网络安全防护知识及遇到问题如何处理等方面的内容；二是要将网络法治教育内容写进教材；三是要在教材中增加最新的网络安全技术。② 唐金权建议尽快将相关的网络法律法规纳入学生的教学计划，加强大学生的网络法治观念，教育大学生抵制网络有害信息，依法同一切危害国家安全的网络犯罪活动作斗争。③ 王晓霞认为需要将提升网络素养作为大学生思想政治教育的重要内容，加强大学生网络素养教育，充分发挥思想政治理论课主渠道作用，积极探索在思想政治理论课中增设有关网络素养的课程内容。④ 安静认为网络安全意识的新内涵就体现在“发现问题—应对难题—化解危机”的整个过程当中，其核心要素从防范个人信息泄露，发展至保护个人财产安全、个人人身安全、个人心理安全等多个方面。加强网络安全意识是提升网络安全保障能力的有效手段。⑤ 王建敏建议加强学校的国家安全教育，构建“国家安全教育”独立课程，并将之纳入思想政治理论课教学体系，培育各层次学生国家安全意识的主渠道和主阵地。⑥ 蒋燕玲认为高校网络安全教育包括网络道德教育、网络法律法规教育、网络心理健康教育、网络诈骗预防、网络伦理教育等具体内容。高校要充分发挥社会主义核心价值体系的引领功能，以增强学生网络安全意识为核心，以提升学生网络安全防护能力为基础，以网络心理健康教育为重点，以网络法治教育为保障，科学规划网络安全教育的教学内容，强化学生对网络安全的责任意识。⑦ 2020 年 9 月，教育部印发的

---

① 张立彬，李大伟，单耀军．大学生网络社交安全教育问题初探［J］．河北大学学报（哲学社会科学版），2003（3）：121-125.

② 聂多均，许涧．高校网络安全教育问题与对策探究［J］．教育与职业，2009（30）：180-181.

③ 唐金权．网络时代高校国家安全教育面临的新挑战与对策研究［J］．中国成人教育，2013（11）：79-80.

④ 王晓霞．当代大学生网络运用状况的调查分析［J］．思想理论教育，2018（2）：106-111.

⑤ 安静．网络安全意识的内涵变化和应对策略［J］．人民论坛，2018（9）：122-123.

⑥ 王建敏．新时代思想政治教育的特征及实现路径［J］．马克思主义与现实，2018（5）：165-170.

⑦ 蒋燕玲．新时代高校网络安全教育的意义、困境与路径［J］．中国高等教育，2020（20）：59-61.

《大中小学国家安全教育指导纲要》明确提出："大学阶段，重点围绕理解中华民族命运与国家关系，践行总体国家安全观。学生系统掌握总体国家安全观的内涵和精神实质，理解中国特色国家安全体系，树立国家安全底线思维，将国家安全意识转化为自觉行动，强化责任担当"，"网络安全包括网络基础设施、网络运行、网络服务、信息安全等方面，是保障和促进信息社会健康发展的基础。面临网络基础设施安全隐患和网络犯罪等威胁。维护网络安全必须践行'没有网络安全就没有国家安全，没有信息化就没有现代化'的理念，强化依法治网、技术创新、国际合作等，树立网络空间主权意识"。①

（五）高校网络安全教育的路径策略研究

我国学者对高校网络安全教育的路径策略研究也十分关注，开展了大量的研究。张俊认为高校应从构建大学生网络安全教育组织管理体系、大学生网络安全教育道德法规体系、大学生网络安全教育宣传引导体系入手，加强大学生网络安全教育。② 邓晖认为高校应加强大学生网络安全教育。一要加强校园网监管力度，净化网上信息；二要增强大学生网络安全意识；三要加强大学生网络道德与法治教育；四要提高教师网络素养和网络教育能力。③ 谭玉等人认为应以国际视野构建中国大学生网络安全教育体系，深化教育理念，坚持改革创新；紧跟政府政策，加强网络安全学科建设；推动政企协作，推进协同创新；完善基础设施，提高科教水平；优化师资队伍，培育专门人才。④ 王晓霞认为针对目前大学生网络运用现状及高校网络育人情况，应引导大学生合理用网、切实提升高校网络思想政治教育的实效，提升大学生网络素养、重视网络空间的价值治理、改进思想政治教育类主题网站、发挥好高校"两微"平台的育人功能是提高网络育人实效性的着力方向。⑤ 刘庆庆等人认为可以从四个维度构建移动互联网新时代高校网络安全教育。"四位一体"的创新模式是解决当前高校网络安全教育问题的基本策略：一健全高校网络安全教育"管理—保障—考核"三项联动的教育体系；二建构高校网络安全教育"教师—学生—社会"三方协同的教育机制；三提高高校网络安全教育"知识—技术—素养"

---

① 教育部关于印发《大中小学国家安全教育指导纲要》的通知［EB/OL］.（2020-10-20）［2023-05-13］. http://www.moe.gov.cn/srcsite/A26/s8001/202010/t20201027_496805.html?eqid=b37d028b0023a8f900000002644737ad.

② 张俊．强化新形势下的大学生网络安全教育［J］．思想理论教育导刊，2013（11）：116-118.

③ 邓晖．谈大学生网络安全教育［J］．教育探索，2014（7）：79-80.

④ 谭玉，张涛，吕维霞．大学生网络安全教育的国际比较及启示［J］．电子政务，2017（2）：117-125.

⑤ 王晓霞．当代大学生网络运用状况的调查分析［J］．思想理论教育，2018（2）：106-111.

三者结合的教育能力；四搭建高校网络安全教育“课堂—实践—网络”三线并进的教育平台。① 张本青等人认为要以“三结合”实现网络意识形态安全教育“三进”。第一进教材：对接融入和专题介绍相结合；第二进课堂：理论教学和实践教学相结合；第三进头脑：内化于心和外化于行相结合。② 钱云光等人认为高校网络思想政治教育应结合时代变化、国家发展、个人发展的情势与诉求，不断增强自身的历史感、使命感与共鸣感，引导青年学生将个人发展与民族发展、国家发展相统一，为实现中华民族伟大复兴培养符合社会要求的高素质互联网人才。③

（六）高校网络安全教育的保障机制研究

围绕如何构建高校网络安全的保障机制，我国学者进行了大量的研究。黄美娟认为只有不断健全保障机制、着力打造长效机制、完善高校网络信息安全管理系统等方面的建设，才能确保我国高校网络意识形态安全。④ 董兴彬等人认为网络思想政治教育与网络空间治理具有主体一致、场域重合、路径同向和目的同一的内在契合性，这使得网络思想政治教育能够有效介入网络空间治理，并借助价值引导、规范约束、动力支撑和路径选择等完成介入网络空间治理的可行性表达。⑤ 周恒洋等人认为要强化“链”的思维，整体推进各学历层次、阶段、年级的网络安全教育，使网络安全教育像链条一样有效衔接、无缝对接，进而释放出系统的整体效应。⑥ 张树启认为要保证大学生网络安全教育工作持续健康发展，还要在建设管理、反馈、评价、保障这四项机制上下功夫：一是大学生网络安全教育工作管理机制；二是大学生网络安全教育工作反馈机制；三是大学生网络安全教育工作评价机制；四是大学生网络安全教育工作保障机制。⑦ 通过以上的观点可以看出，我国学者深刻地认识到要想加强高校大学生网络安全教育，就必须完善大学生网络安全教育的相关制度规范和相

---

① 刘庆庆，何燕君，杨守鸿．移动互联网新时代高校网络安全教育的困境与策略［J］．重庆大学学报（社会科学版），2018，24（5）：218-226.

② 张本青，李红革．网络意识形态安全教育融入高校思想政治理论课的有效路径［J］．思想理论教育导刊，2019（7）：97-100.

③ 钱云光，张凤寒．推进高校网络思想政治教育的三重向度［J］．思想政治教育研究，2019，35（2）：152-155.

④ 黄美娟．构建高校网络意识形态安全机制的思考［J］．学校党建与思想教育，2017（12）：14-17.

⑤ 董兴彬，吴满意．网络思想政治教育视域下的网络空间治理思考［J］．学术论坛，2018（5）：168-173.

⑥ 周恒洋，邹浩．“三全育人”视域下大学生网络安全教育探析［J］．学校党建与思想教育，2022（2）：73-75.

⑦ 张树启．移动互联网时代大学生网络安全教育的策略研究［J］．学校党建与思想教育，2022（24）：63-65.

关监管机制。

二、国外研究现状

互联网起源于美国，随后迅速蔓延至其他国家。网络成为继报纸、广播、电视等传统大众传播媒体之后的一种新的大众传播媒体，被称为第四媒体。网络媒体与传统媒体相比具有巨大的优势，如信息数据量大，表现形式丰富，跨越时空界限，迅速及时，无国界，可提供个性化服务。西方国家的学者普遍认为，中小学学生年龄偏小，可塑性强，易受外部环境影响，所以西方发达国家很早就在中小学开设了网络安全教育的课程。移动互联网时代，世界面临越来越复杂的网络安全格局，以美国等为代表的发达国家为维护本国网络安全，都将大学生网络安全教育放在十分重要的位置。例如，美国一直致力于建立一个灵活、成熟、高效的网络安全教育体系，开展国家网络安全教育计划，通过加强高校网络安全实验室建设，推动网络安全实践化教育的发展。欧盟不断优化网络安全教育师资力量，规范校园网络建设，将大学生网络安全教育的发展提升至国家教育发展的战略高度，定期开展“网络安全知识竞赛”和“国家网络安全意识月”主题教育活动。世界上许多国家都将大学生网络安全教育提升到国家教育战略层面，将网络安全教育课程强制纳入人才培养计划或教学课程。

（一）移动互联网相关技术的研究

加拿大学者麦克卢汉认为：“新媒介对我们感知生活的影响和新诗的影响差不多。他（它）们不是改变我们的思维而是改变世界的结构。”① 国外学者对互联网相关技术的研究兴起于20世纪90年代初期，他们采用的主要调查方法有访谈法、调查问卷法等多种形式，对获取的资料和调查数据多采用定量分析。随着移动互联网相关技术在全世界的蓬勃发展，移动互联网相关领域的研究成果也逐渐丰富和增多。国外学者的研究主要围绕宏观层面和技术层面展开。英国学者维克托·迈尔-舍恩伯格和肯尼思·库克耶著的《大数据时代》指出，大数据并不是一个充斥着算法和机器的冰冷世界，人类的作用依然无法完全被替代。大数据为我们提供的不是最终答案，只是参考答案，帮助是暂时的，而更好的方法和答案还在不久的未来。② 美国学者托斯在其著的《人工智能时代》中指出，随着机器学习的进步，特别是深度神经网络模型的逐步成

---

① 埃里克·麦克卢汉，弗兰克·秦格龙．麦克卢汉精粹［M］．何道宽，译．南京：南京大学出版社，2000：409．

② 维克托·迈尔-舍恩伯格，肯尼思·库克耶．大数据时代［M］．盛杨燕，周涛，译．杭州：浙江人民出版社，2013：235．

熟，计算机现在能够瞬时翻译语音和书面会话，识别和准确捕捉图像，识别人脸和充当个人助理。但是，尽管人工智能可以胜任这些任务，甚至可以做得比人类更好，科技仍然无法接近人类所具备的思维复杂度。①。著名物理学家霍金就曾表示，强大人工智能的崛起，对人类来说，可能是最好的事情，也可能是最糟糕的事情。美国人工智能实验室 OpenAI 研发的人工智能聊天机器人 ChatGPT（Chat Generative Pre-Trained Transformer）于 2022 年 11 月 30 日一经问世，便凭借着便捷的接入方式和较低的操作门槛实现了生成式人工智能的“去神秘化”和“去壁垒化”，使人工智能技术广泛而迅速地介入人们日常生活的各个方面。2023 年 3 月 OpenAI 发布了新一代 AI 模型 GPT-4，微软随即宣布，将新模型集成到必应（Bing）搜索引擎中，并利用生成式人工智能技术增强 Office 办公套装软件。与此同时，也出现了对生成式人工智能风险的担忧，以埃隆·马斯克为主要代表的一众科技界人士联名呼吁，应暂停训练比 GPT-4 更为强大的人工智能系统，并通过澄清“科技发展—社会形态演化”的结构，证明科技向人类社会施加的作用是巨大而深刻的。作为生成式人工智能在自然语言处理方面的先进应用，ChatGPT 正在深度形塑和重构人机交互图式。② 新的技术对人们传统思维方式提出了严峻挑战，也对移动互联网时代高校网络安全教育提供了新思路。

（二）网络安全教育制度体系方面的研究

1999 年，美国出台了信息安全框架。美国网络安全教育主要在学校推行，它通过对不同地域和不同知识层次的学生设置不同的课程，使每个学生能学习自己最需要的网络安全知识。美国深刻认识到高校网络安全教育对于国家网络安全及网络安全人才培养的重要性，一直致力于建立一个灵活、成熟、高效的网络安全教育体系，以应对全国乃至全球范围内一系列动态、多样的挑战和威胁。美国于 2010 年启动国家网络空间安全教育计划③，该计划通过国家的整体布局和行动，在信息安全常识普及、正规学历教育、职业化培训和认证等三个方面开展系统化、规范化的强化工作④。同时，美国高校在网络安全专业学

① 托斯．人工智能时代［M］．赵俐，译．北京：人民邮电出版社，2017：295.

② 蒲清平，向往．生成式人工智能：ChatGPT 的变革影响、风险挑战及应对策略［J］．重庆大学学报（社会科学版），2023（3）：102-114.

③ National Initiative for Cybersecurity Education（NICE）Strategic Plan：Building a Digital Nation［R/OL］．（2011-08-11）［2023-05-30］．https：//www.afponline.org/docs/default-source/default-document-library/pub/draft_nice-strategic-plan_aug2011-pdf.

④ 韩臻，王星，黄学臻，等．美国 NICE 网络空间安全人才队伍框架探析［J］．保密科学技术，2012（9）：53-57.

科领域采取了一系列措施，例如设立两年制社区大学网络安全专业，开展“网络安全教育计划”，制定大学生网络安全特色教学培养方案，实施“国家信息安全教育培训计划”（NIETP），成立海军研究生院信息系统安全学习和研究中心等。① 2016 年，奥巴马公布《网络安全国家行动计划》，该计划是美国政府在经历了斯诺登事件和其他网络威胁后的经验总结，旨在从提升网络基础设施水平、加强专业人才队伍建设、保护个人隐私、提升个人网络安全防护能力等方面保障美国在数字空间的信息安全。2016 年 12 月，《加强国家网络安全——促进数字经济的安全与发展》报告正式发布。② 2023 年 3 月美国正式发布新版《美国国家网络安全战略》，提出了改善全国数字安全的整体方法，旨在帮助美国防范和应对新出现的网络威胁。

欧盟是世界上最大的区域性政治经济一体化组织，网络安全对欧盟至关重要。欧盟网络安全教育起步较早，是开展高校网络安全教育的先锋。③ 1999 年，欧盟委员会成立了“加强网络安全”项目，致力于增强青少年的网络安全意识，提升青少年的网络安全防护能力，抵制有害的网络内容，不实施违法的网络行为。④ 欧盟不断发展和完善高校网络安全教育，在加强网络安全教育体系建设、推动网络安全教育进程、加快网络安全人才培养等方面取得了比较显著的成就。在欧盟成员国的高等院校中，负责对校园网络进行操作管理的教师必须通过专业化、系统化的网络通信安全技术知识培训并持有特定的教师资格证。这在一定程度上保证了校园网络的安全性，为学生进行网络操作提供了相对安全的网络环境。⑤ 欧盟多个成员国将青少年网络安全意识教育作为网络安全战略的重要内容之一，强调了增强青少年网络安全意识的重要性。《欧盟网络安全战略——开放、安全的网络空间》将“组织大学生网络安全知识竞赛，鼓励大学生提出网络与信息安全解决方案”作为提升欧盟整体网络安全意识的重要内容，提出“加强欧盟国家在网络与信息安全教育和培训方面的工

① Moreno M A, Egan K G, Bare K, et al. Internet Safety Education for Youth: Stakeholder Perspectives [J]. BMC Public Health, 2013, 13 (1): 455-455.

② 许畅，高金虎. 美国公民国家网络安全意识培养问题研究 [J]. 情报杂志，2018，37 (12)：135-139，146.

③ 卢春宇，刘磊，曹仁朋. 欧盟青少年网络安全教育措施及对我国的启示 [J]. 吉林省教育学院学报（下旬），2013，29 (8)：104-105.

④ European Commission. Education on online safety in schools in Europe [EB/OL]. (2009-12-30) [2023-05-30]. https://op.europa.eu/en/publication-detail/-/publication/09707422-5fa7-405f-a8a2-694e92a51740/language-en/format-PDF/source-240512034.

⑤ Kralj L. Children's Safety on the Internet-development of the School Curriculum [J]. International Convention on Information and Communication Technology, Electronics and Microelectronics, 2014 (37): 593-596.

作”，具体包括将网络与信息安全知识培训纳入学校教育、为计算机科学专业的学生增加网络与信息安全课程等。① 2019 年，欧盟委员会发布了《数字单一市场：建设欧洲网络安全能力中心》提案，旨在制定欧洲网络安全研究和创新的通用路线的同时，推进网络安全技能培训课程和项目的建立。同年，欧盟发布了《数字教育行动计划（2021—2027）》，认为应当注重数字化转型给网络安全带来的挑战，提出要“开展针对教育工作者、家长和学习者的提高认识的活动，促进个体的网络安全、网络卫生和媒介素养意识；建立网络安全教学倡议，使人们能够更加安全放心地使用技术”。此外，欧盟还定期举办包括“国家网络安全意识月”在内的主题教育活动，这些网络安全主题教育活动都专门设置了大学生网络安全教育的内容。

（三）网络安全教育协同机制方面的研究

多数国家在开展网络安全教育时会特别重视政府、高校、社会力量和家庭四位一体的协同配合，希望每个主体都充分发挥各自的力量，合力避免大学生遭受网络不法侵害。

澳大利亚作为移民国家的代表，长期存在着多元文化相互碰撞的问题，澳大利亚政府一直对国家安全特别重视。政府在 2016 年 4 月发布的《澳大利亚网络安全战略》中指出，一个开放、自由和安全的互联网对国家未来繁荣稳定很重要，同时指出当前网络安全威胁呈愈演愈烈的趋势。② 澳大利亚设立“国家网络安全意识周”，旨在做好网络安全风险方面的信息普及和网络安全教育工作。澳大利亚的高校为响应政府号召，积极开设网络安全单元课程，并组织了一系列大学生网络安全教育主题实践活动，做到理论与实践相结合。澳大利亚高校还逐步建立网络安全文化，普及网络安全知识，增强大学生网络安全防御的信心，降低其遭受在线风险的可能性。③ 由政府部门组织实施各种网络安全教育项目，这是澳大利亚网络安全教育的特色。澳大利亚多个政府部门都曾参与网络安全教育的项目，包括澳大利亚通信和媒体管理局实施的“网络机智项目”，通信部实施的“网络安全求助按钮”项目，政府部门与教育机构、社区及民间组织联合实施的“机智在线周”项目，澳大利亚联邦警署开

① 青少年网络安全意识教育纳入多国国家战略［EB/OL］.（2015-06-06）［2023-05-16］. http：//www. cac. gov. cn/2015-06/06/c_1115534020. htm.

② Talbot D. Cyber-Espionage Nightmare［J］. Technology Review，2015（4）：49-51.

③ 谭玉，张涛，吕维霞. 大学生网络安全教育的国际比较及启示［J］. 电子政务，2017（2）：117-125.

展的“思你所知”项目，教育与培训部实施的“安全学校国家框架”等。①

（四）网络安全专门人才培养方面的研究

2011 年 8 月，美国国家标准与技术研究院（NIST）牵头，美国国土安全部、国防部、教育部、司法部、人力资源办公室等部门共同发布了《网络空间安全人才队伍框架（草案）》。该战略旨在通过开展全民网络安全教育，分别对网络安全从业人员、安全储备人才和民众定向开展职业化培训与认证、正规学历教育和安全常识普及宣传工作，逐步建立具有强大竞争力的网络安全从业人员和后备人才队伍，全面提升民众的网络安全意识。除落实政府常规人才队伍建设政策外，政府部门还通过举办竞赛挖掘人才。例如，美国国防部网络犯罪中心举办的数字取证挑战赛。美国众多军工企业通过赞助高校网络防御竞赛、资助学术研究、培育相关的中小型企业、刊登广告等方式甄选并培养可供职于政府的网络安全人才。②

欧盟网络安全局一直重视网络安全人才队伍建设工作，自 2012 年以来发布了多份研究报告和指南：2012 年发布了《教育培训中的网络信息安全》《教育培训中网络信息安全问题的协同解决方案》，一方面讨论了教育工作者如何充分使用信息技术，另一方面指出教育工作者应注重网络安全培训；2014 年发布了《网络和信息安全培训中公私伙伴关系》《网络安全教育项目路线图》；2015 年发布了《欧盟网络安全教育情况简述》《欧盟成员国隐私和网络安全课程设置情况》；2019 年发布了《欧盟网络安全技能发展报告》。欧洲网络安全月旨在提升公众网络安全意识，改变公众对网络威胁的理解，同时通过教育和共享最佳实践等方式为公众提供最新的安全信息。欧洲网络安全月主要由欧盟网络安全局和欧盟委员会组织，并由数十个公共和私营组织共同支撑。在每年 10 月的网络安全月活动中，欧盟会邀请成员国代表参加网络安全挑战赛。欧盟认为应对网络安全威胁的一大挑战是缺乏专业的人才，期望通过竞赛发掘并培养人才。③ 澳大利亚于 2012 年起每年举办网络安全挑战赛，并号召高校学生、职业院校学生与网络安全相关从业人员参加比赛，为国家网络安全事业挖掘人才。

上述研究成果为本书的撰写奠定了基础。总体而言，现有的研究呈现出如下特点：一是研究重点主要集中在高校网络思想政治教育，对移动互联网影响

---

① 周小李，王方舟．数字公民教育：亚太地区的政策与实践［J］．比较教育研究，2019（8）：3-10.

② 张晓菲，李斌，王星．美国网络安全人才队伍建设状况［J］．中国信息安全，2015（9）：84-86.

③ 国际全民网络安全意识宣传普及经验［J］．信息安全与通信保密，2016（10）：14-16.

下的高校网络安全教育关注不够；二是对移动互联网时代高校网络安全教育对策关注不够，尤其缺乏对各种教育路径的比较研究和对网络安全教育新路径的探索；三是关于高校网络安全教育的研究内容相对分散。综上所述，学界需要对移动互联网时代高校网络安全教育进行理性的研究和深入的分析。

第三节　研究思路与研究方法

对马克思来说，把握现实，首先是一种立场和态度，然后是科学的方法，最后是一种对美好未来的行动参与和实践追求。① 在具体的实践活动和理论研究中，严谨、科学的理论框架使研究者得以获得整体视野，遵从严密的逻辑，步步深入。尤其是面对错综复杂、变化莫测、快速迭代的移动互联网，高校网络安全教育的研究要取得效果，就必须有清晰明确的研究思路和缜密的理论框架。

一、研究思路

本书本着巩固马克思主义在意识形态领域的指导地位、增强网络思想政治教育的针对性和实效性、促进大学生全面发展的宗旨，落实立德树人根本任务，坚持理论与实践相统一的原则，遵循“问题导向—规律探寻—实践创新—效果评估”的逻辑。本书以当前移动互联网时代高校网络安全教育存在的主要问题为逻辑起点，深入分析移动互联网的发展给高校网络安全教育带来的机遇与挑战，通过实地调研掌握大学生网络安全教育的现状，探讨高校网络安全教育路径创新的基本理论。本书全面、准确把握移动互联网时代高校网络安全教育的基本原则、理论逻辑和实践要求，提出移动互联网时代高校网络安全教育的对策，探索适应移动互联网发展的新路径，着力构建移动互联网时代高校网络安全教育路径创新的长效机制，为增强高校网络思想政治教育的针对性和实效性、促进大学生全面发展提供理论支撑和路径选择。本书主要分为五部分。

第一部分：移动互联网时代高校网络安全教育研究的相关理论。包括移动互联网概述、网络安全概述、高校网络安全教育概述、移动互联网时代高校网络安全教育的理论基础。

第二部分：移动互联网时代高校网络安全教育的机遇。移动互联网有利于丰富网络安全教育内容，整合高校网络安全教育资源，拓宽高校网络安全教育平台，构建家校社一体化网络安全教育体系，丰富高校网络安全教育的载体等。

---

① 刘森林．马克思现实观的四个维度［J］．马克思主义与现实，2015（5）：23-29.

第三部分：移动互联网时代高校网络安全教育面临的挑战。包括移动互联网时代高校面临的网络安全威胁呈多样化、高校大学生意识形态和价值观取向受到冲击、校园安全和校园文化不稳定因素增加、高校网络安全教育体系亟须完善等。

第四部分：移动互联网时代高校网络安全教育现状调研。包括移动互联网时代高校网络安全教育传统路径（思想政治理论课、日常思想政治教育）的运用情况和效果；移动互联网时代高校网络安全教育新兴路径的拓展与困境；移动互联网时代高校网络安全教育路径现状的生成根源。

第五部分：移动互联网时代高校网络安全教育建议。包括高校网络安全教育的目标、原则及经验借鉴，提高大学生自我网络安全教育的内驱力和行动力，明确高校网络安全教育路径、机制创新等。

二、研究方法

第一，文献研究法。文献研究法是指从各种文献中收集研究者所需要的资料的方法。本书主要通过互联网和学校图书馆等渠道收集、查阅与移动互联网、网络安全教育、网络思想政治教育相关的文献，同时参考党和国家近年来有关思想政治教育的指导性文件，细致梳理，深入分析，掌握前沿动态，突出研究重点，在继承原有的研究成果的基础上进行创新。

第二，比较研究法。本书坚持马克思主义理论的指导地位，同时借鉴并吸纳思想政治教育、计算机、管理学、教育学等学科的相关理论，力求把握研究的整体性、系统性、科学性和时代性。本书通过比较高校网络安全教育传统路径与适应移动互联网时代发展的创新路径，比较国内和国外拓宽高校网络安全教育路径的主要做法，获得启发。

第三，分析归纳法。本书通过网络技术获取研究数据，对大学生的网络安全行为等数据进行采集和汇编，获得大学生网络安全行为的动态信息，结合调查问卷数据，进行逻辑推演、理论思辨，参考专家意见，形成理论和实践成果。

第四，调查研究法。没有调查就没有发言权，本书综合运用问卷调查、网络调查、深度访谈等调查研究方法，掌握移动互联网发展对高校网络安全教育的影响和高校网络安全教育的现状，以保证研究成果的科学性。

第四节　研究重点与研究难点

随着网络技术的飞速发展和移动终端设备在大学校园的快速普及，移动互联网日益影响着大学生群体。以国内外关于移动互联网时代高校网络思想政治教育对策的研究为借鉴，进一步明确研究重点，明晰研究难点，有助于推进本书研究。

一、研究重点

本书的研究重点包括三个方面：

一是移动互联网时代高校网络安全教育对策的理论探讨，主要是对移动互联网时代高校网络安全教育的相关概念进行梳理和界定，进而引出网络安全教育的基本原则和主要特征等。

二是深刻阐述移动互联网时代高校网络安全教育面临的机遇和挑战，准确把握移动互联网时代高校网络安全教育（传统路径和新兴路径）的现状。

三是结合移动互联网时代大学生网络安全意识的实际情况和高校网络安全教育的现状，探讨高校网络安全教育新路径机制的创新，探索和研究网络安全教育的长效机制，从而提出有效对策，推动高校网络安全教育的持续发展。

二、研究难点

第一，调查移动互联网时代高校网络安全教育路径创新的现状，分析移动互联网时代高校网络安全教育传统路径（思想政治理论课、日常思想政治教育等）的状况和效果，分析移动互联网时代高校网络安全教育新兴路径的拓展与困境，为理论研究和实践发展提供依据。

第二，总结移动互联网时代高校网络安全教育路径创新的经验，推动移动互联网时代高校网络安全教育与时俱进，增强高校网络思想政治教育的针对性和实效性，促进大学生全面发展。

第三，构建集“主体—过程—渠道—机制—评价—反馈”于一体的系统化、科学化的网络安全教育策略。不断丰富完善高校移动互联网时代网络安全教育，使之深入人心。

第二章

移动互联网时代高校网络安全教育研究的相关理论

培养社会主义建设者和接班人是高校的使命，高校在青年成长、成才过程中发挥着重要作用。随着5G、人工智能、大数据、物联网等技术的发展，互联网作为社会发展的最大变量和最大增量，不断迎来新的进阶机遇。移动互联网技术的发展给高校网络安全教育提供了新载体，拓宽了网络安全教育渠道，增强了网络安全教育感染力，丰富和完善了网络安全教育内容，同时也给高校和大学生提出了诸多新的挑战。正确认识和把握移动互联网给高校网络安全教育带来的机遇和挑战，有助于改进高校网络思想政治教育，推进高校网络安全教育，增强大学生网络安全意识，提升高校网络思想政治教育效果。

第一节　移动互联网概述

美国国防部投资的ARPA网络（The Advanced Research Projects Agency Network，美国国防部高级研究计划局计算机网络），1969年正式开始研究，1971年在美国全面推广使用，距今已有50多年，它就是现在人们广泛使用的互联网的原型。最初ARPA网络上预设的计算机最大连接数只有256台。当时参与项目研究的学者，也没有想到50年后会有数十亿的用户通过巨量计算机连接在一起。ARPA网络引发了信息网络技术的进步。1973年ARPA网络扩展成国际互联网，第一批接入该网络的国家有英国和挪威。1994年中国接入国际互联网，成为国际互联网大家庭中的第77个成员。纵观人类历史，再没有什么发明能像互联网这样将人们紧密地联系起来，使各个国家和地区组成“地球村”。互联网的飞速发展也极大影响了世界经济，影响着人们日常生活的方方面面。传统互联网已经深深地融入当今人们的生活之中，不可分离。可是，传统的互联网也有其局限性，即需要依靠大量的硬件设备支持。

移动互联网时代的核心是数据，每个人除了是数据的使用者以外，同时也是数据的贡献者。即时通信为身处不同地方的人们提供了沟通的桥梁，让世界变得越来越小。人们在旅途中用镜头捕捉到美丽的风景图像，想与亲朋好友共享，只需在移动终端的社交网络上上传图像就可实现。人们每次使用手机都会产生信息，这些信息对商家和人们的生活都会产生影响。大量移动设备接入互联网，或将像汽车一样引发一场前所未有的技术革命。

一、移动互联网的概念

目前，学术界对于移动互联网有不同的看法，还没有形成统一的定义。主要有以下几种观点：

工业和信息化部电信研究院总工程师余晓晖认为，从本质上来讲，移动互联网是以移动通信网作为接入网络的互联网及服务，它包括几个关键要素：一是接入移动通信网络，包括 2G、3G 和 4G 网络等；二是面向公众的互联网服务，包括无线应用协议（WAP：Wireless Application Protocol）和 Web 两种方式，具有移动性和移动终端的适配性特点；三是移动互联网终端，包括手机、专用移动互联网终端和数据卡方式的便携式电脑。①

艾瑞市场咨询股份有限公司认为，移动互联网从技术层面定义是指以宽带 IP 为技术核心，可同时提供语音、数据、多媒体等业务服务的开放式基础电信网络。从终端层面定义，广义上移动互联网指用户使用手机、平板电脑、笔记本电脑等移动终端，通过移动网络获取移动通信网络服务和互联网服务；狭义上移动互联网指用户使用手机终端，通过移动网络浏览互联网网站和手机网站，获取多媒体、定制信息等其他数据服务和信息服务。②

中兴通讯股份公司发布的《移动互联网技术发展白皮书》认为："狭义的移动互联网是指用户能够通过手机、掌上电脑或其他手持终端通过通信网络接入网络。广义的移动互联网是指用户能够通过手机、掌上电脑或其他手持终端，以无线的方式接入各种网络（WLAN、WiMAX、GPRS、CDMA 等）接入互联网。"简而言之，移动互联网就是指用户通过手持终端接入互联网。③

吴吉义等人认为移动互联网是以各种类型的移动终端作为接入设备，使用各种移动网络作为接入网络，从而实现包括传统移动通信、传统互联网及其各种融合创新服务的新型业务模式。④

李剑光等人认为移动互联网是移动通信技术和互联网融合的产物，继承了移动通信终端随时、随地、随身的优势和互联网开放、分享、互动的优势，是一个全国性的、以宽带 IP 为技术核心的，可同时提供话音、传真、数据、图像、多媒体等高品质电信服务的新一代开放的电信基础网络。由运营商提供无线接入，由互联网企业提供各种成熟的应用。⑤

本书认为移动互联网是移动通信终端与互联网结合为一体的移动网络，用户使用智能手机、平板电脑或其他无线智能终端设备，通过速率较高的移动网络，可在大学校园、高铁、地铁、公交车等任何有网络信号的地方随时访问互联网获取信息，进行学习、工作、生活和娱乐等各种网络活动。人们可以使用

---

① 余晓晖．移动互联网的发展与思考［J］．电信网技术，2008（12）：21-27.

② 栾慧．2009 年移动互联网用户行为调研数据分析（续）［J］．互联网周刊，2009（20）：74.

③ 董天策．"云报纸"热的理性思考［J］．中国报业，2012（17）：9-12.

④ 吴吉义，李文娟，黄剑平，等．移动互联网研究综述［J］．中国科学：信息科学，2015（1）：45-69.

⑤ 李剑光，王艳春，朱惠华．移动互联网环境下基础力学移动学习模式研究［J］．高教学刊，2019（19）：76-79.

智能手机、平板电脑等移动智能终端设备浏览新闻，还可以完成各种移动互联网应用，如网络通信、网络办公、网络购物、网络视频、网络直播、网络游戏、网络音乐、网络文学、网约车、互联网医疗、网络健身，等等。移动互联网已成为十分具有创新活力和市场潜力的领域。

二、移动互联网的产生与发展

移动互联网通过无线接入设备访问互联网，能够快速实现移动终端之间的数据交换，是计算机领域继大型机、小型机、个人电脑、桌面互联网之后的第五个技术发展阶段。作为移动通信与传统互联网技术的有机融合体，移动互联网被视为未来网络发展的核心和最重要的趋势之一。① 梳理移动互联网发展阶段，可以总结出移动互联网的产生大致经历了四个阶段，第一阶段是 Web 1.0 时代，是一维网络，如新浪、搜狐和网易。此阶段的特征是以信息搜索引擎为主。第二阶段是 Web 2.0 时代，是社交网络，如社交网络服务（SNS：Social Networking Services）、网络论坛（BBS：Bulletin Board System）、博客（Blog 或 Weblog）等社交软件。社交网络侧重于用户之间的交叉性及互动性，能实现信息的多向获取。第三阶段是 Web 3.0 时代，是语义网络，如微博、微信、短视频等自媒体。这一阶段标志着中国互联网迈入了移动即时传播时代。第四阶段是 Web 4.0 时代，是智慧网络，如 ChatGPT、文心一言等生成式人工智能技术，即人、网络，以及网络中的任何一台智能终端之间，可以通过人类自然语言搜索、视觉动态感知实现智慧网络生活的信息交流，同时执行互联网的读、写，以及应用等并行操作。我国已建成全球规模最大的 5G 网络，移动互联网不仅改变了人们的生活方式，而且会对政治、经济、文化和社会等领域产生越来越重大的影响。

（一）移动互联网的产生

1994 年 4 月 20 日，中国实现与国际互联网的全功能连接，从此开启了中国的互联网时代。如今，中国已发展成为全球最大的互联网市场，拥有全球最多的网民和移动互联网用户，以及最活跃的互联网技术和应用创新生态。中国互联网的发展实现了从小到大、从弱到强、从被动到主动的巨大飞跃，发生了翻天覆地的变化。中国互联网已经发展成为开放合作、安全繁荣、清朗有序、惠民便民、普惠高效的互联网，我们国家正从网络大国迈向网络强国。首先，从网络认知角度来看，以“防、堵、管”为特征的网络初步发展阶段到主动

---

① 吴吉义，李文娟，黄剑平，等．移动互联网研究综述［J］．中国科学：信息科学，2015（1）：45-69.

建设网络社区阶段，再到全面深入治理和发展网络的阶段，体现出人们对互联网的认知的提升。其次，从媒介角度来看，由传统的印刷媒介发展到以广播、电视等为代表的媒介，再经历以计算机、多媒体等为代表的媒介，以智能手机、平板电脑等移动终端设备为代表的媒介，媒介以叠加的方式不断扩大，体现的是技术不断的革新。①

1. Web 1.0 时代——一维网络

1994 年是中国互联网的诞生之年，中国在这一年正式接入了国际互联网。此时，中国的互联网处于探索阶段，发展速度相对缓慢。Web 1.0 时代，信息交流的方式发生颠覆性变化与创新。网络技术最早被用于大学间学术交流，只能传递电子文档，并没有复杂的技术组合。网页制作是 Web 1.0 时代的产物，用户使用网站的行为以浏览为主。Web 1.0 基本采用的是技术创新主导模式，信息技术的运用和变革对于网站的新生与发展起到了关键作用。1997—1998 年，人民网、新浪网、搜狐网等门户网站相继建立，门户网站时代由此开启。门户网站是“通向某类综合性互联网信息资源并提供有关信息服务的应用系统”。② 各类信息门户网站、静态网页、Web 文件呈现出爆发式增长趋势，网络技术拉开 Web 1.0 时代的序幕。Web 1.0 时代，倡导以“门户”为核心的网络精英文化，用户可以浏览大量的网络信息，信息交互单向传播，网络结构呈现集中式，技术特点呈现机械化，不能满足用户个性化需求。数据库、HTML 网页、文件共享、连接协议、精英文化、门户网站、Web 搜索引擎等词语，成为这个时代的关键词标识。此时主要的网络应用包括新浪、搜狐、腾讯、网易、盛大等。

2. Web 2.0 时代——社交网络

以 SNS、BBS、博客为代表的社交软件预示着中国互联网的第二次热潮来临，尤其 2005 年博客的出现标志着中国互联网的发展正式进入 Web 2.0 时代。Web 2.0 时代的社交网络以广大的互联网用户为主体，是当时最广泛的互动应用模式。它允许用户不受限制地创造和传播信息，使得用户既是网站内容的浏览者，又是网站内容的制造者。这就打破了 Web 1.0 时代只能单向接收信息的模式。Web 2.0 时代倡导以“用户”为核心的网络交互模式，倡导信息共享和交流，注重及时互动与信息互联。网络呈现分布式的网络结构，以及半智能化的技术特点，信息来源多元化，信息高度共享。Web 2.0 时代是互联网的一次理念和思想体系的升级换代，由少数资源控制者集中控制主导的互联网体

① 唐妮霞．移动互联网环境下高校思想政治教育新路径研究［D］．重庆：重庆邮电大学，2017.

② 王长潇．新媒体论纲［M］．广州：中山大学出版社，2009：16.

系，转变为由多数用户集体智慧和力量主导的互联网体系。电子商务、互联网社区、社交网络、RSS 等技术不断涌现，信息分享、信息交流、即时互动、移动互联等成为 Web 2.0 时代的关键词和主旋律，此时主要的网络应用包括博客、百度百科、人人网、开心网等。

3. Web 3.0 时代——移动互联网

自 2009 年开始，随着大数据、云计算、语义网络、语音识别、视觉搜索、人工智能网络应用技术的应用与普及，移动终端设备特别是智能手机也逐渐兴起，中国互联网进入移动即时传播时代，即 Web 3.0 时代。2009 年，工业和信息化部向中国移动、中国电信和中国联通三大运营商发放 3G 牌照，标志着移动互联网正式进入 Web 3.0 时代。2013 年 12 月，中国进入 4G 时代，进一步推动互联网与移动通信的叠加创新。Web 3.0 时代与 3G 技术和 4G 技术的融合发展，使移动互联网文化表现出多元化、碎片化、全球化等特点。微博作为博客的一种衍生体，即微型博客，是一种通过关注机制分享简短实时信息的广播式社交网络平台。它具有便捷性、原创性、背对脸、草根性等特点，成为人际信息传播普遍采用的手段。微博的出现缩短了信息的代际性和时空感，对人们的日常生活和社会交往起到了变革性作用，为思想政治教育者与教育对象的有效沟通搭建了平台。同时，微博的出现也为人们加强政治监督、反映政治诉求创造了条件，在建设良好的政治生态方面发挥着“情报人”的角色。微博不仅拓宽了高校网络思想政治教育渠道，还逐渐成为一种汇集民意、了解民情、收集民声、表达诉求的渠道。在这一时期，网络应用强调“个性化”和网络个性文化，人人参与网络社会互动，网络呈现智能化的特征，语义理解、语义搜索、内容聚合，网络呈现语义网络和数据 Web 的网络环境。语义搜索、个人代理、智能代理、本体、语义网络等，成为这个时代的关键词和代表，此时主要的网络应用代表为微信、微博、短视频网络平台等。

4. Web 4.0 时代——智慧网络

随着虚拟现实技术、尖端显示技术、智能网络身份代理、情境感知应用等网络信息技术不断出现，互联网已进入一个全新的智慧移动互联网时代。未来还会有什么新的移动互联网信息技术出现，现在或许不可预见，但是不可否认，一个以智慧虚拟感知、智慧电子代理、智慧身份认证、智慧网络生活等为移动互联网发展趋势的 Web 4.0 时代（或智慧生活网络时代）正在逐渐成形，此时主要的网络应用有 ChatGPT、文心一言等。

（二）移动互联网的发展

技术的产生在于人民群众的潜在需要，人类社会的发展需求是科技进步最根本的动力。正如恩格斯指出的："社会一旦有技术上的需要，这种需要就会比十所大学更能把科学推向前进。"① 移动互联网的出现和发展是科学技术革命的成果，同时也满足了人们的新需求，而人们日益增长的需求又不断推动移动互联网技术的创新发展。

1. *移动互联网发展的趋势*

2009年7月发布的《第24次中国互联网络发展状况统计报告》显示，截至2009年6月30日，我国网民规模、宽带网民数、国家顶级域名注册量（1296万）三项指标仍然稳居世界第一，中国网民规模达到3.38亿人，普及率达到25.5%。受3G业务开展的影响，使用手机上网的网民已达到1.55亿人，占网民的46%，半年内增长了32.1%，增速十分迅猛。② 近十余年来，随着信息网络技术的不断发展，通信技术从3G、4G发展到目前的5G，2021年中国已经建成全球最大的5G网络，在通信技术发展的过程中各类移动业务广泛推广，流量资费下降，无线网络服务提升。与此同时，智能终端应用存在的问题也逐步得到解决，智能手机的革命性发展和快速普及推动了手机网民群体逐步趋向成熟化。《第51次中国互联网络发展状况统计报告》显示，截至2022年12月，我国网民规模达10.67亿，其中手机网民规模为10.65亿，网民中使用手机上网的比例为99.8%，互联网普及率达75.6%。③

移动互联网的发展趋势主要表现为以下三个方面：

第一，移动互联网与传统互联网在竞争与融合中不断向前发展。唯物辩证法认为，新事物的发展不是对旧事物的否定与抛弃，而是创新与发展，其实质是扬弃。新事物来源于旧事物，以旧事物为基础，新事物在开始发展阶段，其力量是弱小的，只要充分借助新事物的优点，主动学习，就有可能获得新的发展机遇。移动互联网的发展如雨后春笋，其发展潮流是不可阻挡的，但这并不意味着移动互联网的传播媒介短期内会完全代替传统互联网的传播媒介。2010年，国家决定加快推进电信网、广播电视网和互联网三网融合，2010年至2012年，国家重点开展广电和电信业务双向试点工作；2013年至2015年，国家总结推广试点经验，全面实现三网融合发展，普及应用融合业务，充分体现了移动互联技术与传统互联网技术的高度融合发展。《中华人民共和国国民经

① 中共中央马克思恩格斯列宁斯大林著作编译局. 马克思恩格斯文集：第10卷［M］. 北京：人民出版社，2009：668.

② 中国互联网络信息中心. 第24次中国互联网络发展状况统计报告［R/OL］.（2009-07-16）［2023-05-30］. https：//www.cac.gov.cn/files/pdf/hlwtjbg/hlwlfzzkdctjbg024.pdf.

③ 中国互联网络信息中心. 第51次中国互联网络发展状况统计报告［R/OL］.（2023-03-02）［2023-05-30］. https：//www.cnnic.cn/n4/2023/0302/c199-10755.html.

济和社会发展第十四个五年规划和2035年远景目标纲要》指出，要“推进网络强国建设，加快建设数字经济、数字社会、数字政府，以数字化转型整体驱动生产方式、生活方式和治理方式变革”，为移动互联网发展指明了方向，使移动互联网进入了新的发展阶段。

第二，移动互联网重塑了人们的生活方式。人们解决社会与自然矛盾的实际能力如何，主要取决于生产工具的质量和数量，生产工具是区分社会经济时代的客观依据。正如马克思指出的：“各种经济时代的区别，不在于生产什么，而在于怎样生产，用什么劳动资料生产。”① 《2021中国移动经济发展报告》显示，截至2020年底，我国已建成全球最大5G网络，中国5G普及率正在持续快速增长，将成为5G应用的领先市场之一。5G技术的快速发展，为移动互联网的各种应用平台的出现提供了技术支撑。现实生活服务的网络化使得人们对网络的黏性更高，加之智能终端设备的发展，网络已经深深融入人们生活的各个角落。随着移动网络的快速发展，人们通过智能手机实现了“足不出户，便晓天下事”。智能手机的普及使移动互联网的运用变得异常便捷。例如，人们早上起床通过浏览网络新闻了解逸闻趣事，顺便在微信朋友圈或QQ空间里刷一下昨晚错过的朋友动态；中午在外卖平台下单点一份午饭，在线支付；工作日人们用办公软件处理工作；睡觉前发条朋友圈，勉励自己继续努力。这就是现代多数人一天的写照，处处都与网络有关。移动互联网对现代人的影响可谓融入了人们生活的方方面面，彻底重塑了人们的生活方式。

第三，移动互联网打造了经济发展新引擎，网络零售打造消费新格局。2021年，全国网上零售额达13.1万亿元，比2020年增长14.1%，占社会消费品零售总额的24.5%。特别是以“95后”和“00后”为代表的“Z世代”及“银发一族”网民的增长，带来了新的消费场景与模式。社交电商、直播电商等新业态新模式持续发展，成为驱动经济增长的新引擎。在线文旅、手机外卖引领新型消费。2021年，全国各地通过VR等技术打造新型文旅融合产品，推动“云上旅游”“在线演唱会”等常态化。截至2021年12月，我国在线旅行预订用户规模达3.97亿，同比增加5466万。我国网上外卖用户规模达5.44亿，同比增长29.9%。生鲜、药品等各类非餐饮业务加入外卖行业，成为重要的消费增长点。电子商务持续助力乡村振兴。2021年，相关部门出台促进农村电商发展的系列政策，发力乡村市场数字化基础设施建设，推动网络零售新模式向广大农村普及，引领农产品出村新渠道。2021年全国农村网络零售额

---

① 中共中央马克思恩格斯列宁斯大林著作编译局．马克思恩格斯选集：第2卷［M］，北京：人民出版社，2012：172.

同比增长 11.3%，达 2.05 万亿元；全国农产品网络零售额同比增长 2.8%，达 4221 亿元。① 庞大数据的背后折射出的是移动互联网带来的巨大影响，移动互联网凭借其独特的功能逐步开拓巨大的市场空间，促进了电子商务的快速发展，打造了经济发展新引擎。

2. “互联网+”的提出

当今世界正处在大发展大变革大调整时期，世界多极化、经济全球化深入发展，社会信息化、文化多样化持续推进，新一轮科技革命和产业革命正在孕育成长。在科技革命浪潮的推动下，互联网与各领域的融合发展具有广阔前景和无限潜力，正对各国经济社会发展产生着战略性和全局性的影响。在中国，“互联网+”这个概念产生于经济领域，2012 年 11 月 14 日的易观第五届移动互联网博览会上，易观国际董事长兼首席执行官于扬先生提出“互联网+”理念。他认为：“在未来‘互联网+’这样的公式应该是我们所在的行业目前的产品和服务，在与我们未来看到的多屏全网跨平台用户场景结合之后产生的这样一种化学公式。”② 2015 年 3 月 5 日上午第十二届全国人民代表大会第三次会议上，李克强总理在政府工作报告中首次提出“互联网+”行动计划。2015 年，由国家发展改革委牵头，工信部参与制定“互联网+”行动计划，推动移动互联网、云计算、大数据、物联网等与现代制造业结合，促进电子商务、工业互联网和互联网金融健康发展，引导互联网企业拓展国际市场。自此，“互联网+”成为国家战略，为未来国家各领域的发展指明了道路和方向。同年，为深化高等教育综合改革，激发大学生的创造力，培养“大众创业、万众创新”的生力军，推动赛事成果转化，促进“互联网+”新业态形成，服务经济提质增效升级，以创新引领创业、创业带动就业，推动高校毕业生更高质量创业就业，教育部举办了首届“中国‘互联网+’大学生创新创业大赛”。截至 2023 年，该赛事已成功举办了九届（后两次更名）。2015 年 10 月，党的十八届五中全会提出“创新、协调、绿色、开放、共享”发展理念，提出“十三五”时期，中国将大力实施网络强国战略，实施“互联网+”行动计划，发展分享经济，实施国家大数据战略。2015 年 12 月 16 日，习近平出席第二届世界互联网大会开幕式并发表主旨演讲，指出：“以互联网为代表的信息技术日新月异，引领了社会生产新变革，创造了人类生活新空间，拓展了国家治理新

① 《中国移动互联网发展报告（2022）》正式发布［EB/OL］.（2022-06-29）［2023-05-28］. http：//finance. people. com. cn/n1/2022/0629/c1004-32460664. html.

② 王晓易. 易观国际董事长 CEO 于扬：“互联网+”［EB/OL］.（2012-11-14）［2023-05-28］. https：//www. 163. com/tech/article/8G8VCEVN00094N6H. html.

领域，极大提高了人类认识世界、改造世界的能力。”① 中国正处在信息化快速发展的历史进程之中。“十三五”时期，中国大力实施网络强国战略，让互联网发展成果惠及13亿多中国人民，更好造福各国人民。

2017年10月18日，习近平总书记在党的十九大报告中指出：“加快建设制造强国，加快发展先进制造业，推动互联网、大数据、人工智能和实体经济深度融合。”② 2022年10月16日，习近平总书记在党的二十大报告中指出：“坚持把发展经济的着力点放在实体经济上，推进新型工业化，加快建设制造强国、质量强国、航天强国、交通强国、网络强国、数字中国”，“加强全媒体传播体系建设，塑造主流舆论新格局。健全网络综合治理体系，推动形成良好网络生态。”③ 经济方面，“互联网+”促使移动互联网应用进一步与实体经济融合，进一步增强对我国经济社会发展的基础支撑作用；文化方面，“互联网+”促进移动互联网与文化相结合，提升了中国文化的传播力、影响力、自信力；高校网络思想政治教育方面，“互联网+”推动思想政治教育与移动互联网高度融合，增强时代感和吸引力。

3. 生成式人工智能的出现

生成式人工智能是通过各种机器学习方法从数据中学习对象的特征，进而生成全新的、完全原创的内容（如文字、图片、视频）的人工智能。1956年，人工智能最初指“拥有能够模拟被精确描述的学习特征或智能特征能力的机器”。随着人工智能技术的发展，其逐渐成为一种尖端科技，成为“基于大数据记忆和云算法的、具有‘拟人化’特征与不断发展的深度学习技能，能够完成那些需要不同的智慧形态并通常由人类完成的事情，从而超越人类智慧的智能行为系统”。2018年，习近平总书记在中共中央政治局第九次集体学习时指出，要“加强人工智能在教育、医疗卫生、体育、住房、交通、助残养老、家政服务等领域的深度应用，创新智能服务体系”。2018年4月，教育部印发了《高等学校人工智能创新行动计划》，支持学校运用人工智能技术变革组织结构和管理体制。2019年5月，习近平在致国际人工智能与教育大会的贺信中指出，“中国高度重视人工智能对教育的深刻影响，积极推动人工智能和教育深度融合”。2021年3月，《中华人民共和国国民经济和社会发展第十四个

① 习近平出席第二届世界互联网大会开幕式并发表主旨演讲［EB/OL］.（2015-12-16）［2023-05-28］. http：//www. cac. gov. cn/2015-12/16/c_1117480642. htm.

② 习近平. 决胜全面建成小康社会 夺取新时代中国特色社会主义伟大胜利：在中国共产党第十九次全国代表大会上的报告［N］. 人民日报，2017-10-28（1）.

③ 习近平. 高举中国特色社会主义伟大旗帜 为全面建设社会主义现代化国家而团结奋斗：在中国共产党第二十次全国代表大会上的报告［N］. 人民日报，2020-10-26（1）.

五年规划和2035年远景目标纲要》中提出要瞄准人工智能为首的前沿领域，实施重大科技项目。随着人工智能技术的快速发展，人工智能对高校思想政治教育的影响也与日俱增。2021年，“十四五”规划明确行业发展路线图。各地积极推动智能计算中心建设，截至2021年底，我国在用数据中心标准机架总规模超过400万架，总算力约90EFLOPS，已基本满足各地区、各行业数据资源存储和算力需求；我国人工智能开源开放平台超40个，语音、视觉、自然语言处理等人工智能开放服务能力进一步提升；人工智能与移动互联网相结合的应用开始广泛覆盖智慧城市、智慧交通等日常生活。① 2022年11月30日，由美国人工智能实验室OpenAI研发的通用聊天机器人ChatGPT正式上线。以OpenAI的ChatGPT、百度的文心一言、阿里巴巴的通义千问、商汤科技的日日新大模型、华为的盘古大模型、腾讯的混元大模型等为代表的生成式人工智能也为高校网络思想政治教育带来了新的机遇和挑战。

三、移动互联网的特征

移动互联网是移动通信与传统互联网相结合的产物，与传统互联网相比，它既继承了传统互联网的跨越时空、联通世界的优点，又充分体现了移动互联网的便捷性、即时性、定向性、精准性、感触性。随着信息通信技术的飞速发展，人们的信息通信习惯已经从使用语音、文字、图片逐渐变为使用视频通信。移动互联网包含三个基本要素：移动终端、移动互联网网络及移动互联网业务。在广义的移动互联网定义中，网络泛指一切无线网络，移动终端包括各种手持移动设备；在狭义的移动互联网定义中，移动终端特指智能手机。

（一）移动性与便捷性

移动性是传统互联网与移动互联网的本质区别之一。移动互联网的移动性既指互联网连接设备的移动性，又指信息传播的空间和时间上的移动性。移动互联网的移动性使得人们可以在任何时间、任何地点连接到互联网。人们无论是在排队等候公交车还是乘坐高铁的旅途中，都能够通过智能手机或平板电脑观看视频、进行语音聊天、浏览新闻、发送电子邮件……这种便捷性让人们不再受限于传统的固定位置上网，使人们拥有了更大的自由度。随着移动技术的不断发展，移动设备的功能也越来越强。如今的智能手机几乎具备了传统电脑的所有功能，包括浏览网页、办公、社交、娱乐等。人们可以随时随地使用智能手机来处理工作事务、获取信息、进行娱乐。由于智能手机小巧轻便方便携

① 《中国移动互联网发展报告（2022）》正式发布［EB/OL］.（2022-06-29）［2023-05-28］. http：//finance. people. com. cn/n1/2022/0629/c1004-32460664. html.

带，人们可不再需要专门的办公室或电脑设备。人们只需通过手机就能完成许多事情。此外，移动互联网还促进了移动支付的发展。通过移动支付应用程序，人们可以轻松安全地完成支付转账。人们不再需要携带大量现金或信用卡，只需通过几个简单的操作就能完成各种交易，有效地提高了支付的便利性和效率。可以说，只要有手机信号覆盖的地方，人们使用移动互联网就可以随时随地传播和接收信息。

（二）多样性与实时性

移动互联网为人们提供了丰富多样的应用程序和服务。社交媒体平台如微信、微博、QQ、抖音、快手、小红书、知乎等使得人们可以随时分享视频、照片、状态等，与朋友保持即时互动。即时通信应用如微信、QQ 等应用程序则提供了方便快捷的信息传递方式，让人们能够随时随地与他人进行语音或视频通话。移动社交媒体不仅是人们分享生活的平台，也是新闻传播、舆论表达的渠道。通过社交媒体，人们可以获取世界各地的新闻资讯，了解时事动态，可以直接参与时事讨论并发表个人观点。多样化的信息传播方式打破了传统媒体的局限性，让每个人都有机会成为信息的发布者和传播者。此外，移动互联网还丰富了人们娱乐和学习的方式。在线视频平台如爱奇艺、腾讯视频、搜狐视频、中国网络电视台、优酷、哔哩哔哩等提供了海量的视频内容，用户可以随时观看电影、剧集、音乐视频等。移动互联网为大学生提供了丰富的在线课程和学习平台。学生可以通过手机或平板电脑随时随地访问这些平台，学习各类学科的知识。中国大学 MOOC、爱课程等在线学习平台还提供了网络课程，帮助学生拓展知识和增强竞争力。随着数字化的发展，大学图书馆及学术期刊逐渐建立了电子资源库。通过移动互联网，大学生可以通过检索知网、万方、维普等网站上的期刊资源，查阅学术文献、下载电子书籍，进行学习和研究。移动互联网的实时性也为人们提供了即时获取信息的能力。新闻应用、天气预报、股票行情等多方面的实时信息，能帮助人们进行更明智的决策。此外，实时导航应用程序能够帮助人们更加合理地规划行程和选择出行方式。

（三）个性化与定制化

移动互联网通过分析用户的兴趣、行为和偏好，为用户提供个性化和定制化的服务。社交媒体平台根据用户的关注、点赞、评论等数据，向用户推送与其兴趣相关的内容和活动。电子商务网站通过分析用户的浏览历史和购买记录，向用户推荐个性化的商品和优惠活动。这种个性化推荐不仅提高了用户的购物体验，也增强了用户与平台之间的互动和黏性。在移动互联网环境下，信息传播模式由传统的“树状”传播模式向“网状”模式转变。移动互联网是一个高度开放的平台和信息汇集地，其交互性的传播方式可以实现教育者和受教育者之间的双向互动，拓展思想政治教育的空间。“树状”传播模式最主要的特点是信息来源于“树干”，主体具有唯一性，是一个具有相对封闭性和方便控制的传播模式。而在“网状”传播模式中，传播主体具有多元性，主客体具有相互性，信息传播模式是双向、交互的。“在这个庞大的网络中，没有了严格意义上的自下而上、从一到多的信息传递机制，每一个节点都是一个独立的信息源，都有信息辐射的力量，他们都是一个独立的主体。”①“网状”传播模式突破了传统“树状”传播模式中“树干”传播信息的单一性，使得每个个体在接受信息的同时，也具备了交互信息的功能，由信息的接收者转变为信息的传播者。“网状”传播模式有利于信息传播的个性平等、开放共享，也保证了信息传播的针对性和准确性。个性化的服务还体现在用户界面和交互方式上。移动互联网应用程序和网站注重简洁、直观的界面设计，提供易于操作和交互的用户界面。通过手势操作、语音识别等技术，人们可以更自然地与设备进行交互。此外，一些应用程序还能让用户根据个人的喜好自由地设置界面主题、字体、布局方式。

（四）扩展性与创新性

移动互联网不断与其他技术领域相结合，带来了更多更优质的应用和服务。物联网的出现将物理设备与互联网连接，使得人们能够远程控制家用电器、汽车、健身设备等。通过智能家居系统，人们可以使用手机远程控制设备调节灯光、温度，设置家庭安全防护等。大数据和人工智能技术的应用也为移动互联网带来了更精确的分析和预测能力。通过分析海量的用户数据，移动互联网能够更好地理解用户需求，提供更智能的推荐和个性化服务。手机语音助手等通过自然语言处理和机器学习技术，帮助人们完成各种任务，如语音搜索、日程安排、智能家居控制等。随着5G技术的普及和应用，移动互联网将进一步提升网络速度，保障网络的稳定性，为更多新技术的实现提供基础。虚拟现实、增强现实、区块链等技术有望与移动互联网融合，给人们带来更丰富、更便捷的体验。

第二节　网络安全概述

移动互联网不是完美无缺的，它是一把“双刃剑”，在给人们带来方便快捷的体验时，也带来了威胁。网络暴力、网络色情、网络诈骗等会对人们的工

---

① 李海春，李娟．移动网络时代高校思想政治理论课面临的挑战与回应［J］．思想教育研究，2014（4）：41-45．

作和生活造成诸多危害。因此，网络安全问题已经成为许多国家关注的焦点，如何维护网络安全成为世界各国研究的重要问题。

一、网络安全的概念

网络安全是一门涉及计算机科学、网络技术、通信技术、密码技术、信息安全技术，以及应用数学、信息科学、法学等多种学科的综合性科学。

网络安全是指网络系统的硬件、软件及其系统中的数据受到保护，不因偶然的或者恶意的攻击而被破坏、篡改、信息泄露，确保系统能稳定高效地运行，使网络服务不中断。从广义的角度来说，凡是涉及网络信息的保密性、完整性、可用性、真实性和可控性的相关技术和理论都是网络安全的研究领域。网络安全涉及的内容既有技术方面的问题，也有管理方面的问题，两方面相互补充，缺一不可。网络安全的技术方面主要侧重于防范外部非法用户的攻击，管理方面则侧重于管理内部人为因素。如何更有效地保护重要的信息数据、提高计算机网络系统的安全性已经成为所有计算机网络应用必须考虑和必须解决的重要问题，网络信息的保密性、完整性、可用性、真实性和可控性等相关技术问题也成为网络安全研究的重要课题。①

网络安全旨在保护个人、组织和国家的重要信息资产免受各种网络威胁和风险的损害，同时提供可靠的网络环境和安全的网络交流平台。网络安全是国家安全的重要组成部分，没有网络安全就没有国家安全，就没有经济社会稳定运行，广大人民群众利益也难以得到保障。从世界范围看，网络安全威胁和风险日益突出，并向政治、经济、文化、社会、生态、国防等领域传导渗透。网络安全已经成为我国面临的最复杂、最现实、最严峻的非传统安全问题之一。②

二、网络安全的产生与发展

随着计算机技术的飞速发展，信息网络技术的发展已经成为社会发展的重要保证。网络传输的信息有很多是敏感信息，甚至是国家机密，可能遭受各种攻击（如信息泄露、信息窃取、数据篡改、计算机病毒等）。同时，网络实体还会经受水灾、火灾、地震、电磁辐射等方面的考验。③ 总的来说，受互联网的普及、数字化转型、威胁的增加，以及法律法规的制定等多个方面的影响，网络安全越发重要。随着技术和社会的不断发展，网络安全将不断面临新的挑

---

① 顾巧论，蔡振山，贾福春．计算机网络安全［M］．北京：科学出版社，2006：1.

② 本书编写组．国家网络安全知识百问［M］．北京：人民出版社，2021：4-5.

③ 甘利杰，孔令信，马亚军．大学计算机基础教程［M］．重庆：重庆大学出版社，2017：152.

战，人们需要持续关注并加强对网络安全的保护和管理。网络安全的发展是一个持续进行的过程，人们需要密切关注网络安全威胁，加强研究与创新，努力构建更加安全可靠的网络环境。

（一）网络安全的产生

随着移动互联网和数字技术的迅猛发展，网络安全威胁也日益增加。黑客、网络病毒、木马程序、钓鱼网站、网络勒索软件等对个人、企业及国家安全造成了巨大的威胁。随着信息技术的普及和数字化转型的推进，大量数据、信息都迁移到了网络上。这样的数字化环境使得网络安全问题变得尤为重要，因为数据的泄露和安全漏洞可能会造成隐私泄露、财务损失和声誉受损等问题。随着对网络威胁的认识加深，世界各国纷纷制定了配套的法律法规来保护网络环境。这些法律法规为网络安全提供了法律依据，并促使个人、企业和政府更加重视网络安全问题。

（二）网络安全的发展

网络安全的发展可以大致分为以下四个阶段：

第一，网络起始阶段。这一时期，网络安全概念形成，人们开始关注网络安全问题。这一阶段的网络安全问题主要集中在提升计算机系统的安全性上，如密码学、防火墙和反病毒软件等。反病毒软件是网络安全的关键组成部分，它可以检测和清除计算机系统中的恶意软件，提供实时保护。这些技术和措施旨在保护系统免受黑客攻击、恶意软件、未经授权的访问的攻击。

第二，网络扩展阶段。随着互联网的普及和发展，网络安全问题开始从单一的计算机系统扩展到网络层面。这一阶段涉及网络协议的安全性、网络流量分析和入侵检测等方面的研究和技术发展。同时，该阶段出现了跨组织合作和信息共享的初步尝试，以提高网络安全的整体水平。

第三，综合应对阶段。这一阶段网络安全逐渐与政府、企业和个人的利益密切相关。人们开始认识到网络安全的重要性，并加强对网络安全的投入与防护。国家开始制定相关的法律法规并建立网络安全机构，企业和个人也积极采取措施保护其关键信息基础设备和敏感数据。

第四，全球合作和治理阶段。随着日益复杂的网络安全问题和跨国网络攻击事件的增加，全球范围内的合作和治理变得至关重要。各国开始加强信息共享、制定国际标准和协议，并开展多边对话和合作来应对跨国网络威胁。此外，跨国企业和组织也起到了重要的作用，共同应对全球范围的网络安全挑战。

三、网络安全的特征

网络安全的特征包括技术特征、管理特征、文化特征。通过综合考虑网络安全的特征，人们可以建立起更加全面和坚固的网络安全体系。网络安全文化的培养需要长期而持续的努力，它不仅关乎技术和工具的使用，更关乎全社会对网络安全的认知和行动。只有形成了积极健康的网络安全文化，才能更好地保护个人、组织和整个社会的网络安全。这些特征共同构成了网络安全的基本要素，可保护网络系统、数据、硬件设备免受各种威胁和攻击。

（一）网络安全的技术特征

1. 保密性

网络安全旨在确保敏感信息只能被授权的人访问和使用。加密算法和访问控制技术能用于防止未经授权的数据泄露。

2. 完整性

网络安全的目标是确保数据在传输和存储过程中不被非法篡改或损坏，可通过数字签名、数据校验和完整性检查等技术验证数据的完整性。

3. 可用性

网络安全要确保合法用户使用系统和服务。防止服务被拒绝和系统灾难恢复计划是确保可用性的关键措施。

4. 身份认证与访问控制

网络安全需要确保用户的身份得到准确认证，并根据其权限对资源进行访问控制，常见的方式包括设置密码和访问控制列表等。

5. 不可抵赖性

网络安全需要确保用户无法否认已完成的操作或交互。数字签名和审计日志等技术可以提供不可抵赖的证据。

6. 安全审计与监测

网络安全需要对系统的安全事件进行审计和监测，能够及时发现和应对潜在的威胁。入侵检测系统、日志分析和实时警报等技术可用于检测网络异常行为。

7. 持续改进

维护网络安全，需要及时更新和改进网络安全策略、措施和技术来抵御不断变化的威胁。定期的风险评估和安全培训有助于持续改进网络安全策略和技术。

（二）网络安全的管理特征

1. 共享性

网络安全需要在保证信息保密性和完整性的同时，实现合法用户之间的信息共享。例如，在企业内部，员工需要能够安全地访问和分享工作所需的数据和资源。

2. 可追溯性

网络安全需要确保对安全事件和操作的追踪和记录。通过日志记录和审计功能可以追踪到特定用户或系统的活动，以便进行安全分析和调查。

3. 弹性

网络安全需要具备应对各种威胁和攻击的弹性和恢复能力。当遭受攻击或出现安全风险时，可以迅速识别安全风险，隔离有风险的设备、软件，并及时修复问题，同时保持业务的连续性。

4. 教育与培训

网络安全需要关注用户的安全意识和技能培养。通过教育和培训，人们可以学习如何识别并应对网络威胁，培养自身的网络安全素养。

5. 自动化与智能化

随着技术的发展，网络安全越来越需要借助自动化和智能化技术来应对复杂的威胁。例如，利用人工智能和机器学习检测异常行为和未知的攻击模式。

6. 国际合作与标准化

网络安全是一个全球性挑战。为了应对这一挑战，各国需要加强合作，共同制定安全标准。国家间的信息共享和协议制定有助于维护全球网络安全。

（三）网络安全的文化特征

1. 网络安全意识

网络安全文化的核心是增强人们的网络安全意识。网络安全意识包括了解网络威胁、风险和攻击技术，并能够认识到自己在网络中的责任和作用。人人都应该具备网络安全意识。

2. 教育和培训

网络安全文化需要通过教育和培训加强人们的安全意识和技能。网络安全的教育培训包括网络安全知识的普及、安全操作的指导，以及如何应对网络攻击和处理网络安全事件等内容。

3. 遵守法律法规

网络安全文化倡导个人和组织遵守相关的法律法规，包括保护个人隐私、保护知识产权、打击网络犯罪等方面。

4. 共享与合作

网络安全文化鼓励个人和组织共享网络安全防护的信息、经验，以便提高整个社会的网络安全水平。个人和组织可以通过安全演练、安全会议、安全论坛等形式进行交流与合作。

5. 责任和问责

网络安全文化倡导每个人都对自己在网络中的行为负责，并承担相应的责任。每个人都应该采取措施保护自己的网络资源，并对个人行为负责。

6. 持续改进

网络安全文化鼓励持续改进和学习。由于网络攻击技术的不断变化，人们需要不断更新和优化网络安全策略和措施，以应对新的安全挑战。

第三节　高校网络安全教育概述

人们的生活与互联网已密不可分。高校作为人才培养和新技术、新知识产生运用的前沿阵地，面临的网络安全风险不断增加。自《中华人民共和国网络安全法》出台以来，我国网络安全事业虽然已经步入了网络安全治理转型的“快车道”，但仍然面临着多方冲击和严峻挑战。互联网的开放性、隐蔽性和虚拟性等特点给高校大学生带来了极大的安全隐患，如个人身份信息泄露、电子设备受到病毒攻击、遭遇网络诈骗等，高校深入推进网络安全教育对筑牢网络安全防线至关重要。

一、高校网络安全教育的概念

高校网络安全教育是指学校和教育者以社会主义核心价值体系为理论依据对大学生进行网络安全的教育指导，旨在帮助大学生掌握网络安全防范的技能，增强网络安全防范意识，学习有关网络安全的道德法律知识等。高校网络安全教育旨在提高大学生对网络安全的认识、理解和防护水平，培养他们安全使用网络的能力，并具备网络攻防技术的基础知识和技能。2020 年 9 月教育部印发的《大中小学国家安全教育指导纲要》明确指出，要通过国家安全教育，使得大学生在大学阶段，重点围绕理解中华民族命运与国家关系，践行总体国家安全观。大学生要系统掌握总体国家安全观的内涵和精神实质，理解中国特色国家安全体系，树立国家安全底线思维，将国家安全意识转化为自觉行动，强化责任担当。网络安全包括网络基础设施、网络运行与服务、信息安全等方面，是保障和促进信息社会健康发展的基础。维护网络安全必须践行“没有网络安全就没有国家安全，没有信息化就没有现代化”的理念，强化依法治网、坚持技术创新、加强国际合作等，树立网络空间主权意识。

高校网络安全教育的主要内容包括：① 大学生网络安全素养教育，教授大学生有关计算机网络、互联网和信息安全的基本概念、原理和技术，包括网络协议、密码学、安全漏洞与攻击等方面的基础知识；引导大学生正确理解网络安全的重要性，提高他们识别网络风险的能力和网络安全风险评估能力，引导大学生掌握基本的网络法律法规知识，有效地约束个人的言行举止，依法上网。② 培养大学生安全技能，通过实践操作和案例分析，培养大学生的网络安全技能，包括网络安全设置和配置、网络防御和入侵检测等方面的技术能力。③ 培养网络安全领域专业人才，提供系统化的网络安全课程，培养大学生的网络安全分析能力、管理能力和应对能力，满足社会对网络安全专业人才的需求。

二、高校网络安全教育的产生与发展

高校网络安全教育的产生和发展是为了适应技术发展的需求，保障高校网络安全，培养网络安全专业人才，提升网络安全防护水平，推动整个社会的网络安全建设。

（一）高校网络安全教育的产生

随着互联网的普及和信息技术的发展，网络安全威胁日益严重。网络攻击、数据泄露、黑客入侵等问题频频发生，给大学生和高校的网络安全带来了巨大挑战。各行各业对网络安全专业人才的需求不断增加。金融、电子商务、政府、军事等领域对网络安全的依赖性日益提高，需要具备相关知识和技能的专业人才来保障网络信息系统的安全运行。为满足行业和社会的需求，高校开始逐渐开设网络安全相关专业和课程，如信息安全、网络空间安全等本科专业。高校网络安全教育的产生也是对网络安全研究和发展需求的回应。许多国家都出台了相关的政策和法规，要求加强网络安全教育，从政策层面对高校网络安全教育给予了支持，促使高校积极开展网络安全教育。

（二）高校网络安全教育发展

高校网络安全教育在过去几十年中取得了一定的发展。网络安全事件的频发使高校逐渐意识到培养大学生网络安全意识和能力的重要性，进而加强网络安全教育。

第一，初级阶段。在高校网络安全教育的初级阶段，高校教师主要侧重于教授学生掌握基础的计算机网络知识和技术，包括计算机系统原理、操作系统、网络协议、通信原理等。这个阶段中高校对于网络安全的关注度较低，网络安全教育还未形成系统化的课程体系。虽然高校开设的部分课程中会包含一些基础的网络安全概念和技术，但并没有专门设置网络安全课程。只有少数高校意识到网络安全的重要性，积极开设与网络安全相关的选修课程，为大学生提供必要的网络安全教育。

第二，基础阶段。随着信息社会的不断发展和网络安全问题日益凸显，高校网络安全教育进入了基础阶段。高校开始意识到培养大学生网络安全意识和网络安全基础知识的重要性。在这个阶段，高校引入了网络安全概念和基础知识的教学内容，涵盖信息安全的基本原则、密码学基础、网络安全攻防基础等方面。大学生开始了解常见的网络威胁和攻击手段，学习如何保护个人信息和网络资源的安全。

第三，发展阶段。随着网络威胁的不断增加和网络安全技术的迅猛发展，高校网络安全教育进入了一个新阶段。高校逐渐意识到仅仅教给学生理论知识是不够的，大学生需要具备实际操作和应用的能力才能有效应对网络威胁。因此，高校开始注重培养大学生的网络安全实践技能，引入实践操作和案例分析的教学方法。通过实验室实践、网络安全竞赛等形式，大学生能够在实际场景中应用所学的知识和技术，提高网络安全防御能力。

第四，深化阶段。随着互联网的快速发展和网络安全威胁的日益复杂化，高校网络安全教育进入了新阶段。高校与网络安全企业进行紧密合作，引入最新的网络安全技术和实践案例，培养大学生的前沿技能和创新能力。高校网络安全教育逐渐与实际需求相结合，培养大学生掌握网络安全工程实践能力和解决实际问题的能力。同时，高校加强网络安全法律法规和伦理道德的教育，培养大学生的法律意识和职业道德，引导大学生在网络安全领域做出正确的决策。

第五，综合阶段。在高校网络安全教育的综合阶段，高校网络安全教育不仅注重培养大学生的专业知识和技能，还注重培养大学生的综合素养和职业道德，要求大学生要掌握网络安全技术，还要具备良好的沟通表达能力、团队合作能力和创新能力。此时，高校要强化信息伦理、法律法规等方面的教育，培养大学生的责任感和网络风险意识，培养大学生的网络安全素养。

三、高校网络安全教育的特征

在移动互联网时代，加强高校网络安全教育尤为关键。移动互联网给人们带来了巨大的便利，同时也带来了各种网络安全威胁。高校作为培养未来社会各个领域专业人才的重要场所，有责任将网络安全教育融入人才培养过程中，培养大学生的网络安全意识和技能，使他们能够应对不断变化的网络威胁。

（一）多样化的教育形式

传统的课堂教学模式已经无法满足当今大学生的实际需求，因此高校需要与时俱进，采用多样化的教学形式。除了传统的课堂授课，高校还可以结合在线学习平台、虚拟实验室、网络安全竞赛等多种形式进行网络安全教育。在线学习平台可以提供丰富的网络安全学习资源和交互式学习环境，大学生可以通过这些在线学习平台随时随地学习知识。虚拟实验室可以模拟真实的网络环境和攻击场景，让大学生进行实践操作和演练，提高他们的实际应用能力。网络安全竞赛可以激发大学生的学习兴趣，培养他们独立解决问题的能力，更好地应对网络安全问题。

（二）实践导向的教学内容

掌握充足的网络安全理论基础知识是重要的基础，但大学生只掌握理论，缺乏实践，是难以应对网络威胁的。因此，高校可以设置实验环境，让大学生亲身参与维护网络安全的实践。高校可以通过搭建和管理虚拟网络环境、进行网络安全监测和渗透测试，让大学生了解网络攻击的原理和方法，掌握相应的网络防御技术。同时，高校还可以组织模拟网络攻防演练，让大学生分别扮演攻击者和被攻击者，锻炼他们在突发情况下的应变能力。

（三）全员参与的教育观念

在移动互联网时代，网络安全已经不再是专业人士的事务，而是每个人都应该关注和参与的重要议题。因此，高校需要将网络安全教育贯穿于不同专业的课程中，培养大学生的网络安全意识和基本技能。各类专业的大学生都应该了解网络安全的基础知识和常见威胁，掌握基本的网络防御技术。此外，高校还可以设立网络安全课程或选修课程，供对网络安全感兴趣的大学生深入学习。

（四）数据驱动的教育管理

随着移动互联网的发展，各类学习平台记录了大量的学习数据和用户行为数据。高校可以通过分析这些数据，及时发现大学生的学习问题，采取相应的改进措施。通过数据驱动的教育管理，高校可以更全面地了解大学生的学习状况和需求，优化教学资源的配置，提高网络安全教育的质量。

（五）跨界合作的教育模式

高校网络安全教育需要与相关的政府机构、企业组织和专业团体等进行跨界合作，共同研究和应对各类网络安全挑战。在移动互联网时代，网络威胁日益复杂，高校应该与政府机构、企业组织和专业团体建立紧密的合作关系，共同推动网络安全技术的发展，分享网络安全防护案例和经验，加强网络攻防能力的培训和交流。这种跨界合作模式可以为高校网络安全教育提供更广泛的资源和支持，提高网络安全教育的实效性和实用性。

第四节　移动互联网时代高校网络安全教育的理论基础

随着移动智能终端的不断发展，移动互联网快速完善，移动互联网时代悄然到来。移动智能终端把人类带入了一个全新的阶段，在这个阶段涌现出了大量的新技术，这些新技术又不断促使思维迭代更新，一个交替螺旋上升的趋势已经形成。高校网络安全教育成为高校立德树人与大学生成长成才必不可少的教育途径。推进高校网络安全教育因事而化、因时而进、因势而新，必须在固守原有教育模式的基础上，不断创新发展，适应高校网络安全教育发展的客观规律，跟进新时代大学生思想行为特点。理论是实践的指南和路标，高校要完善网络安全教育，必须以先进理论为指导，科学运用马克思主义理论的原则和方法，积极借鉴现代教育理论的优秀成果，将理论与实践深度融合，推动高校网络安全教育进一步发展。

一、习近平关于网络安全重要论述

党的十八大以来，习近平总书记不止一次地强调过网络安全的重要性。2014 年 2 月 27 日，习近平总书记在中央网络安全和信息化领导小组第一次会议上强调，“没有网络安全就没有国家安全，没有信息化就没有现代化”，“网络安全和信息化是事关国家安全和国家发展、事关广大人民群众工作生活的重大战略问题，要从国际国内大势出发，总体布局，统筹各方，创新发展，努力把我国建设成为网络强国”。至此，网络安全上升到了国家安全的层面。2015 年 12 月 16 日，习近平总书记在第二届世界互联网大会开幕式上的讲话强调，“要加强网络伦理、网络文明建设，发挥道德教化引导作用，用人类文明优秀成果滋养网络空间、修复网络生态”。2016 年 4 月 19 日，习近平总书记在网络安全和信息化工作座谈会上的讲话强调，“网络空间是亿万民众共同的精神家园。网络空间天朗气清、生态良好，符合人民利益。网络空间乌烟瘴气、生态恶化，不符合人民利益”。互联网不是法外之地。对于利用网络鼓吹推翻国家政权、煽动宗教极端主义、宣扬民族分裂思想、教唆暴力恐怖活动的行为要坚决制止和打击，决不能任其大行其道。2016 年 10 月 9 日，习近平总书记在十八届中央政治局第三十六次集体学习时的讲话强调，“要维护网络空间安全以及网络数据的完整性、安全性、可靠性，提高维护网络空间安全能力”。

习近平总书记在党的十九大报告中强调：“加强互联网内容建设，建立网络综合治理体系，营造清朗的网络空间”，“增强改革创新本领，保持锐意进取的精神风貌，善于结合实际创造性推动工作，善于运用互联网技术和信息化手段开展工作”。2017 年 12 月 8 日，习近平总书记在十九届中央政治局第二次集体学习时的讲话强调：“要切实保障国家数据安全。要加强关键信息基础设施安全保护，强化国家关键数据资源保护能力，增强数据安全预警和溯源能力。要加强政策、监管、法律的统筹协调，加快法规制度建设。要制定数据资源确权、开放、流通、交易相关制度，完善数据产权保护制度。要加大对技术专利、数字版权、数字内容产品及个人隐私等的保护力度，维护广大人民群众利益、社会稳定、国家安全。要加强国际数据治理政策储备和治理规则研究，提出中国方案。”网络安全深刻影响政治、经济、文化、社会、军事等各领域安全。没有网络安全就没有国家安全，就没有经济社会稳定运行，广大人民群众利益也难以得到保障。要依法严厉打击网络黑客入侵、电信网络诈骗、侵犯公民个人隐私等违法犯罪行为，切断网络犯罪利益链条，持续形成高压态势，维护人民群众合法权益。要深入开展网络安全知识技能宣传普及，增强广大人民群众网络安全意识和防护技能。2019 年 9 月，习近平总书记在第六个国家网络安全宣传周开幕之际，专门对网络安全工作作出“四个坚持”的重要指示：国家网络安全工作要坚持网络安全为人民、网络安全靠人民，保障个人信息安全，维护公民在网络空间的合法权益；要坚持网络安全教育、技术、产业融合发展，形成人才培养、技术创新、产业发展的良性生态；要坚持促进发展和依法管理相统一，既大力培育人工智能、物联网、下一代通信网络等新技术新应用，又积极利用法律法规和标准规范引导新技术应用；要坚持安全可控和开放创新并重，立足于开放环境维护网络安全，加强国际交流合作，提升广大人民群众在网络空间的获得感、幸福感、安全感。2021 年第 5 期《求是》杂志刊发习近平总书记重要文章《坚定不移走中国特色社会主义法治道路　为全面建设社会主义现代化国家提供有力法治保障》。文章指出：“网络犯罪已成为危害我国国家政治安全、网络安全、社会安全、经济安全等的重要风险之一。”2020 年 11 月 23 日，习近平总书记向世界互联网大会·互联网发展论坛致贺信，强调：“中国愿同世界各国一道，把握信息革命历史机遇，培育创新发展新动能，开创数字合作新局面，打造网络安全新格局，构建网络空间命运共同体，携手创造人类更加美好的未来。”2021 年 11 月 19 日，习近平总书记在致首届中国网络文明大会的贺信中指出：“网络文明是新形势下社会文明的重要内容，是建设网络强国的重要领域。近年来，我国积极推进互联网内容建设，弘扬新风正气，深化网络生态治理，网络文明建设取得明显成效。要坚持发展和治理相统一、网上和网下相融合，广泛汇聚向上向善力量。各级党委和政府要担当责任，网络平台、社会组织、广大网民等要发挥积极作用，共同推进文明办网、文明用网、文明上网，以时代新风塑造和净化网络空间，共建网上美好精神家园。”2022 年 4 月 21 日，习近平总书记在博鳌亚洲论坛 2022 年年会开幕式上作主旨演讲，强调：“坚持统筹维护传统领域和非传统领域安全，共同应对地区争端和恐怖主义、气候变化、网络安全、生物安全等全球性问题。”

习近平总书记在党的二十大报告中强调："推进国家安全体系和能力现代化，坚决维护国家安全和社会稳定"，"强化国家安全工作协调机制，完善国家安全法治体系、战略体系、政策体系、风险监测预警体系、国家应急管理体系，完善重点领域安全保障体系和重要专项协调指挥体系，强化经济、重大基础设施、金融、网络、数据、生物、资源、核、太空、海洋等安全保障体系建设"。2023 年 5 月 19 日，习近平总书记在首届中国—中亚峰会上的主旨讲话强调："中方愿帮助中亚国家加强执法安全和防务能力建设，支持各国自主维护地区安全和反恐努力，开展网络安全合作。"2023 年 5 月 30 日，习近平总书记在二十届中央国家安全委员会第一次会议上发表重要讲话，强调："要全面贯彻党的二十大精神，深刻认识国家安全面临的复杂严峻形势，正确把握重大国家安全问题，加快推进国家安全体系和能力现代化，以新安全格局保障新发展格局，努力开创国家安全工作新局面。"

纵观人类社会发展历程，每一次重大技术革新，都会给国家安全带来新的挑战。要站在贯彻落实总体国家安全观的高度，强化网络安全意识，全面加强网络安全保障体系和能力建设，筑牢网络安全屏障，坚决维护国家网络安全。① 举办网络安全宣传周、提升全民网络安全意识和技能是国家网络安全工作的重要内容。国家网络安全工作要坚持网络安全为人民，网络安全靠人民，保障个人信息安全，维护公民在网络空间的合法权益。没有人天生就能掌握网络安全技能，要通过后天学习逐渐习得。可以说，没有好的网络安全教育，人们就无法掌握优秀的网络安全技能，就不会有网络安全，就不会有国家安全。新时代对高校网络安全教育提出了新的要求，高校需要站在国家事业长远发展的全局高度，紧扣移动互联网时代的脉搏，结合移动互联网的特点对传统的网络安全教育模式进行调整和创新，实现网络安全教育内容进教材、进课堂、进头脑，全面增强大学生的网络安全意识和提升大学生维护网络安全的能力。

二、马克思主义关于人的全面发展理论

教育对象是社会中的人，人的全面发展离不开网络思想政治教育。网络思想政治教育与网络安全教育是紧密相关的，二者相辅相成。网络思想政治教育提供了正确的价值导向和行为规范，为网络安全教育提供了基础；而网络安全教育则帮助人们在网络环境中保护自己的安全，为网络思想政治教育提供了一种安全的传播平台。移动互联网是高校网络安全教育的重要载体，也是一种新

① 中央网络安全和信息化委员会办公室．习近平总书记关于网络强国的重要思想概论［M］．北京：人民出版社，2023：85.

的教育形态，对推动网络安全教育、促进人的全面发展发挥着重要作用。厘清人的全面发展理论与移动互联网时代高校网络安全教育的有机联系是新时代立德树人工作的前提和基础。

（一）人的全面发展理论的内涵

马克思主义的终极价值目标是实现人的解放和全面发展。在马克思主义的科学体系中，人的全面发展理论具有极其重要的地位。马克思认为："人的全面发展的内涵，主要包括人的劳动活动、劳动能力、社会关系、自由个性和人类整体的全面发展。"① 人的全面发展的内涵有三。第一，全面发展是人的本质的对象化。马克思认为，人的全面发展就是"人以一种全面的方式，也就是说，作为一个完整的人，占有自己的全面的本质"。② 第二，全面发展的主体是社会的所有成员。恩格斯认为，人的全面发展是要"使社会全体成员的才能得到全面的发展"。③ 第三，全面发展最终将成为人的根本权利。马克思说："每个人都无可争辩地有权发展自己的才能。"④

（二）人的全面发展理论在移动互联网时代的特征

第一，提供多元化的学习机会。移动互联网为人们提供了丰富的学习资源和多样的学习途径。通过移动互联网，人们可以随时随地获取各种知识和信息，进行自主学习。

第二，强调自主学习和个性化发展。移动互联网时代注重个性化需求和差异化发展，人们可以根据自身兴趣和需求选择适合自己的学习内容和学习方式。个性化的学习计划和学习进度能够更好地满足人们的需求，促进他们在各个领域的全面发展。

第三，提供协作与交流平台。移动互联网为人们提供了协作与交流的平台，使得人们能够随时随地与他人互动和合作。这种协作与交流的方式扩大了人们的社交圈、促进了知识的共享和交流，有助于个体在思想、技术和创新方面的全面发展。

第四，强调终身学习。进入移动互联网时代，知识和技术更新速度加快，

---

① 中共中央马克思恩格斯列宁斯大林著作编译局. 马克思恩格斯选集：第1卷［M］. 北京：人民出版社，1995：56.

② 中共中央马克思恩格斯列宁斯大林著作编译局. 马克思恩格斯全集：第42卷［M］. 北京：人民出版社，1979：123.

③ 中共中央马克思恩格斯列宁斯大林著作编译局. 马克思恩格斯选集：第1卷［M］. 北京：人民出版社，1995：224.

④ 中共中央马克思恩格斯列宁斯大林著作编译局. 马克思恩格斯全集：第2卷［M］. 北京：人民出版社，1960：61.

人们需要不断学习并掌握新的知识和技能，以适应社会发展的要求。因此，终身学习成为人的全面发展的必要条件之一。移动互联网提供了便捷的学习平台，使得人们能够持续学习，不断提升自己的能力和素质。

（三）人的全面发展理论在移动互联网时代高校网络安全教育中的应用

第一，人的全面发展理论决定了高校网络安全教育的着眼点。高校网络安全教育应从何处着手一直是争论颇多的问题。一些学者认为应该从建设网络安全教育队伍着手，一些学者认为应该从设计网络安全教育内容着手，还有一些学者认为应该从调动大学生的积极性着手。本书结合人的全面发展理论，认为网络安全教育应该从满足大学生的现实需求着手。现实需求是大学生从事各种行动的基础动机。马克思指出："当人们还不能使自己的吃喝住穿在质和量方面得到充分保证的时候，人们就根本不能获得解放。"① 因此，高校网络安全教育工作者要了解大学生的需求，并在网络环境所允许的范围内创设各种条件满足大学生的需求。移动互联网时代的到来，不仅改变了人们传统的交流方式，也为高校网络安全教育在满足教育对象多面性、多层次需要中创建起新的实践场域。移动互联网时代下的高校网络安全教育要跟上时代脉搏，融合新技术、新领域和新时空。

第二，人的全面发展理论决定了高校网络安全教育的重点。网络环境具有开放性、平等性、互动性和虚拟性等特点，极大地拓展了人的活动领域、交往空间、实践方式。网络交往关系的全面和普遍同时也是高校网络安全教育应当着重对待的一个方面。因此，高校网络安全教育要重点培养大学生的网络安全意识与素养，使大学生全面发展并提高他们在网络安全领域的综合素质和适应能力。

第三，人的全面发展理论决定了高校网络安全教育必然要结合现实思想政治教育来进行。人的全面发展理论是指人性中的各种属性都得到发展，而不是其中一种属性得到发展。人性既具有现实性，也具有虚拟性。网络可以给人的活动提供一个崭新的空间，使人的虚拟性得到发展。虽然虚拟性是人性的重要方面，但在开展高校网络安全教育的同时也要发展大学生现实性的一面。按照人的全面发展理论，只有在虚拟和现实之间保持合理的平衡，结合高校网络安全教育和现实思想政治教育，才能实现人的全面发展。在移动互联网时代，为了实现人的全面发展，个体需要具备网络安全的基本认知和技能，以保护自身的信息和利益。高校网络安全教育提供大学生所需的知识和技能，帮助他们在

---

① 中共中央马克思恩格斯列宁斯大林著作编译局．马克思恩格斯选集：第 1 卷［M］．北京：人民出版社，2012：154.

网络空间中更加安全地生活、学习和工作。高校网络安全教育不仅要传授学生网络安全知识和技能，还要引导学生形成正确的网络安全观和个人价值取向。这种教育一方面促使大学生关注信息隐私、重视数据保护，另一方面能够培养大学生的伦理道德素质和责任意识。

第四，人的全面发展理论决定了高校网络安全教育效果的评价指标。如何评价高校网络安全教育的效果？这个问题一直困扰着高校教育工作者。结合人的全面发展理论就能得出答案，那就是依据网络安全教育能否促进人的个性充分自由地发展作出判断。个性充分自由地发展是人的全面发展的最高境界。评价高校网络安全教育的效果时就要看它是否承认了人的个性因素，是否强调了人的自主性和自觉性，是否能充分发挥受教育者的潜能。网络安全教育评价促进人的全面发展，网络安全教育评价不仅对大学生在网络安全领域的学习成果进行考核，更重要的是，它还为大学生的全面发展提供反馈和引导。网络安全教育评价可以帮助大学生认识到自身在网络安全方面的不足之处，并进行完善。同时，网络安全教育评价也有助于高校对网络安全教育进行改进，提供更有效的教学方法和资源支持，为大学生的全面发展创造有利条件。

三、现代传播理论在移动互联网时代高校网络安全教育中的应用

随着信息技术的迅猛发展和移动互联网普及程度的不断提升，移动互联网已经成为信息传播的主要渠道。“移动优先”是媒体深度融合发展适应技术变革、媒介变迁与受众需求变化的现实需要，是抢占移动互联网传播阵地的必然要求。高校作为培养青年人才的主要阵地，肩负着对大学生进行思想教育和知识传授等责任，因此应高度重视高校网络思想政治教育发展，正视移动互联网背景下高校网络安全教育面临的新机遇和新挑战。“4W1H”理论、“把关人”理论、“议程设置”理论等是传播学的重要理论，这些理论已不只限于传播学，它们逐渐被应用于多个学科。高校网络安全教育面对移动互联网带来的新机遇，应当借鉴传播学的诸多理论，为应对高校网络安全教育的新挑战注入新的发展动力。

（一）“4W1H”理论

1. “4W1H”理论在移动互联网时代的特征

第一，用户参与和交互性增强。移动互联网时代用户更具参与性和互动性，可以通过社交媒体、评论、分享等方式与信息进行互动。因此，在回答“谁”（Who）问题时需考虑用户参与的角度，包括用户个体、社群、群体等。

第二，多样化的媒体形式和内容类型。移动互联网提供了丰富多样的媒体形式，如视频、音频、图像、文字等，以及多种内容类型，如社交媒体、新闻

资讯、应用程序等。因此，在回答“什么”（What）问题时需考虑不同媒体形式和内容类型的特点和表达方式。

第三，即时性和实时更新。移动互联网时代信息传递更为迅速和实时，用户可以通过手机、平板电脑等移动智能设备随时随地获取最新内容。因此，在回答“何时”（When）问题时需要关注事件发生的最新时间点，并能及时更新相关信息。

第四，数据分析和智能推荐。移动互联网时代产生了海量数据，可通过数据分析和机器学习、生成式人工智能等技术进行信息的挖掘和智能推荐。因此，在回答“为什么”（Why）问题时可以借助数据分析结果，推断深层次原因。

第五，地理定位和个性化推送。移动互联网设备普遍支持地理定位功能，可以根据用户所在位置提供个性化的内容推送。因此，在回答“如何”（How）问题时可以结合地理定位数据，提供更准确的地理位置信息，帮助人们全面、准确地理解和传播信息。

2. “4W1H”理论在移动互联网时代高校网络安全教育中的应用

在移动互联网时代的高校网络安全教育中，“4W1H”理论可以被用于以下几个方面。

第一，“谁”（Who）。教育目标主要是高校大学生，但也包括高校的教师和管理人员。在网络安全教育中，大学生需要了解谁可能会成为网络攻击的目标。他们还应该学会识别攻击者的身份。针对不同年级和不同专业大学生的特点，高校要制定个性化的网络安全教育计划，提供与他们实际需求相匹配的网络安全知识和案例。

第二，“什么”（What）。大学生需要明确了解网络安全的基本概念和相关威胁，例如恶意软件、钓鱼网站、勒索软件等。网络安全教育内容应该包含常见的网络攻击方式，以及不当使用互联网和社交媒体可能产生的风险。

第三，“何时”（When）。教育活动应定期举行，覆盖学生的整个学习周期。重点关注新生入学、毕业，以及每个学期初，及时更新网络安全知识，应对不断变化的网络威胁。同时要告知大学生网络攻击随时都可能发生，没有绝对安全的时间段。此外，大学生还应该深刻认识到及时报告和处理网络攻击事件的重要性。

第四，“为什么”（Why）。除了传授基础网络安全知识外，高校网络安全教育还应该重点强调网络安全的重要性、危害和实际应用场景。可以通过讲解真实案例、数据分析和风险评估，引发大学生对网络安全问题的思考，激发他们自觉保护个人信息的意识，不断增强大学生的网络安全素养。

第五，“如何”（How）。网络安全教育应该通过线上和线下相结合的方式进行，包括在线课程、讲座、研讨会、社会实践等。高校要充分利用在线学习平台、微信公众号、微博、QQ 群等多种途径分享网络安全实际案例和应对策略，不断增强大学生的网络安全意识，帮助他们掌握网络安全防护的技能，有效防范网络安全威胁。

（二）“把关人”理论

1. “把关人”理论介绍

1947 年，库尔特·卢因发表了论文《群体生活的渠道》，首次提出了“把关人”概念，这是他从“守门人”一词化用而来的。① 他认为在群体传播过程中存在着一些“把关人”，只有符合群体规范或“把关人”价值标准的信息内容才能进入传播的管道。1950 年，传播学者怀特将这个概念引入新闻传播。② 他发现在大众传播的新闻报道中，传媒组织成为实际的“把关人”，由它们对信息进行筛选，确定公布哪些内容。“把关人”是指在信息传播过程中，起到筛选、审核和监督作用的个体或组织。在移动互联网时代，信息获取渠道多样化、信息传播速度加快、用户参与度增强等多种因素对“把关人”的角色产生了一些影响，但“把关人”在保障信息质量、过滤虚假信息等方面仍然扮演着重要的角色。他们可以凭借自身所掌握的专业知识和经验，对信息进行筛选、审核和指导，起到维护社会秩序、保护用户权益的作用。同时，人们也应该提高对信息的鉴别能力，增强自我保护意识。

2. “把关人”理论在移动互联网时代的特征

在移动互联网时代，“把关人”需要与时俱进，适应信息传播的变革，采取灵活多样的把关方式，同时借助数据驱动的技术手段，提高信息筛选和审核的准确性和效率。“把关人”在保障信息质量、过滤虚假信息等方面仍然发挥着重要作用，但需要更加注重用户参与度和用户个性化需求的考量。

第一，用户参与度提高。移动互联网时代的用户更具参与性和互动性，可以自由发布内容、评论和分享信息。用户成为信息的传播者和把关人的一部分，通过评价、留言和分享对信息进行筛选和审核。

第二，去中心化。移动互联网的特点是信息的传播范围广和用户参与度较高，信息传播呈现去中心化的趋势。传统意义上的“把关人”，如网站编辑、新闻记者等，在移动互联网时代将会面临更多的竞争和挑战。

---

① 李彬．传播学引论［M］．3 版．北京：高等教育出版社，2013：140.

② 李彬．传播学引论［M］．3 版．北京：高等教育出版社，2013：141.

第三，数据驱动。移动互联网时代产生了大量的数据，包括用户行为数据、社交网络数据等。这些数据为“把关人”提供了更多的信息和依据，可以通过数据分析和挖掘来指导信息筛选和审核。

第四，个性化推荐。移动互联网根据用户的历史兴趣和行为，采用个性化推荐算法向用户呈现内容。“把关人”需要了解用户的偏好和需求，提供符合其个性化需求的信息。

第五，虚假信息泛滥。移动互联网上存在大量虚假信息、谣言和不实报道。“把关人”需要加强鉴别信息真实性的能力，可通过核查事实、凭借专业知识和经验筛除虚假信息。

第六，多元的把关方式。移动互联网时代，“把关人”可以通过多种方式进行信息把关，包括人工审核、计算机算法过滤和网络用户反馈等。“把关人”需要结合不同的把关方式，综合运用技术手段筛选和审核信息。

3.“把关人”理论在移动互联网时代高校网络安全教育中的主体、应用和作用

第一，高校教育“把关人”角色。高校教育者扮演“把关人”的角色，负责对网络安全信息进行筛选、判断和传播。他们需要根据学生的需求从大量的网络安全信息中选择有价值的内容。

第二，信息筛选和判断。高校教育者需要教会大学生正确筛选和判断网络安全信息，帮助他们辨别信息的真伪、分析信息的来源、评估信息的可信度。大学生应该学习如何识别潜在的网络安全风险和威胁，以及如何获取可靠的信息资源。

第三，信息传播与共享。高校教育者要引导大学生正确地传播网络安全知识，鼓励他们将学到的知识分享给他人。大学生应该学习如何有效地传播网络安全信息，增强大学生群体的网络安全意识。

第四，培养责任意识。高校教育者应强调大学生在传递信息和进行决策时的责任意识，鼓励他们积极与他人分享网络安全信息。大学生要清楚分享的信息对他人产生的影响，在分享信息时需要慎重。

第五，增强实践能力。高校教育者应通过实际案例、模拟网络攻防演练等方式，使大学生能够在真实场景中应用“把关人”理论。这样既可以增强大学生在网络安全领域的综合能力，又能重点培养他们判断和传播网络安全知识的能力，从而更好地保护自己和他人的网络安全。

（三）“议程设置”理论

1.“议程设置”基本理论

在传播学的发展历史中，美国著名的专栏作家和政论家沃尔特·李普曼在

20世纪20年代初就提出了有关议程设置的基本想法，并试图用他自己参与第一次世界大战新闻报道的实践来对这一基本思想进行论述。① 1968年，美国北卡罗来纳大学传播学者马克斯韦尔·麦库姆斯和唐纳德·肖在当年美国大选前夕进行了一项小规模的受众调查，该调查发现大众媒介议题的显著性程度对公众议程具有重要的影响。由于这项研究是在北卡罗来纳大学所在的教堂山镇进行的，因此在传播学上被称为“教堂山镇研究”。该研究被公认为“议程设置”理论的起源。在此项研究的基础上，麦库姆斯和肖于1972年共同发表了论文“The Agenda-Setting Function of Mass Media”，标志着这个概念和理论框架的正式形成。②“议程设置”理论由政治学领域蔓延至传播学领域。从跨学科角度分析“议程设置”对高校网络安全教育的影响，具有深刻的理论意义和现实意义，能够扩充传播学和思想政治教育的理论研究。高校教师将“议程设置”理论应用于高校网络安全教育中，可以帮助大学生更好地理解网络安全领域的重要议题，应对网络安全挑战。

2. “议程设置”理论在移动互联网时代的特征

移动互联网时代的议程设置更加迅速、更加多元化、更加注重用户的参与和反馈，同时也面临短时记忆和信息过载的挑战。

第一，议程的传播速度更快。移动互联网的普及使信息传播的速度加快，新闻、事件、观点可以迅速在微信、抖音、知乎等社交媒体平台上传播。这导致议程的形成和变化更加迅速，公众对热点话题的关注也更加敏感。

第二，议程的传播多元化。人们可以通过智能手机、平板电脑等设备随时随地接收信息，传播信息，如微博、微信、新闻客户端等。

第三，议程的用户参与度高。人们可以直接生产和传播信息，通过社交媒体进行评论、转发、点赞等互动行为，进一步推动议程的形成和传播，能够提高用户的参与度，更容易传达公众的意见。

第四，议程的短时记忆。由于信息传播的速度和容量增加，人们的注意力变得更加短暂且易受干扰。议程在移动互联网时代往往更加短暂，随着新的热点出现，旧的议程可能很快就会被取代或淡化。

第五，议程的选择更加丰富。移动互联网时代一些新兴议程，如网络安全、隐私保护、数字经济、人工智能等，逐渐成为公众关注的焦点。

---

① 殷晓蓉．议程设置理论的产生、发展和内在矛盾：美国传播学效果研究的一个重要视野［J］．厦门大学学报（哲学社会科学版），1999（2）：108-113.

② McCombs M E，Shaw D L. The Agenda-Setting Function of Mass Media［J］．Public Opinion Quarterly，1972，36（2）：176-187.

3. “议程设置”理论在移动互联网时代高校网络安全教育中的应用

第一，完善网络安全课程。“议程设置”理论可以指导高校在网络安全教育课程设计时确定教学内容和重点。根据大学生对网络安全的关注度和热点问题，高校可以选择合适的议程，将其作为网络安全选修课程或网络安全教育专题讲座的核心内容，使大学生能够了解和应对当前的网络安全挑战。

第二，优化教育资源分配。“议程设置”理论可以帮助高校在分配网络安全教育资源时进行决策。根据大学生对网络安全的关注程度和重要性，高校可以增加网络安全教育的宣传力度、加强教育设施建设等，以满足大学生需求。

第三，加强网络安全宣传力度。“议程设置”理论可以指导高校开展网络安全教育的宣传活动：选择与大学生密切相关的议程，如预防网络诈骗、保护个人隐私等，提高大学生的关注度和参与度；借助移动互联网的传播渠道，广泛传播网络安全知识，监督网络不良行为，举报网络中的违法犯罪行为，为网络安全做出积极贡献。

第四，鼓励社会力量参与。“议程设置”理论鼓励高校与社会各界建立合作伙伴关系，共同推动网络安全议程的设置与实施。高校可以与企业、公安局、网信办等合作，共同开展网络安全教育活动，形成多方合力，提升大学生网络安全意识。

第五，不断更新教育内容。“议程设置”理论提醒高校在进行网络安全教育时应及时更新议程内容，跟踪新兴的网络安全威胁和问题。移动互联网时代，网络安全形势变化迅速，高校需要及时调整教育教学内容，让大学生了解最新的网络安全风险，掌握应对网络安全风险的策略。

第三章

移动互联网时代高校网络安全教育的机遇

凡是具有正面价值的社会实践，都应建立在一个相对健康、文明和有序的社会环境中，教育实践尤其如此。要想确保高校思想政治教育工作顺畅进行，强化高校大学生网络思想政治教育，必须从构建高质量的网络教育平台、营造家庭氛围、优化社会教育环境等方面入手，创造出良好的教育环境。

新时代的互联网和信息技术的发展，给高校大学生思想政治教育带来了新的发展契机，教育模式、教育内容和教育互动方式不断地进行着创新和发展。在高校开展大学生网络安全教育，任重而道远。2018 年 8 月 21 日，习近平总书记在全国宣传思想工作会议上曾指出："我们必须坚持以立为本、立破并举，不断增强社会主义意识形态的凝聚力和引领力。我们必须科学认识网络传播规律，提高用网治网水平，使互联网这个最大变量变成事业发展的最大增量。"① 这为高校在移动互联网时代开展大学生网络安全教育指明了方向。

第一节　移动互联网丰富高校网络安全教育内容

当前，互联网教育的资源日益增多，这使得网络安全教育的内容变得更加充实，也更加贴近大学生的实际生活，发挥了它特有的优势。网络安全教育将线上与线下教育内容相结合，呈现出一种全新的、具有移动互联网时代特点的形态。互联网凭借便捷的信息获取方式、信息资源丰富等优势，确保了网络安全教育内容的时效性和可读性，这也让大学生可以在浏览互联网信息时，利用自我教育的方式，来提高自己的网络安全素养。

一、高校网络安全教育相关内容不断充实

移动互联网对高校大学生而言是一把"双刃剑"。一方面，移动互联网能够满足当前信息社会发展的要求，能够满足大学生内心的心理需求，使得大学生能够不断地认识和充分运用移动互联网。另一方面，面对网络安全风险，高校不能采取"一刀切"的方法，只能采用加强高校网络安全教育的方式。由于移动互联网的高度开放性和交互性，高校网络安全教育面临着新的挑战。高校可以改进传统的教育与教学方式，并辅以心理疏导，进而引导大学生形成正确的上网动机，帮助大学生养成良好的道德品质。

高校思想政治教育工作必须具有时代性和时效性。随着移动互联网技术的迅速发展，"网络有多大，思想政治教育的舞台就有多大"成为现实。移动互联网作为高校大学生学习生活的新空间、信息交互的新渠道、学术繁荣的新载

---

① 习近平出席全国宣传思想工作会议并发表重要讲话［EB/OL］.（2018-08-22）［2023-05-28］. https：//www. gov. cn/xinwen/2018-08/22/content_ 5315723. htm？ eqid=9cc2dd0d0002e311000000066486a42a.

体、高校治理的新平台和思想政治教育的新战场，已经融入大学生的衣、食、住、行。因此，必须进一步丰富大学生网络安全教育内容。首先，加强大学生网络心理健康教育。随着网络信息技术的发展，高校教育者要想做好网络安全教育工作，一定要提前对大学生开展心理健康教育。最重要的是让大学生正确认识和评价自己，提升自我管理能力。其次，加强大学生网络技术教育。高校教育者应使大学生能够迅速掌握计算机的基本知识和使用方法，通过课程学习、参与网络安全社团活动、参加网络安全知识竞赛等，熟知各种网络安全威胁，不断提升自身对互联网信息的筛选和鉴别能力，能在复杂的移动互联网环境下保持防范意识。最后，加强大学生网络道德和网络法律法规教育。大学生要不断提高道德修养，遵守道德规范，在面对网络多元的价值观时学会吸收有益的价值观，摒弃负面的信息。面对国内外敌对势力别有用心的网络渗透和破坏，中国制定出了一系列的法律法规和政策，如《中华人民共和国网络安全法》《关键信息基础设施安全保护条例》《中华人民共和国数据安全法》《中华人民共和国个人信息保护法》《网络安全审查办法》《生成式人工智能服务管理暂行办法》等。大学生要认识到网络空间并不是“法外之地”，必须在法律法规允许的范围内文明上网、安全上网。

二、高校网络安全教育融入社会实践活动

高校可以通过开展以“网络安全教育”为主题的社会实践活动，吸引大学生积极参与。社会实践指导教师需加强对活动的引导和指导，让大学生能够更好地理解网络安全教育的真实含义。此外，高校可以与公安局、网信办等部门合作建立校外网络安全教育基地，有计划地开展网络安全攻防演练活动，让大学生在演练活动中切实体会到网络诈骗等的迷惑性和隐蔽性，增强大学生的警惕意识。高校在开展网络安全攻防演练活动的过程中，要充分发挥大学生在实践活动中的主体作用，重视对大学生的社会责任感和使命感进行培养，引导大学生主动担负起维护网络安全的责任。

同时，高校网络安全教育教师要不断地深化自己的教育理念，创新教学模式。教师可以充分借助移动互联网的优势进行网络安全教育，通过校园网、官方微信公众号、易班等互联网平台宣传网络安全教育法律法规，使学生能够更加直观、更加深入地了解网络安全教育的内容。高校应搭建基于网络安全风险防范与应对的仿真模拟演练实训平台，并依托共青团、学生会、学生社团等组织，针对移动互联网出现的网络安全新问题，开展专题讲座、知识竞赛、研讨会、宣传推广等形式多样的主题活动，提高学生处理网络安全问题的实践水平，使课堂教学和实际应用同向而行，形成协同效应，使网络安全教育的效用

最大化。① 这些措施能最大程度地促进大学生网络安全素养的提升，有利于提高高校网络安全教育的实际效果。

第二节 移动互联网有效整合高校网络安全教育资源

移动互联网赋予人们更高效、便捷的沟通能力，改变了传统网络安全教育的单方面的交流方式，为教育者和受教育者之间自由、平等地交流创造了良好的条件。教师和大学生可以充分运用网络平台交流彼此的感想与体会，同时，移动互联网也给大学生带来了全球性的教育资源，这些资源能不断拓宽大学生的眼界，增强大学生的知识广度。大学生可以灵活获取全面的信息，积极探索新的学习方式，这也极大地解决了传统路径下高校网络安全教育内容传播不及时和不灵活的问题，使得高校网络安全教育变得生动有趣。高校应将马克思主义理论教育、社会主义核心价值观教育、总体国家安全观教育等与大学生自身需要相结合，把网络法治、网络道德规范等内容融入高校网络安全教育体系中，不断提高大学生的网络素质，增强网络安全意识，提高大学生的综合素质，提升高校人才的培养质量。

一、网络安全教育与马克思主义理论教育相结合

马克思主义理论有助于青年学生树立正确价值取向、解决人生道路发展问题、增强青年学生人生信心。高校思想政治教育要引导大学生正确认识和看待各种不同的社会思潮，运用马克思主义的科学世界观来看待问题、处理问题，在坚定不移朝着强国建设、民族复兴的宏伟目标奋勇前进的过程中进一步坚定对马克思主义的信仰。在移动互联网时代，高校网络思想政治工作必须紧跟时代前进的步伐，充分发挥网络信息技术的优势，丰富网络安全教育教学资源，促进网络安全教育教学改革。高校教师在进行马克思主义理论教育时，要注重利用网络新媒体的优势，增强教育内容的丰富性和趣味性，采取多样化的教育方式，使马克思主义理论教育工作更加有效，在潜移默化中提升大学生的马克思主义理论素养。高校要将网络安全教育与马克思主义理论教育相结合，培养大学生以历史唯物主义和辩证唯物主义的眼光来看待社会发展过程中的问题，引导他们基于基本国情和最大实际正确认识与合理看待发展问题，厘清社会主义社会发展过程中的临时性问题与资本主义社会制度缺陷的区别，冷静审慎地

---

① 刘庆庆，何燕君，杨守鸿．移动互联网新时代高校网络安全教育的困境与策略［J］．重庆大学学报（社会科学版），2018（5）：218-226.

对待网络舆论。①

二、网络安全教育与社会主义核心价值观教育相结合

社会主义核心价值观作为当代中国精神的集中体现，是全人类共同价值的具体表现形式，能够代表全人类共同文明成果和“共同价值”。社会主义核心价值观简明扼要地从三个层面规范公民的核心价值诉求，凝聚着全体人民的思想共识。② 正如习近平总书记所言：“青年的价值取向决定了未来整个社会的价值取向，而青年又处在价值观形成和确立的时期，抓好这一时期的价值观养成十分重要。这就像穿衣服扣扣子一样，如果第一粒扣子扣错了，剩余的扣子都会扣错。人生的扣子从一开始就要扣好。”③ 要坚持“正能量是总要求”，准确把握网络传播规律，将社会主义核心价值观的要求融入网络宣传、网络文化、网络服务中，用正面声音和先进文化占领网络阵地，用正确的网络舆论引导思潮、凝聚共识。

高校思想政治工作者应将网络安全教育与社会主义核心价值观教育相结合，通过践行社会主义核心价值观实施高校网络文化建设工作，营造积极向善的网络安全生态。

三、网络安全教育与总体国家安全观教育相结合

2014 年 4 月 15 日，习近平总书记在中央国家安全委员会第一次全体会议上首次提出总体国家安全观重大战略思想，强调要准确把握国家安全形势，牢固树立和认真贯彻总体国家安全观，以人民安全为宗旨，走中国特色国家安全道路，努力开创国家安全工作新局面，为中华民族伟大复兴中国梦提供坚实安全保障。坚持总体国家安全观，要统筹传统安全因素和以网络安全为主要内容的非传统安全因素，并全面考虑社会各领域的各种因素交互作用的影响。要始终贯彻落实总体国家安全观，要把发展和安全相结合，最基本的要求就是保证人民的安全。在移动互联网时代，国外的敌对势力利用技术、资本等方面的优势，通过互联网来抹黑我国的形象、对我国的传统文化进行渗透、扭曲我们的价值观念，进行意识形态和价值观念的输出，从而对我国的整体国家安全造成了巨大的威胁。为此，必须牢固树立总体国家安全观，不断加强国家安全宣传

---

① 徐鸿涛，何佳．高校怎样上好大学生网络素养“必修课”［N］．中国教育报，2023-04-10（6）．

② 任春雨．社会主义核心价值观在网络空间治理中的恰切之道［J］．思想政治教育研究，2018（2）：17-21.

③ 习近平在北大考察：青年要自觉践行社会主义核心价值观［EB/OL］．（2014-05-05）［2023-05-28］．https：//news. 12371. cn/2014/05/05/ARTI1399219640671246. shtml？from＝groupmessage.

教育和全民国防教育，巩固国家安全人民防线。教育部在2020年发布了《大中小学国家安全教育指导纲要》，其中提出大学阶段的学生要重点围绕理解中华民族命运与国家关系，践行总体国家安全观。大学生需要系统掌握总体国家安全观的内涵和精神实质，理解中国特色国家安全体系，树立国家安全底线思维，将国家安全意识转化为自觉行动，强化责任担当。

四、网络安全教育与网络法治教育相结合

要加快建设法治中国，保证中国特色社会主义的长期发展，就必须在全国范围内进行法治建设。宣传网络安全法律法规是高校法治教育工作中不可缺少的内容。移动互联网时代，高校大学生作为网络社会中的一员，在网络社会中发挥着重要的作用。网络的开放性与虚拟性，使其成为攻击、造谣、诈骗等各类不法活动的高发地。向年轻大学生普及网络法治知识，从而增强他们的网络法治意识，这是高校开展网络安全教育的应有之义，也是全面推进依法治国和建设网络强国的需要。为此，高校应积极采取相应的对策，对大学生进行网络安全法律法规教育，增强大学生的网络安全意识。一方面，加强法治理念的宣传，使大学生认识到网络不是“法外之地”，不是“绝对自由”，养成依法使用网络的良好习惯；另一方面，借助互联网技术，将网络安全教育的内容与大学生日常网络生活相融合，不断提高大学生自我网络安全教育的内驱力和行动力。

五、网络安全教育与网络道德教育相结合

要想维护网络安全，既要有网络安全法律法规的“硬”制约，又要有网络道德的“软”保证。网络德育是一种伴随着互联网的发展而日益凸显的新型德育形态，它是德育在网络中的具体表现。相对于传统的伦理，它更多地表现出开放、自主的特点。在步入移动互联网时代后，高校需将互联网技术与德育相融合，构建积极、健康的网络文明生态。大学生是互联网上最活跃的群体。一方面，大学生利用互联网平台进行交流与交互，从而形成了趋同性的网络道德规范。另一方面，在互联网上，各种各样的网络信息也对大学生的道德理念及他们的行为产生了深刻的影响。因此，高校要加强大学生网络道德教育，将维护网络安全融入他们的日常学习生活中，建设清朗文明的网络环境。

第三节　移动互联网不断拓宽高校网络安全教育平台

移动互联网技术的变革，使网络教学成为社会关注的焦点。要想进一步提高高校网络安全教育的针对性和实效性，就要充分发挥互联网平台在时空上的优势。移动互联网的运用使得高校网络安全教育的传播方式日益多元化、立体

化，丰富了网络安全教育的内容和手段，比如“两微一端”、学习强国平台、团委青年大学习等线上平台，还有校史馆、纪念馆等实践基地，这些优质的平台形成了一股强大的教育力量。这种虚拟与现实相融合、线上与线下相融合的方式，能够把教育内容与当前的国际、国内局势和未来的发展趋势联系在一起，使得教育主体与大学生的沟通更加高效，极大地提升了网络安全教育的实际效果。

一、提供健康清朗的高品质网络平台

高质量的互联网平台是高校进行大学生网络思想政治教育的重要阵地，不仅可以宣传弘扬社会主义核心价值观，还可以实施高校网络安全教育。在2013年8月全国宣传思想工作会议上，习近平总书记站在我们党长期执政的高度作出深刻论断，提出：“要依法加强网络社会管理，加强网络新技术新应用的管理，确保互联网可管可控，使我们的网络空间清朗起来”，即把互联网技术和高校网络安全教育有机地结合起来。目前，央广网、学习强国、国家反诈中心等App上，都有大量的与网络安全有关的知识。高校可以将这些知识进行有机整合，建立供大学生学习的专题版块。同时，高校要顺应时代发展，紧跟时事热点，不断创作出融有网络安全教育内容的特色网络宣传作品，以达到良好的教育效果。

二、运用新媒介提升优秀网络文化作品的传播效果

与传统媒体相比，网络媒体具有即时性、互动性和广泛性的优势，能够以最快的速度将消息传递给受众，这使得网络媒体成为高校在开展网络安全教育中的重要工具。高校可以充分利用自身在新浪微博、微信、QQ、知乎、哔哩哔哩等平台上的官方账号，发布与网络安全相关的文章、指南、案例分析，提供实用易懂的信息，引导大学生形成正确的网络安全意识。在不同平台上推送信息有助于覆盖更广泛的受众群体，让更多的大学生了解网络安全的重要性，掌握保护自己的个人信息的方法。此外，高校在各大平台的官方账号还可以借助互动功能，通过回复留言、举办问答活动等方式，与大学生进行互动交流。这种方式有助于增强大学生的参与感和学习兴趣。通过回答大学生的问题，高校官方账号可以提供有针对性的网络安全指导，帮助大学生更好地应对网络风险。

优秀的网络文化作品是指由互联网使用者创造出来的，与新时代的发展规律相一致，可以弘扬社会主义主旋律、传播正能量的作品。高校可以将这些优秀的网络文化作品通过图片、文字、音频、视频等形式，让大学生直接体会到优秀的网络文化作品的感染力，可以更快速、更有效地促进大学生认识和了解

社会主义核心价值观和网络安全知识。因此，高校在开展网络安全教育过程中可以充分运用新媒体手段提高优秀网络文化作品的传播效应，从而占据网络安全教育新阵地。

三、在线课程成为高校网络安全教育的重要平台

在线课程具有灵活性高、教师资源丰富、交互性强等优点，为高校网络安全教育提供了具有创新性和可持续性的解决方案。首先，在线课程突破了传统教育的时间和空间限制，适应大学生多元化的学习需求，大学生可以随时随地进行自主学习；其次，在线课程采用多媒体和互动式的教学方式，提高了学习的趣味性，让学生更加快乐地学习网络安全知识；最后，在线课程可以大幅提高教育资源的利用效率和推广范围，扩大了网络安全教育的受众群体，满足了大学生和从业人员的网络安全培训需求。从大学生网络安全教育层面来讲，高校可以邀请专业人士和相关领域的专家在线授课，讲解网络安全的基本概念、常见威胁和防范措施。在线测验、作业和讨论都有助于评估大学生对知识的理解和掌握情况。高校还可以引入虚拟实验室和模拟攻击环境，让大学生在安全的环境中进行实际操练，提升他们的实践能力。未来，随着移动互联网技术的不断创新和教育理念的发展，在线课程在高校网络安全教育中的作用将会愈发重要。高校需要进一步加强挖掘和生产在线课程教学资源，通过开发更加丰富和有特色的在线课程，提高大学生的自主学习能力和创新精神。同时，高校应该积极适应市场和社会需求，引入新兴的网络安全技术和知识，推动在线课程的创新和升级。

第四节　移动互联网丰富高校网络安全教育载体

移动互联网时代，以智能手机为移动终端的网络载体，如微信公众号、QQ、微博、抖音等逐渐被运用到高校网络安全教育中。这些教育载体给大学生的学习提供了高自由性，深受大学生的喜爱。视频信息、语音信息、论坛社区、微信朋友圈等不仅可使大学生交流互动变得更加即时和多样化，而且能向大学生传播正确、丰富和生动的网络安全教育信息，调动大学生的学习热情，增强高校网络安全教育的效果。

一、网络安全教育与思想政治教育相结合

2016 年习近平总书记在全国高校思想政治工作会议上强调指出：“要坚持不懈传播马克思主义科学理论，抓好马克思主义理论教育，为学生一生成长奠定科学的思想基础。要坚持不懈培育和弘扬社会主义核心价值观，引导广大师

生做社会主义核心价值观的坚定信仰者、积极传播者、模范践行者。”① 把高校思想政治教育与高校网络安全教育有机地融合起来，既有助于在现实社会维护网络空间的主体——高校大学生的合法权益，引导大学生在实际生活中切实提高应对网络威胁的网络安全防护技能，又有助于让包括高校大学生在内的每一个“社会人”，都树立起“从小我到大家”的责任意识，在虚拟空间构建起“你中有我，我中有你”的网络空间命运共同体，为实现全民“共建网络安全、共享网络文明”的和谐社会贡献力量。具体而言，高校应充分利用宪法宣传周、知识产权日、国家安全教育日、国防教育日、网络安全宣传周、校园日、行业博物馆等平台，积极开发网络法治和道德教育“第二课堂”，将网络安全教育与爱国主义教育紧密结合起来。同时，高校教师要有敏锐的洞察力和强烈的职业责任感，用先进的教育理念和灵活的教学方式，把思想道德与法治这门思想政治理论课讲好；在教学实践环节积极回应网络时代的需求，增加网络安全法律法规知识和案例教学。

二、网络安全教育与专业课程体系相结合

当下，网络已成为大学生重要的学习工具，计算机基础知识相关课程也逐渐成为大学必修课。加强高校计算机网络安全教学，是提高高校网络安全教育实效的方法之一。高校可以将网络安全法律法规的教育融入高校的信息化教学中来；同时，高校可以按照时代的发展及实际的需求，设置网络安全教育的选修课程，对大学生进行系统全面的教学；此外，高校还可以借助一些在线教学的平台，比如在中国大学 MOOC 平台上开设在线教学公开课程，让大学生在任何时间、任何地点，都可以学习网络安全知识。实践是对理论学习的辅助和补充，在移动互联网时代，对大学生进行网络安全教育，不仅要注重课堂上的理论教育，还要加强课堂下的实践教学。

三、网络安全教育融入校园文化活动

通过网络安全教育构建良好的高校网络安全生态是保障大学生正常学习生活的前提。而高校所开展的传统的网络安全教育的内容存在局限性。一方面，教育内容的信息容量较小，教育者一般通过讲授的方式传递网络安全教育内容，受个体思想的差异和其他因素的影响，教育内容会在传播过程中改变性质或者部分丢失；另一方面，教育内容单一，教育内容只是局限于普及基本网络

---

① 习近平在全国高校思想政治工作会议上强调 把思想政治工作贯穿教育教学全过程 开创我国高等教育事业发展新局面［EB/OL］.（2016-12-08）［2023-05-28］. https://news.12371.cn/2016/12/08/ARTI1481194922295483.shtml.

安全常识及应对一些常见的网络安全威胁，大学生很少有机会学习最新网络安全相关知识。因此，新时代大学生网络安全教育的内容需逐渐趋向于多元化，不断与“网”俱进、与“生”俱进。要加强校园文化建设，夯实优良校风学风，营造文明上网、科学用网、自觉护网的风气和氛围，使学生在校园文化的浸润和熏陶中自觉将网络安全意识外化为行动、转化为担当。① 校园文化活动具有形式多样、内容丰富、气氛轻松活跃等优点，深受大学生欢迎，是开展网络安全教育十分有效且可行的方式。高校将网络安全教育融入校园文化活动，通过网络安全周、网络安全主题征文、网络安全知识竞赛、网络安全微电影竞赛等对大学生开展网络安全教育，这既是应对网络安全威胁的有效手段，也是构建良好网络安全生态的现实需要。

四、网络安全教育融入校园日常生活

为了提升高校网络安全教育的针对性和有效性，高校在进行网络安全教育时可采取多种措施将网络安全教育全面融入大学生的日常生活。首先，可以在校园内的宿舍楼、教学楼和公告牌等显著位置张贴网络安全口号和横幅，通过视觉效果引起大学生的注意，从而激发他们对网络安全问题的关注。这些口号和横幅可以突出强调信息安全、密码保护、网络隐私、防范网络诈骗等方面的重要性，帮助大学生形成正确的网络安全意识。其次，高校可与电信运营商合作，开展手机短信宣传。定期向学生发送有关电信网络欺诈的防范知识、案例分析和实用技巧等内容，能使大学生及时了解当前网络安全形势，提高大学生对各类网络诈骗手段的辨别能力。此外，高校还可以借助社交媒体平台推送网络安全教育视频，展示真实的网络安全受害案例，提醒大学生警惕网络风险，培养他们辨别、评估和处理网络信息的能力。

① 周恒洋，邹浩．“三全育人”视域下大学生网络安全教育探析［J］．学校党建与思想教育，2022（2）：73-75.

第四章

移动互联网时代高校网络安全教育面临的挑战

习近平总书记强调："网络安全和信息化是相辅相成的。安全是发展的前提，发展是安全的保障，安全和发展要同步推进。我们一定要认识到，古往今来，很多技术都是'双刃剑'，一方面可以造福社会、造福人民，另一方面也可以被一些人用来损害社会公共利益和民众利益。"当前，从世界范围看，网络安全威胁和风险日益突出，并日益向政治、经济、文化、社会、生态、国防等领域传导渗透。加强高校网络安全教育，既是一个现实问题，也是一个时代课题。① 移动互联网的快速发展，不仅给高校网络安全教育带来诸多机遇，同时也让其面临多方面挑战。因此，如何培养大学生网络安全意识，提高大学生网络安全防范能力，切实有效开展网络安全教育，成为当前备受关注的重点问题。

第一节　移动互联网时代高校网络安全威胁呈多样化

随着互联网技术飞速发展，网络资源和网络业务不断拓展，维护校园网络安全变得至关重要，校园网络安全关乎整个校园网络体系架构的方方面面。现阶段，云计算、移动互联网、数据中心，以及物联网等新一代数据技术影响着教育现代化进程，推动了高校智慧教育的发展，使高校迈入了智慧校园时代。但由此产生的网络安全问题，如隐私泄漏、网络病毒肆虐及各类网络攻击，造成了极其恶劣的影响。②

一、恶意软件与攻击手段多样化

高校网络环境中的设备种类繁多，包括大学生和教职工的移动设备、校园网服务器、教学设备等。这些设备可能会遭受恶意软件的侵扰，如网络蠕虫、木马病毒、勒索软件等。同时，高校网络系统可能受到各种攻击手段的威胁，如钓鱼网站、拒绝服务攻击、木马病毒，等等。这不仅令高校网络环境日益复杂，也给高校网络安全带来了严峻的考验。

恶意软件，是指对计算机系统、服务器、客户端或计算机网络造成损害、窃取信息或进行未授权操作的软件。恶意软件包含网络病毒、网络蠕虫、间谍软件、勒索软件，等等。网络病毒依赖于宿主程序进行复制，可能会对系统文件造成损害，或者在用户不知情的情况下进行其他类型的恶意行为。网络蠕虫是一种在网络上自我复制的恶意软件，会利用网络中的漏洞进行传播，不需要用户干预。间谍软件会在未经用户许可的情况下收集用户的个人信息，包括用

① 蒋燕玲．新时代高校网络安全教育的意义、困境与路径［J］．中国高等教育，2020（20）：59-61.

② 何二春．高校网络安全面临的问题及对策研究［J］．数字化用户，2020（43）：37-39.

户的照片、信用卡信息、浏览习惯等。勒索软件会通过加密用户的数据使用户无法正常访问，然后要求用户支付赎金恢复文件的访问权限。恶意软件的多样化，使得网络安全防护工作更加困难。

攻击的手段日益多样化。攻击者不断变换手段绕过网络防火墙，窃取用户数据或控制目标网络。社交工程攻击是一种常见的攻击方式，攻击者会利用被攻击者的好奇、贪婪或恐惧心理，骗取他们的个人信息或让他们执行特定行为。零日攻击指攻击者利用未公开的软件漏洞对系统进行攻击。分布式拒绝服务攻击指攻击者会控制多台机器同时对目标服务器进行大量的请求，使服务器因过载而无法正常工作。中间人攻击是攻击者拦截并可能更改在两个通信方之间传输的信息的一种方式。

为应对复杂且多变的网络威胁，高校需要建立全面、有效的防护机制，包括定期更新和升级系统、加强网络安全教育、定期进行网络安全审查等措施，以保护自己的网络和数据安全。同时，随着威胁的不断演变，这些措施也需要不断更新和优化，以应对新的挑战。

二、数据泄露和盗用泛滥

在移动互联网时代，数据成为一种资源，其价值无法估量。然而，随着数据使用的广泛性和复杂性的增加，数据泄露和盗用的风险也在不断增长。高校作为大量敏感信息和个人数据的存储者和管理者，更需要重视数据泄露问题。

高校网络系统存储着大量敏感数据，包括大学生个人信息、成绩记录、教职工信息及科研项目的数据等。不法分子会通过入侵网络系统、钓鱼网站等方式窃取这些数据，达到不法目的。此外，不法分子利用系统漏洞窃取信息，或因内部人员操作失误、恶意行为导致数据外泄，以及数据在传输过程中被拦截等情况，都可能导致大学生的个人信息、教职工信息、研究数据等泄露。犯罪分子可能会盗用大学生的身份信息进行诈骗，也可能会盗用研究数据进行非法的商业活动。若高校财务信息等敏感数据泄露，则会造成严重的财产损失。2023 年 7 月，南京市公安局网安支队会同江北新区分局成功侦破一起买卖全国 116 所高校大学生“学信网”个人信息案件。作案人员依托网络建立起“骗、销、用”一条龙买卖大学生“学信码”（包含学生姓名、照片、学校名称、就读专业和班级等个人信息）的黑灰产链条。截至 2023 年 7 月 25 日，警方已在全国 12 省 16 市抓获犯罪嫌疑人 19 名，缴获“学信码”数据 10 万余条，涉及全国 116 所高校，涉案金额高达 200 余万元。该案的侦办从源头上及时清除了高校学生个人信息外泄的风险隐患，有力维护了在校大学生的合法权益。①

三、物联网设备安全威胁

随着物联网技术在高校的应用，如智能教室、智能门禁等，这些硬件设备可能存在安全漏洞，容易遭受攻击，影响硬件设备的正常运行和用户数据安全。

物联网是指通过网络连接并交换数据的各种物理设备，它拓展了互联网的边缘，直接将网络融入人们日常生活和工作的各个方面。然而，随着物联网设备的普及和使用，相关的安全威胁也随之增加。在高校校园环境中，这些威胁可能会破坏高校的网络安全。

物联网设备的安全标准和实践各不相同。许多物联网设备可能缺乏足够的安全保护措施，如数据加密、系统安全更新、设置密码锁，等等，这使得它们容易成为受到网络攻击的目标。黑客可以利用这些设备的安全漏洞，入侵高校的网络系统，实现其不法目的。物联网设备的大量部署和连接性也增加了网络安全的复杂性。每一个设备都可能成为被攻击的入口点，而且由于设备众多，管理和监控的难度也相应增大。此外，设备之间的互联互通也可能使得攻击更容易传播，导致更大范围的影响。物联网设备的使用者通常缺乏必要的安全意识和技能。他们可能在设备的安装、配置和使用过程中忽视了安全问题，比如使用默认密码、不及时安装系统安全更新补丁或者在不安全的网络环境下使用设备。这些行为都可能增加设备被攻击的风险。2020 年 11 月，微步在线通过外部威胁监控系统发现国内 300 多所高校的网站存在非法网站外链的情况，疑似被网络黑产团伙用于 SEO（Search Engine Optimization，搜索引擎优化）推广。经分析发现，该情况主要是由相关网站的外链站点被黑客入侵后进行了恶意篡改所致，而多数网站自身其实并不存在问题。此类网络黑产活动不仅严重损害了高校的形象，而且隐蔽性较高。②

因此，物联网设备的安全威胁是移动互联网时代高校网络安全面临的重大挑战之一。为了有效应对这一挑战，高校需要从设备采购、安全配置、使用监控和教育培训等多个方面实施全面的防护，以维护高校的网络安全。同时，高校与设备制造商、网络安全公司，以及政府相关部门的合作也极为关键，这将有助于推动物联网设备的安全标准优化和实践水平的提升。

---

① 全国 116 所高校“学信码”个人信息遭买卖，南京警方成功侦破［EB/OL］.（2023-09-14）［2023-10-07］. https://new.qq.com/rain/a/20230914A08IDY00.

② 曾德华. 中国高等教育网络安全报告：2021［M］. 北京：北京邮电大学出版社，2023：13.

四、应用程序安全威胁

应用程序安全威胁是指通过应用程序的漏洞或不当配置进行的攻击。在移动互联网时代，大学生在日常学习生活中会使用各种应用程序，包括教育应用、社交应用、工具应用等，不法分子可能会通过这些应用程序实施网络攻击。合法的应用程序可能存在安全漏洞，会导致用户信息泄露或被网络攻击。

应用程序可能存在编程或设计上的漏洞，这些漏洞易被黑客利用，导致数据泄露、系统破坏或者恶意软件的传播。例如，当应用程序的数据输入没有被恰当验证时，可能会引发 SQL 注入攻击；当应用程序没有正确地实现数据加密时，可能导致用户在传输数据的过程中被拦截。不安全的应用程序配置也可能导致安全威胁。例如，用户在使用应用程序时开放了过多的权限，就会导致不法分子利用应用程序随时访问系统资源或获取用户数据。恶意应用程序是另一种常见的安全威胁。不法分子会将这些应用程序伪装成合法的应用程序，诱导用户下载和安装，然后进行诈骗、传播恶意信息或者进行其他的恶意活动。由于网络中存在大量相似的应用程序，且这些应用程序版本更新频繁，因此用户常常难以分辨哪些应用程序是安全的。

应用程序安全威胁是移动互联网时代高校网络安全面临的重大挑战之一。在面对这个挑战时，高校需要加强对应用程序的安全审查和管理，增强大学生的安全意识和技能，通过与应用程序的开发商、网络安全公司等合作，共同提升应用程序的安全性。

第二节　高校大学生意识形态和价值取向受到冲击

学者曼纽尔·卡斯特认为，网络改变了文化的沟通方式，从而对社会形式与过程产生影响。它将大部分的文化表现纳入以数字化电子生产、分配与交换信号为基础的整合沟通系统里，对社会形式与过程会产生重大后果①。正如习近平总书记所指出的："必须清醒地看到，新形势下我国国家安全和社会安定面临的威胁和挑战增多，特别是各种威胁和挑战联动效应明显。我们必须保持清醒头脑、强化底线思维，有效防范、管理、处理国家安全风险，有力应对、处置、化解社会安定挑战。"② 高校应有守护国家主权与政权的自觉意识，掌

---

① 曼纽尔·卡斯特．网络社会的崛起［M］．夏铸九，王志弘，等译．北京：社会科学文献出版社，2001：465.

② 中共中央党史和文献研究院．习近平关于总体国家安全观论述摘编［M］．北京：中央文献出版社，2018：6.

控意识形态斗争最前沿的移动网络空间主动权。①

一、信息传播的多元化冲击主流意识形态

传统的书籍、报纸和电视等主流媒体曾是信息的生产者和传播者，而在移动互联网时代，人们正在经历信息传播的多元化变革。信息传播途径多样，大学生可以轻松获取各种信息。移动互联网时代人们可以通过各种网络平台获取信息，包括社交媒体、在线新闻网站、博客、论坛和视频网站等，每个人通过网络都能成为信息的生产加工者和传播者，特别是随着多元网络文化与多元价值观的涌现，高校大学生接触到的信息更丰富，传播信息的方式也更加便捷。多元化信息传播渠道大大丰富了网络空间中的声音，任何人都可以在网络上表达观点和传播信息，参与政治、经济、社会和文化各类话题的讨论。众多网络公众人物拥有大量粉丝和巨大影响力，他们发表的各种观点会对大学生的观点产生影响。

移动互联网时代为主流意识形态主导话语权提供了新平台，强化了主流意识形态在高校的指导地位，打通了高校意识形态建设的双向型渠道，创新了高校意识形态建设的多元化载体。然而，移动互联网时代高校意识形态还面临着多重力量博弈、协同治理存在困境及潜在不确定性因素增加等问题。综合来看，机遇与挑战共存、主流意识形态的“引领”与非主流意识形态的“反弹”不断循环，筑牢马克思主义意识形态理论基石、强化移动互联网空间治理的策略显得尤为重要。②

二、网络舆论环境的复杂性造成错误价值导向

在移动互联网时代，网络舆论环境的复杂性是一个让人无法忽视的现象。它涉及信息的来源、内容、传播和影响等多个方面，尤其易对高校大学生现有的意识形态和价值观产生冲击。

当前网络舆论环境存在虚假信息泛滥、网络舆论极化等问题。一些不良的网络媒体为了牟取经济利益，故意编造负面信息来吸引公众的注意。这些媒体没有进行深入细致的调查研究，直接伪造事件，甚至传播不符合社会主义核心价值观的信息，严重扰乱了公众价值观的判断和取向，对大学生的价值观取向造成了不好的影响。在支持网络舆论传播运作的资本中，掺杂着众多复杂的成分，其中不乏境外敌对势力的资本，而这些境外敌对势力企图通过操控网络舆论，瓦解人们对社会主义核心价值观的认同，使人们丧失对社会主义制度的信

① 王佩．移动互联网时代高校意识形态建设研究［D］．武汉：中国地质大学，2020.

② 王佩．移动互联网时代高校意识形态建设研究［D］．武汉：中国地质大学，2020.

心。一些网络中的负面舆论，在议题的选择、用词、传达的价值理念等方面充分迎合了大学生年轻好动、思维敏捷、求新立异等心理特点，极容易吸引大学生关注并传播这些错误、有害的信息，使大学生在不知不觉中认同其背后的思想观念。①

三、网络不良信息的侵蚀激化社会矛盾

移动互联网时代的便捷性、广泛性、交互性使得越来越多的人通过网络表达自己的利益诉求和情感。网络舆论的易获得性、匿名性，以及群体构成的复杂性，都有可能使网络舆论及意见表达走向非理性。随着社会问题和社会矛盾在网络中的放大、发酵，大学生很容易与不良信息产生“共情”。这些不良情绪大多包含着对自己所处的社会制度或文化环境的不满，而网络的匿名性会进一步放大这种不良情绪。一些人借此发表并传播负面的、消极的、片面的价值观念，会激化社会矛盾，弱化包容、关爱等良善价值观，助长社会仇视心理，更有甚者会损耗政府公信力，加剧社会信任危机。

四、消费主义和物质主义价值观的影响

移动互联网时代，消费主义和物质主义价值观在网络空间广泛传播，这可能会导致大学生过分关注物质享受，忽视自身精神文明建设，形成错误的价值取向。

网络广告无处不在，各种商品和服务的推广信息不断刺激着大学生的消费欲望。这种环境可能导致大学生形成一种被误导的价值观，即过度重视物质消费，认为消费是获取快乐和社会地位的主要途径。这种过度的物质追求可能会让他们忽视精神文化的追求，从而沉溺于物质享受之中。消费主义则可能导致大学生形成浮躁和急功近利的心态。他们可能会缺乏耐心和毅力去投入长期的学习和努力，而是倾向于寻求快速的满足和成功。此外，消费主义和物质主义经常将物质拥有量作为比较和竞争的标准，这可能导致大学生形成过度攀比的心理，过度关注他人的物质拥有量。这种过度的攀比心理可能会让他们忽视自我，忽视自己的内心感受和精神追求。消费主义和物质主义可能会使大学生过度依赖物质。他们会认为只有物质才能带来幸福和满足，从而忽视了无形的精神和情感的价值。

为抵御消费主义和物质主义对大学生价值观的侵蚀，高校应当对大学生加强价值观教育，引导大学生正确看待物质，形成健康的消费观。同时，家长和社会也应当通过行动和教育，向大学生传递正确的价值观，使他们形成正确的

① 张波．网络文化下大学生价值观教育研究［D］．北京：中共中央党校，2020.

消费观和价值取向。

五、网络道德观的滑坡

在移动互联网环境下，网络的虚拟性等特征会助长大学生在网络空间中追求刺激、轻视道德规范，引发大学生道德规则认知模糊、道德情感淡漠、道德行为失范等问题。

网络中低俗、错误的道德观念会在不知不觉中侵蚀高校大学生的道德观。例如，一些网络综艺选秀节目宣称的口号，名义上是“追求梦想”“释放自我”，其背后的价值导向却是不劳而获、投机取巧，诱导大学生幻想一夜成名，挖空心思包装自己、托关系找门路，甚至不惜“自黑”来蹭热度、增加曝光率，而不是脚踏实地去奋斗。这些网络文化内容扭曲了正直、善良、诚实等道德标准，严重腐蚀着大学生的道德观念，对大学生网络道德培养造成了巨大阻碍。

第三节　校园安全和校园文化不稳定因素增加

随着移动互联网逐渐在校园内普及，师生的工作、学习、生活，以及学校的日常教学、管理都与其息息相关。然而，网络在提供便利的同时，也伴随着一定的安全隐患，如师生经常面临的不良信息、网络欺诈等风险。高校维护好校园网络安全是保障教育教学正常开展的前提，是构建新时代育人环境的重要工作。大学生作为学校网络安全环境中的一分子，既可能是最大的受益者，也可能是受害者，甚至是危害者。营造一个安全、洁净的校园网络环境，关系着大学生的身心健康和学业发展。此外，党的十八大以来，习近平总书记在多个场合强调了“文化自信”的重要性。在庆祝中国共产党成立 95 周年大会的讲话上，习近平总书记对“文化自信”加以阐释，指出“文化自信，是更基础、更广泛、更深厚的自信”①。大学校园文化承担着立德树人的历史重任，是培养新时代中国特色社会主义建设者和接班人的重要阵地。② 而在移动互联网飞速发展的时代，大学校园文化也在经受网络文化环境的冲击。研究和探讨移动互联网时代背景下大学校园文化育人环境面临的新情况、新问题，及时回应高校网络安全教育下高校“以文化人”育人功能面临的机遇和挑战，成为当下学界和思想政治教育工作者必须面对的时代课题。

---

① 在庆祝中国共产党成立 95 周年大会上的讲话［EB/OL］.（2021-04-23）［2023-05-28］. http://www.dangjian.cn/shouye/tuijianqu/xuexiguance/zhongyaojianghua/202104/t20210423_6026449.shtml.

② 梁海娜，李红亮．媒体融合发展对大学校园文化的迭代影响及其应对［J］．江苏高教，2020（2）：66-71.

一、个人信息和隐私保护不周

随着移动互联网的普及，大学生可能会在不知不觉中泄露个人信息，如身份证件号码、手机号码等，从而引发一系列个人安全问题。2021 年全国网民网络安全感满意度调查“个人信息保护和数据安全”专题调查报告显示：近一年来，23.08%的受访人群“没有遇到”或“很少遇到”个人信息泄露；35.66%的受访人群“有一些”遭遇过信息泄露；41.25%的受访人群遭遇“比较多”甚至“非常多”信息泄露。公众认为最可能泄露个人信息的途径是注册 App 时，App 要求获取相机、位置等隐私权限，占比高达 76.65%；超过半数的受访群体认为参与网上测试、投票、抽奖活动可能会导致个人信息泄露；超过四成网民认为点击网上不明二维码、链接可能会泄露个人信息。① 例如，2021 年“3・15 晚会”曝光了个别人员从网络黑市购买知名招聘平台的个人求职简历，简历信息比较详细，包括求职者的姓名、电话、教育经历、工作经历等，从而实施精准诈骗。这份调查报告表明，低年级、高年级大学生遭遇隐私泄露风险偏高，主要原因是低年级大学生的网络安全防范意识较弱，高年级大学生在找工作过程中过度投递简历。②

二、网络成瘾和心理健康问题加剧

移动互联网缩短了世界的社交距离，但同时也拉远了人和人之间的距离。大学生花在智能手机、平板电脑上的时间越来越多，可能引发网络成瘾问题，也可能引发或加剧心理健康问题。一些研究认为，人们过度依赖网络可能会导致焦虑、抑郁和孤独感等心理问题。例如，过分关注智能手机和平板电脑等，忽视和逃避个人与现实社会及其他人的交往，远离家人和朋友，将自己与真实的社会关系割裂开，用上网时间取代本该用于社会活动和人际交往的时间，会引发心理疾病，使人患上“网络孤独症”。人们过度使用移动互联网也会变得过度依赖、沉迷网络虚拟世界，对网络人际关系倾注过多情感而忽视现实人际关系，同时使人们人际交往能力弱化，造成个体无法适应现实社会，形成“情感型网络人格障碍”等心理疾病。③ 网络成瘾除了会引发各种心理健康疾病，还有可能导致大学生出现忽视学业和其他重要生活事宜的问题。网络成瘾不仅可能引发大学生学习成绩下滑，还可能妨碍大学生的社交能力和生活技能的发展。长期的网络成瘾还可能危害大学生的身体健康，包括视力下降、颈部

---

① 《2021 全国网民网络安全感满意度调查“个人信息保护和数据安全”专题报告》在北京发布［EB/OL］.（2021-12-08）［2023-10-04］. https://mp.weixin.qq.com/s/1M_nEM_SpKgg4CtNk77WBw.

② 周爱平．移动互联网时代高校网络安全教育策略研究［J］．信息系统工程，2022（8）：173-176.

③ 刘岳涛．把脉“微时代”的不良心理［J］．政工导刊，2015（12）：52.

和背部疼痛等。

三、网络欺诈与网络暴力不容忽视

随着移动互联网的普及和高校网络化程度的提高，高校网络诈骗和网络犯罪的发生概率不断增加，给大学生和高校都带来了严重的负面影响。2022 年公安部门全年共侦破电信网络诈骗犯罪案件 46.4 万起。① 网络贷款、刷单返利、“杀猪盘”、冒充电商物流客服、冒充熟人或领导、冒充“公检法”、虚假投资理财、虚假购物、注销“校园贷”、网络游戏虚假交易等电信网络诈骗中均有学生被骗的案例出现。② 例如，有些骗子会冒充知名企业或者高校招聘单位发布虚假的招聘信息，引诱大学生填写个人信息并支付一定的入职培训费用，骗取大学生的钱财。高校网络犯罪事件也在不断增加，例如，有些大学生会侵入网站，盗取他人个人信息或散布谣言，严重影响了网络安全和社会稳定。高校网络诈骗和网络犯罪不仅给大学生带来了经济上的损失，还会影响大学生的学业和心理健康。除网络诈骗外，网络暴力也不容忽视。网络暴力是指通过将网络中未经证实的消息进行二次编造和散布，使事件进一步恶化与丑化，再通过伤害性和煽动性的网络言论对当事人实施暴力。

四、学术不端行为时有发生

网络技术的发展往往伴随着大量在线工具的出现，例如，各种网络期刊文献数据库、数字化图书馆、电子阅览室等网络学术平台，为学生提供了便捷的学术资源获取通道，大大提高了当代大学生获取资源、开展研究的能力。但网络技术也使学术不端行为愈发盛行，例如抄袭、剽窃、作弊、学术造假、侵权等违法违规行为。抄袭和剽窃问题在网络环境下变得尤为严重。互联网提供了大量的信息和资源，这无疑为大学生的学术研究提供了便利。然而，部分大学生可能会直接复制网络上的资料，将这些资料作为自己的论文或报告，而不进行必要的引用和注释。这种行为不仅侵犯了作者的知识产权，也严重违反了学术诚信的基本原则。学术造假现象也在网络环境中愈发猖獗，一些大学生可能会利用网络资源在考试中作弊，或者直接在网络上购买论文。这些行为严重破坏了学术公平性，影响了高校教育质量。

---

① 公安部：2022 年共侦破电信网络诈骗犯罪案件 46.4 万起［EB/OL］.（2023-05-31）［2023-10-04］. http：//www.jsjc.gov.cn/yaowen/202305/t20230531_1516680.shtml.

② 警惕！公安部发布让学生群体屡“中招”的常见诈骗类型［EB/OL］.（2021-08-30）［2023-10-04］. https：//news.cctv.com/2021/08/30/ARTIMLI3VC3zcNJ5XhEsbH7D210830.shtml.

第四节 高校网络安全教育体系亟待完善

高校网络安全教育对塑造大学生正确的人生观、价值观与保护个人安全具有非常重要的作用。当前，网络空间领域出现了大量针对高校大学生的网络陷阱、网络诈骗等网络骗局，隐蔽性越来越强，但学校所教授的网络安全防护知识和网络安全防护技能收效甚微。究其原因，就在于高校网络安全教育体系缺乏系统性、全面性、逻辑性。

一、网络安全教育重视程度和教育理念不足

网络安全问题的严重性和复杂性在全球范围内日益提升，特别是在更深层次的数字化时代，国家对网络安全教育的重视程度不断提升，对加强高校教育工作也提出了越来越高的要求。① 但是，即便在这种情况下，仍有院校忽略了网络安全教育课程的开展。一方面，高校对网络安全教育的重视程度不够。高校网络空间安全教育在教育体系中相对边缘化，并未被纳入更广泛的教育课程中。这种对网络安全教育的忽视可能会导致大学生在面对日益严重的网络安全威胁时，缺乏必要的知识和技能。另一方面，高校网络安全教育理念过于狭隘。网络安全教育涉及技术、法律、伦理、心理学等多个方面。当前高校开展网络安全教育往往侧重于技术层面，忽视了网络安全的多元性和跨学科性，网络安全课程和教育项目的核心是围绕计算机科学和信息技术的技术知识，如编程、网络架构、加密技术等。虽然这些技术知识是网络安全的核心组成部分，但是这些知识却不能完全代表网络安全。例如，法律和伦理在网络安全中也发挥着重要的作用，如数据隐私、知识产权、网络犯罪等问题。心理学的知识也有助于帮助人们应对网络钓鱼等安全威胁。

此外，网络安全不仅是一个技术问题，也是一个涉及个人安全、社会稳定和国家安全的重大问题。目前高校落后的网络安全教育理念可能会导致大学生在网络安全方面的知识和技能过于片面，无法有效地应对网络安全问题。因此，高校需要更加开放和全面的网络安全教育理念，将网络安全作为一个多元化的学科，将法律等知识融入网络安全教育，帮助大学生有效地应对各类网络安全问题。

---

① 方灿莹．移动互联网时代高校网络安全教育的策略研究［J］．闽南师范大学学报（哲学社会科学版），2022（4）：154-159.

二、网络安全教育课程缺乏系统性

网络安全教育课程实施的主要目的，是教导大学生在面对网络威胁时能够更好地保护自身生命财产安全。① 课程设计需兼顾理论和实践需求，合理确定教学内容。但是，随着移动互联网技术的发展和广泛应用，网络安全威胁因素日新月异，网络安全事件形式呈现多样化，部分高校仍采用老套、陈旧的内容进行网络安全教育，无法应对目前网络安全出现的新形势、新问题。在网络安全教育考核机制方面，虽然有些高校开展了网络安全教育，但仍有大学生落入网络诈骗的陷阱，人身安全遭受损害，或者产生经济损失。② 在网络攻击形式方面，随着网络攻击手段的不断升级和演化，传统的网络安全教育内容已经不能满足大学生的需求，需要对大学生进行更为复杂和多样化的网络安全教育。在传授网络安全知识方面，网络安全知识点相对繁琐复杂，需要大学生掌握大量的技术和概念，同时，也需要加强对大学生实践能力和创新思维能力的培养。在跨学科知识体系方面，网络安全教育涉及多个学科领域，需要跨学科的知识体系来支撑，需要强化大学生的跨学科知识储备。随着信息安全法律法规的不断完善，还需要加强大学生在法律法规方面的安全教育和引导。

三、网络安全教育的教育形式单一

教育形式直接影响着学生学习的积极性和主动性，单一的教育形式往往使得教学效果无法达到预期目标。③ 目前，大学生在高校网络安全教育中处于被动接受的位置，他们并没有充分认识网络安全教育的重要性，并未树立主动参加网络安全相关知识和技能培训的意识，导致高校网络安全教育收效甚微。相较于传统的教育方式，主题班会、社团活动、游戏教学、实践教学等形式更能吸引广大大学生参加，但目前激发大学生主动学习兴趣的创新性活动尚未全面开展，先进的教学手段、教学模式、教学方法尚未广泛实施。

四、网络安全教育的师资队伍和网络安全教育资源建设滞后

目前高校网络安全教育师资队伍主要由辅导员、思政课教师和学校安全保卫处管理人员构成。一方面，这些人往往没有接受过专业化、系统化的网络安全培训，仍在使用传统的教学方法、教学内容、教学手段，难以及时掌握网络安全教育面临的新特点和新动态，难以熟练使用智能化教学工具、无法及时补

---

① 方灿莹．移动互联网时代高校网络安全教育的策略研究［J］．闽南师范大学学报（哲学社会科学版），2022（4）：154-159.

② 周爱平．移动互联网时代高校网络安全教育策略研究［J］．信息系统工程，2022（8）：173-176.

③ 方灿莹．移动互联网时代高校网络安全教育的策略研究［J］．闽南师范大学学报（哲学社会科学版），2022（4）：154-159.

充新的网络安全案例、拓展新知识。另一方面，由于缺少相应制度和激励措施，难以吸引专业教师加入网络安全教师队伍。

在高校网络安全教育资源设施建设方面，随着移动互联网时代网络安全教育资源的种类和数量不断增加，高校需要及时收集和整理这些资源，以满足大学生的学习需求。然而，目前高校很少主动更新和完善网络安全教育资源，以保证教育资源的有效性和时效性；高校很少主动建立方便快捷的教育资源访问渠道和平台，以提高大学生的使用效率及教育资源的开放性和共享性。

五、网络安全教育考核评估与激励机制不完善

高校网络安全教育评估机制的不完善使得网络安全教育未得到足够的重视和支持，影响教育效果及高校的教学质量和研究能力，同时在职责履行上缺乏有效的考核体系。大多数高校网络安全教育在职责分配上过于原则化和简单化，在职责履行上缺乏连贯性和系统性，不能对网络安全教育的过程和效果进行实时监管和量化考评，网络安全教育工作的执行和监管存在漏洞。

在课程设置和教学质量上，当前高校教育评估机制没有充分考虑网络安全课程的重要性，导致课程设置、教学资源分配和教师评价等方面被忽视，也直接影响高校网络安全教育的教学质量，使得大学生不能充分认识网络安全教育的重要性，无法提高网络安全意识。教师培训和发展也并没有考虑教师在网络安全教育中的角色，使得教师在网络安全教育方面的培训和发展被忽视。

六、高校网络安全教育协同机制薄弱

高校网络安全教育协同机制薄弱。从管理体制方面看，管理机制不畅、管理制度缺失或没有及时修订，导致管理时效性往往滞后；高校信息数量庞大、种类繁多，变化频繁，信息管理能力差；责权不明，责任边界不清晰；网络安全与信息化工作统筹协调能力差。从联动防御能力方面看，安全产品之间缺乏统一管理和有效整合，以业务为核心的安全运营能力差，防护策略动态设置和回收联动性差；网络安全防护设备功能有效利用率低，安全绩效差；重设备、轻服务，应急处置的手段单一，机动性差。从数据交互方面看，以人脸识别系统、安防监控等为代表的物联网智能应用场景越来越多，终端数量多，分布广泛，存在非法（重复）采集、弱密码、隐私数据泄露风险，呈现“数据孤岛”趋势，数据安全风险增加。从数据安全防护方面看，高校作为高层次人才培养与科学研究的重要基地，在智慧校园建设过程中采集、加工、存储、流通的数据量巨大，安全隐患大。

七、高校网络安全教育平台搭建急需加强

完善的网络安全教育平台是高校推进网络安全教育改革的重要载体。目

前，高校网络安全教育面临着基础较弱、平台短缺的实践境遇。一是传统课堂式的网络安全教育活力不足，与大学生的实际网络安全诉求之间存在脱节。从现实逻辑看，维护网络安全利益是高校与大学生建立良好关系和产生实际效应的黏合剂，而第一课堂偏重理论知识教育且存在单向讲授方式缺陷，导致其不能充分满足大学生网络安全现实需求，高校对大学生网络安全观的正确引导也并不能单纯依靠理论灌输。二是以社会实践为依托的网络安全教育第二课堂成效较差，缺乏全局性、系统性、协同性的顶层设计。当前大学生网络安全知识的实践运用能力还不能完全应对复杂的网络生态环境。特别是在危害校园网络安全的公共事件发生时，高校在应急预案的启动和相应补救措施的采取方面，可能因为总体部署上的滞后而遭受不必要的威胁和损害。① 三是基于新媒体技术的网络安全教育第三课堂助力不够，点播式、交互式、社会化的网络教学平台建设不够成熟。从物理空间延伸到网络空间构建多元化教育平台、全方位释放教育活力是高校网络安全教育改革过程中不可回避的时代课题，高校仍需要在创新网络安全服务载体、扩展网络安全教育时空维度的教育实践探索中突破阻力和压力。

第五节　高校网络安全教育与大学生实践应用脱节

网络空间安全学科体系涵盖密码学及其应用、网络空间安全基础、系统安全、网络安全、应用安全等多门学科，是一个以密码学等基础理论为核心，以信息通信、计算机科学、系统控制和认知科学等技术体系为支撑，以服务国家安全需求、保障社会各领域安全防护为应用的交叉性学科体系。我国网络空间安全人才的培养以高等院校为主体，网络空间安全人才培养力度逐步加强。

一、课本理论与实际操作的脱节

高校网络安全教育往往偏重于理论知识的讲授，如网络协议、加密算法、安全框架等抽象概念和理论。这些理论知识确实是网络安全领域的基础，但如果大学生不能将它们应用到实际中，那么这些知识就只能停留在纸面上。比如，大学生可能在理论课程中学习了 SQL 注入攻击的原理，知晓不法分子是如何利用数据库查询语句中的漏洞窃取信息的。然而，如果他们没有在实验环境中真正执行过 SQL 注入攻击，那么可能就无法完全理解这种攻击的具体方式，化解这种攻击。网络安全领域中的问题往往十分复杂，需要通过实际操作

① 刘庆庆，何燕君，杨守鸿．移动互联网新时代高校网络安全教育的困境与策略［J］．重庆大学学报（社会科学版），2018（5）：218-226.

才能获得深入认识。例如，教师在课堂中会教授大学生如何防止跨网站脚本攻击（XSS）的理论，但大学生只有先在网站上执行跨网站脚本攻击，然后再尝试阻止这种攻击后，才能真正理解跨网站脚本攻击的威胁，掌握防止跨网站脚本攻击的方法。因此，高校教师在进行网络安全教育时，应该更多地考虑如何引导大学生将理论知识用于实践操作，提高他们的实践技能和解决问题的能力。

二、高校知识与技术发展的脱节

网络安全环境是一个动态且快速变化的领域。新的攻击方式、漏洞、恶意软件等频繁出现，而对抗这些威胁的防御策略和工具也在不断发展。自1989年第一个勒索软件“AIDS Trojan”诞生起，勒索软件便给网络空间安全带来了严峻的挑战。① 人们只有不断掌握新的网络安全的知识和技能，才能有效防御这些勒索软件。然而，高校的网络安全教育存在滞后性，还停留在教授学生几年甚至几十年前的知识点上。例如，如果一个课程依然在主要讲述早期的病毒和木马，而忽视了云安全、物联网安全等新出现的问题，那么大学生在面对真实的网络安全威胁时可能会无从下手。高校也可以鼓励大学生参加各种网络安全知识竞赛，这些竞赛可以让大学生接触到最前沿的网络安全问题，提高大学生的实践能力和创新思维能力。

三、先进技术与道德伦理的脱节

当前高校网络安全教育另一个问题是网络技术教学和网络道德伦理教育的脱节。许多课程侧重于教授学生识别和防御各种网络攻击的方法，却忽视了网络道德伦理教育。例如，网络安全专业的大学生在学习过程中可能会掌握一些强大的工具和技术，这些工具和技术既可以用于保护网络，又可以被用于攻击网络。当他们没有形成正确的网络道德伦理观时，就可能会使用这些工具和技术侵害他人权益。此外，网络安全工作也涉及一些敏感的问题，例如用户隐私、数据保护等。网络安全专业的大学生需要理解他们的工作不仅涉及技术问题，也涉及伦理问题。他们需要了解并遵守相关的法律法规，尊重用户的隐私权，负责任地处理用户的数据。因此，高校在进行网络安全教育时，除了传授技术知识，也应该加强网络道德伦理教育。例如，高校可专门开设网络道德伦理课程，邀请法律专家和伦理学家来讲解相关的法律法规和道德伦理原则，或者在实践教学中引入网络道德伦理案例，让大学生在实践中作出正确的网络道

① 孙超远，蒋秋华，徐东平，等．基于Hilbert曲线-残差网络的勒索病毒分类方法［J］．计算机技术与发展，2023（6）：153-159.

德伦理决策。

在移动互联网时代，高校网络安全教育遭遇了一系列前所未有的挑战。这些挑战涉及教育评估的方式、标准、周期和公示等多个方面，同时也与大学生的学习态度和技能水平，以及教育资源的质量等多个因素密切相关。这些挑战不仅对高校的网络安全教育提出了新的要求，也对大学生的学习和发展产生了深远的影响。

第五章

移动互联网时代高校网络安全教育问题审视及成因分析

随着信息技术的迅速发展和互联网的普及，网络安全问题日益严重。网络攻击、数据泄露、网络欺诈等事件频频发生，对个人、高校和社会造成了巨大的损失。高校作为培养未来信息技术专业人才的重要场所，应当充分重视高校大学生的网络安全教育。全面掌控移动互联网时代高校大学生网络安全教育现状是深入研究其对策的应有之义，本章对移动互联网时代高校大学生网络安全教育存在的问题进行了详细分析，并努力探索其成因。

第一节　高校大学生网络安全教育的现状调查

移动互联网等新技术在推动社会进步的同时也给高校网络思想政治教育路径创新带来了新的冲击和挑战。目前，高校师生、家庭和社会在移动互联网时代高校大学生网络安全教育的思想认识、能力素质、方法措施等方面相对滞后，导致移动互联网时代高校大学生网络安全教育路径创新只能在传统与新兴路径的胶着中逐步推进。研究当前高校大学生网络安全教育的现状，有助于在传承中推进移动互联网时代高校大学生网络安全教育的创新。

一、调查设计的基本情况

（一）调查目的

笔者于 2023 年在江苏省某综合性高校开展了大学生网络安全教育问卷调查，调查目的主要有三。一是了解大学生目前的网络安全现状，通过问卷调查总结高校大学生在学习生活中会面临的网络安全威胁种类、大学生在面对网络安全问题时的表现及大学生对网络保护相关技能的掌握情况，梳理目前高校大学生网络安全教育中存在的突出问题。二是根据已有文献研究和问卷调查结果对高校大学生网络安全教育存在问题的原因进行分析，并了解当代大学生对网络安全教育的态度及看法。三是基于当前高校网络安全教育已有经验，就增强大学生网络安全意识、加强大学生网络安全教育提出对策，积极推进大学生网络安全教育的新发展，为大学生安全用网、文明上网保驾护航。

（二）调查方法

此次调查主要采取调查问卷法，通过在江苏省某综合性高校范围内组织大学生填写调查问卷以得到较为广泛且充分的结果。问卷调查法采用抽样调查，以尽量保证能够涉及不同学科、不同专业、不同年级的学生。问卷的设计旨在了解高校大学生目前面临的各种网络安全挑战和问题，以及应对各类网络安全威胁需要具备的知识，从而发现高校大学生网络安全教育存在的问题及产生问题的原因。

经过课题组成员共同商讨，笔者设计了《大学生网络安全教育调查问卷》，包括28道选择题（20道单项选择题和8道多项选择题）。调查问卷包括三方面内容：一是被调查者的基本情况，主要包括学院、性别、年龄、年级、专业所属学科类别等基本信息；二是了解大学生日常使用网络的基本情况、大学生应对网络安全问题时采取的措施，以期对大学生目前所具有的网络安全意识、知识和技能有较为清晰、全面的了解；三是分析目前高校网络安全教育存在的不足之处，结合实际情况深入挖掘背后存在的可能原因。此次调查问卷的发放形式以网络线上发放为主，有少部分问卷由线下发放完成，同时借助个别访谈的方式开展补充调查，调查对象均为本科生。

二、调查数据统计与分析

本次问卷调查采取抽样调查的方法，以江苏省某综合性高校16个学院的在校大学生为问卷调查对象，共发放问卷样本2400份，回收有效问卷2225份，问卷有效回收率92.71%。其中男生1271名，女生954名。本次调查的大学生基本上覆盖了不同年级、不同专业的学生，具有一定的代表性，其中大一学生816名，大二学生655名，大三学生488名，大四学生266名。

问卷调查结果显示：三分之一的学生每天上网时长超过6小时，四分之一的学生每天上网时长大约为5～6小时，三分之一的学生每天上网时长大约为3～4小时，仅有十二分之一的学生每天上网时长约为1～2小时。同学们经常使用的网络服务如下："社交应用（即时通信、博客、短视频等）""数字娱乐（网络游戏、网络音乐、网络视频等）""网络媒体（新闻资讯、网上阅读、视频直播等）""电子商务（网络购物、网上支付、网上银行等）""生活服务（搜索引擎、出行、导航、网约车、外卖、旅游预订、美图等）""教育培训（在线教育、网上作业、网上考试）"。有三分之一以上的同学遇到过"网络骚扰行为（垃圾邮件、垃圾短信、骚扰电话、弹窗广告、捆绑下载）""违法有害信息（淫秽色情、网络赌博、网络谣言、侮辱诽谤、违禁物品信息、暴恐音视频、虚假广告）""危害数据安全（采集规则不规范、过度采集、个人信息泄露、个人信息滥用、个人信息被盗、个人信息被非法售卖）"等网络安全问题。

此次调查除了发放调查问卷外，还访谈了部分教师和大学生。由于访谈是用实地谈话形式进行的，对相关信息只进行了文本记录和整理，在后续的分析中会有所体现。

第二节　大学生网络安全教育存在的问题

随着移动互联网时代信息技术的发展、变革与普及，各高校能够充分运用网络资源开展大学生网络安全教育并取得了良好的实效。但受制于高校思想观念、发展理念，以及人财物等基本保障条件，高校大学生网络安全教育依然存在几个突出的问题。

一、大学生缺乏网络安全素养

（一）大学生网络安全素养内涵解析

网络素养是指具有了解网络资源的价值，并能利用检索工具寻找特定信息，并对信息加以处理的能力。① 而大学生的网络安全素养不仅包括网络安全意识，还包括网络安全知识及网络安全技能。

以下简要对大学生网络安全素养的具体内涵进行解析。

1. 大学生网络安全意识内涵解析

大学生的网络安全意识，指的是大学生群体在思想中树立的关于网络应用“必须安全”的观念。它是大学生在学习生活中，对各种有可能对自己或他人造成损害的外部环境条件的一种警惕的心理状态，还有当他们遇到不安全因素的时候所展现出的判断、分析、应对等综合能力。网络安全意识涵盖了大学生使用网络、了解信息保护价值，以及认知和判断网络信息的意识，高校大学生的网络安全意识会对个体的网络行为产生重要影响。

网络使用习惯是安全上网的前提，在移动互联网时代，个人信息保护意识是网络安全意识的一个重要方面。随着大数据时代数据采集与处理技术的不断提高，非法获取、贩卖个人信息以谋取不正当收益的情况也在不断增加，网络诈骗犯罪形式变得更加复杂多样。因此，具有较强的网络诈骗防范意识，会对高校大学生的心理和生活等多个方面产生积极影响。具备较高网络安全素养的大学生，可以养成良好的网络使用习惯，及时发现和判断网络安全问题，从而防止网络安全问题的发生。② 比如，定期使用安全软件检查电脑或手机，慎重对待来源不明的短信、邮件、电话等。

2. 大学生网络安全知识内涵解析

大数据时代，大学生是使用互联网频率最高的群体，也是最容易遇到网络安全问题的群体。大学生的网络安全知识是指大学生在进行网络安全研究与实践活动时所积累的知识与经验，它的内容主要有：计算机网络安全有关的法律法规、保密等方面的知识；网络安全方面的注意事项，例如防止网络木马及网

---

① McClure C. Charles R. Network literacy: a role for libraries? [J]. Information Technology and Libraries, 1994, 13 (2): 115-125.

② 阙凤仪. 大数据时代高校学生网络安全素养评价指标体系及应用研究 [D]. 武汉: 武汉工程大学, 2023.

络病毒攻击，防范U盘及移动硬盘泄密方面的注意事项。

在多元化、开放性、高效性的网络环境中，大学生不断感受着网络为他们的学习、生活等方面带来的便利。具备较好的网络安全素养的大学生，可以深刻理解习近平总书记关于网络强国战略、网络安全法规等“网络观”的内涵，并可以针对各种网络终端安全问题识别出问题的类型，意识到网络终端与真实世界的区别，提升个人在网络安全方面的意识和防护能力，使自己的学习生活处于平稳安全的状态。

3. 大学生网络安全技能内涵解析

大学生网络安全技能指的是以大学生网络安全知识为基础，在网络实践活动中形成并发展起来的大学生识别并防御网络安全风险、保护个人网络安全的技术和能力。① 网络安全保护技能是网络安全素养的重要组成部分，也是大学生必须具备的一项基本技能。

在高校大学生网络安全教育中，构建一个完整的网络安全技能体系是非常重要的。这个技能体系包括了多个方面的技能，如计算机系统安全防护技能、网络应用安全防护技能、移动智能系统安全防护技能、网络安全工具配置使用技能，等等。当具备良好的网络安全素养和网络安全技能时，大学生便能够通过采取有效的措施预防各类网络安全事件的发生，并能够运用这些技能，解决这些网络安全问题。举例来说，大学生可以通过给电脑共享文件设置密码和权限来控制文件的访问权限，保护自己的隐私和重要资料不被未经授权的人员获取。大学生还应该及时安装和更新系统补丁，以修复已知的漏洞和弥补系统的安全缺陷，从而降低系统受到攻击的风险。此外，大学生要避免使用不明来源的程序，因为这些程序往往存在安全隐患，可能会导致系统遭到恶意软件的攻击或数据泄露。掌握这些网络安全技能并将其运用于实际生活中，大学生能够更好地保护自己的个人信息安全，并降低遭受网络攻击和欺诈的风险。同时，他们还可以通过合理的网络安全防护措施为整个网络社会提供一个更为安全的环境。

（二）大学生缺乏网络安全素养的具体表现

科学调查与有效评估大学生的网络素养现状是开展相关素养教育、构建素养发展支持服务体系的前提。② 笔者通过对调查问卷结果的分析，发现大学生缺乏网络安全素养有以下几个方面的表现。

---

① 阙凤仪．大数据时代高校学生网络安全素养评价指标体系及应用研究［D］．武汉：武汉工程大学，2023．

② 李爽，何歆怡．大学生网络素养现状调查与思考［J］．开放教育研究，2022（1）：62-74．

1. 个人信息泄露严重

个人信息包括姓名、身份证件号码、手机号码、出生年月、照片等私密信息，既包括愿意被公众知悉的信息，也包括不愿为外人知晓的隐私。泄露个人信息将会造成严重后果。大学生在日常学习生活中难免要在各种网站、App 上注册各类账号以获取使用资格或登录渠道，这在给大学生带来便利时也造成了极大的安全隐患。在注册各类账号时，一般需要提供自己的姓名、出生年月、联系方式等私人信息。为了能够顺利登录，大学生一般都会如实填写这类信息。然而，这些网站中的绝大多数都存在极大的风险与不可控因素，甚至有些网站在提供登录途径的同时会通过出售这些个人信息而牟取暴利。调查结果显示，当被问及“您在过去一年里做过以下哪些行为?”时，“在公共场所登录 Wi-Fi”“注册网络账户时使用手机号码、身份证件号码等个人信息”“长期不进行文件备份”“使用盗版软件”“注册网络服务账号时使用相同的用户名和密码”“打开来源不明的电子邮件或网站链接等信息”“使用有安全隐患的手机或电脑上网”“卸载网络防火墙或杀毒软件”“网络购物时向卖家发送个人银行账号、密码”上述选项均有超过 5%的大学生作出了肯定回答（见表 5-1）。这说明在防止个人信息泄露方面，大学生需要进一步增强网络安全意识，不断提高网络安全防范能力。

我们的调查问卷特地设置了相关题目。当问及“您会在网上有意或者无意透露自己的信息吗?”时，85.17%的大学生回答“不会”，但仍有 14.83%的同学选择“会”（见图 5-1）。考虑到大学生对透露自身信息这一行为的界定理解不同，我们进一步设计了“注册新的网络账号时，您会透露或填写以下哪些信息?”的多选题，以期进一步验证大学生个人信息透露现状数据准确性。该题中，在 2225 份有效填写数据中，有 1247 人会透露姓名与出生年月，1644 人会透露 QQ、微信及手机号码，占比高达 56.04%及 73.89%，会透露性别、民族、家庭地址的大学生占比 9.57%，会透露学生证、身份证、毕业证等证件的编号的大学生占比 6.16%，还有 4.00%的大学生会透露自己的照片（见表 5-2）。由此可见，多数大学生并未意识到个人信息安全的重要性，而若这些个人信息被网络运营者出售，不法分子将会利用这些信息进行诈骗、勒索等，使大学生及其家人遭受巨大经济损失。此外，当被问及“您是否浏览过不安全（有风险提示）的网站?”时，6.34%的大学生表示经常浏览。若广告商通过短信、电话、邮件等渠道不断骚扰大学生进行商业推广，同样会严重影响大学生的正常学习与生活。

表 5-1　您在过去一年里做过以下哪些行为？

网络行为	人数/人（调查总人数 2225 人）	百分比/%
网络购物时向卖家发送个人银行账号、密码	128	5.75
打开来源不明的电子邮件或网站链接等信息	183	8.22
使用有安全隐患的手机或电脑上网	149	6.70
注册网络账户时使用手机号码、身份证件号码等个人信息	680	30.56
在公共场所登录 Wi-Fi	943	42.38
注册网络服务账号时使用相同的用户名和密码	379	17.03
使用盗版软件	406	18.25
卸载网络防火墙或杀毒软件	144	6.47
为提高浏览速度，降低浏览器的安全等级，下载并安装不明来源的软件	89	4.00
长期不进行文件备份	629	28.27
将计算机中的文件都设为网络共享	45	2.02
对网络安全提示弃之不顾，仍浏览有安全隐患的网站	97	4.36
没有做过以上行为	727	32.67

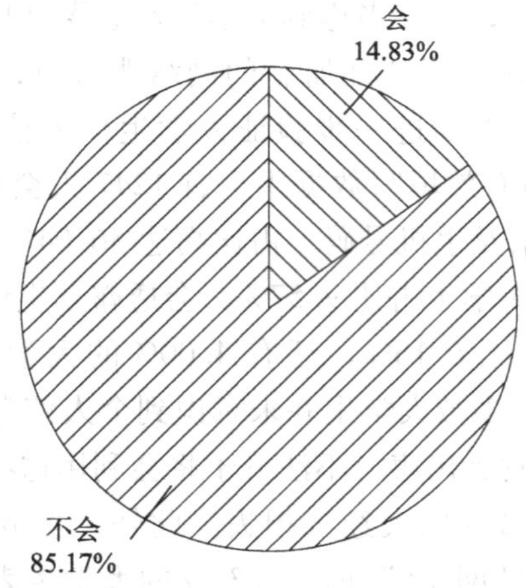

图 5-1　您会在网上有意或者无意透露自己的信息吗？

表 5-2　注册新的网络账号时，您会透露或填写以下哪些信息？

网络行为	人数/人 （调查总人数 2225 人）	百分比/%
姓名、出生年月	1247	56.04
QQ、微信、手机号码	1644	73.89
性别、民族、家庭地址	213	9.57
照片	89	4.00
学生证、身份证、毕业证等证件的编号	137	6.16

2. 缺乏密码保护意识

密码是人们上网登录账号的第一道保护线，而密码强度不足或人们轻易暴露密码往往会导致严重的网络安全问题。大学生作为移动互联网时代的生力军，在网络安全方面缺乏密码保护意识这一现象比较普遍。

第一，记忆密码较难。随着现今互联网的发展，越来越多的网站需要用户注册账号，很多人为了方便就用相同的或非常简单的密码来登录各种网站。如果账户和密码过多，大学生不仅容易忘记自己使用的具体密码，而且他们倾向于选择使用相同或者相近的密码，这使他们被攻击的风险增加。

第二，对密码保护的认识不够深刻。很多大学生并不清楚密码保护的重要性，未能充分认识到密码泄露会带来什么样的后果，而且对如何设置复杂的密码保持着无所谓的态度。这些大学生往往不认为提高密码强度是必要的，觉得自己不会受到攻击。当被问及“您在注册新用户时是否会仔细阅读隐私条款?”时，57.21%的大学生不会仔细阅读，只是大概看一下，28.41%的大学生不会仔细阅读，认为没有必要，只有 14.38%的大学生会仔细阅读（见图 5-2）。当被问及“您使用网络账号时是否会设置密保手段?”时，仅有 34.65%的大学生表示会全部设置密保，而表示不会设置的大学生占 9.75%，剩余 55.60%的大学生则表示只会设置部分认为比较重要的密保手段（见图 5-3）。由此可见，现在大学生的密码保护意识普遍不足。

第三，缺乏密码安全意识。很多大学生已经形成了一种思维模式：仅在有需要和进行重要的操作时才会设置一个密码。也就是说，在日常使用电子产品时随便甚至从不设置密码；而在登录网页和客户端应用程序时便尽可能输入最简单、易记的密码。这样做容易让他们在遭遇突发情况时不具备抵抗风险的能力，同时也容易给黑客和诈骗分子提供可乘之机。

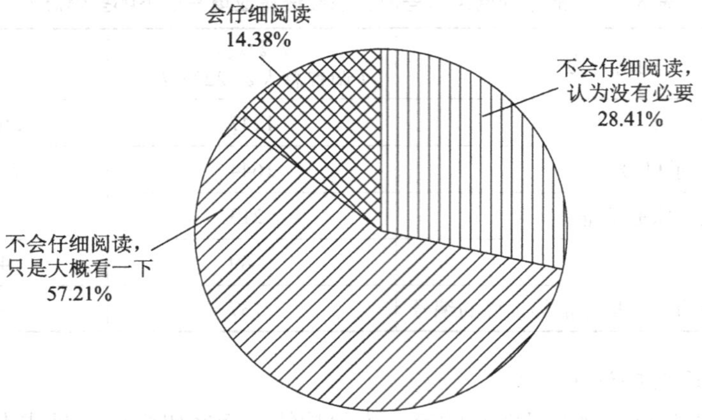

图 5-2　您在注册新用户时是否会仔细阅读隐私条款？

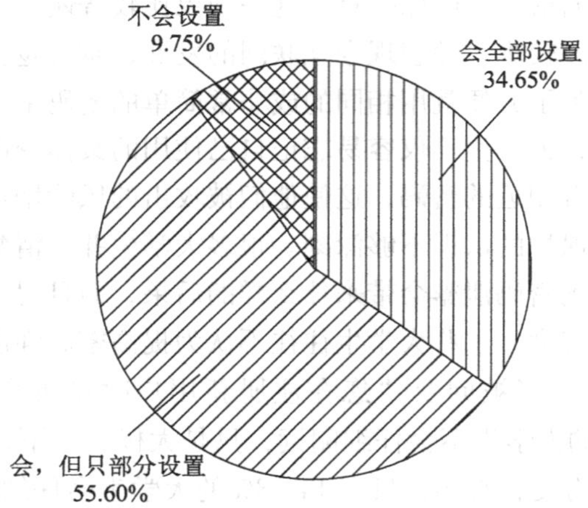

图 5-3　您使用网络账号时是否会设置密保手段？

3. 网络安全维权意识差

网络安全维权意识是指大学生对于自身在互联网环境下面临安全风险的重视程度，以及对保护自身合法权益的应对策略和行动能力。

首先，在掌握计算机使用基础知识方面，当大学生被问及“对于电脑安全，您的做法是?”时，选择“尽量不浏览陌生网站和下载陌生软件”的同学占 67. 06%，说明还有近三分之一的同学有浏览陌生网站和下载陌生软件的网络行为（见表 5-3）。当被问及“您懂得如何使用防火墙、杀毒软件吗?”时，仅有近三分之一的同学“能熟练操作”（见图 5-4）。上述调查结果表明，大学生在计算机网络安全的基础知识方面需要进一步加强学习和实践。

表 5-3 对于电脑安全，您的做法是？

网络行为	人数/人（调查总人数 2225 人）	百分比/%
安装杀毒软件，并定期升级	1440	64.72
及时升级系统和修复安全漏洞	1038	46.65
使用外接储存器时先杀毒	453	20.36
尽量不浏览陌生网站和下载陌生软件	1492	67.06
其他	113	5.08

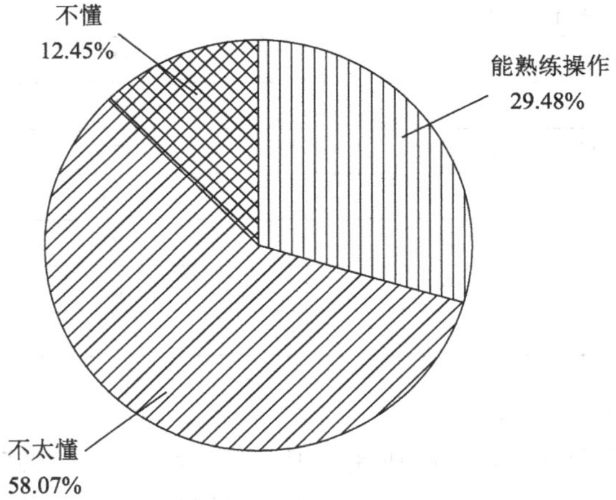

图 5-4 您懂得如何使用防火墙、杀毒软件吗？

其次，本次调查问卷还设计了“您遇到网络安全问题后一般会怎么做？”这一问题，通过对问卷结果的数据分析可了解大学生面临网络安全问题时的维权意识。该问题设计的底层思路为：一是区分大学生对于维权的态度，二是根据不同态度探索维权路径。其中，向网信办“12377”举报中心举报、向互联网服务提供者投诉、向工信部通管局“12300”投诉、向公安部“网络违法犯罪举报网站”举报、向网络产品服务提供机构求助、向网络安全相关社会组织反映、自救或向朋友求助、拨打 110 或 96110（反诈）报警、诉诸法律诉讼、咨询律师均属于积极心态，而不再使用该服务、不采取任何措施则被界定为消极心态。问卷结果显示，面对网络安全问题采取消极态度与不采取任何措施的占 53.08%及 19.01%（见表 5-4）。这说明在网络安全遭遇威胁时，有很大一部分同学抱有消极态度，不仅不重视网络安全威胁也不注重维护自身权益。此外，对网络安全问题采取积极应对态度的大学生中很大一部分主要采取投诉、举报、向朋友求助等“软手段”，诉诸法律诉讼的同学占 4.99%，找律师咨询的同学占3.91%。可见，高校大学生的网络安全维权意识亟须得到培训与提升。

表5-4 您遇到网络安全问题后一般会怎么做？

网络行为	人数/人（调查总人数2225人）	百分比/%
向网信办“12377”举报中心举报	481	21.62
向互联网服务提供者投诉	427	19.19
向工信部通管局“12300”投诉	316	14.20
向公安部“网络违法犯罪举报网站”举报	307	13.80
向网络产品服务提供机构求助	249	11.19
向网络安全相关社会组织反映	242	10.88
自救或向朋友求助	513	23.06
拨打110或96110（反诈）报警	370	16.63
诉诸法律诉讼	111	4.99
咨询律师	87	3.91
不再使用该服务	1181	53.08
不采取任何措施	423	19.01

4. 随意扫码现象仍然存在

近年来随着移动支付技术的快速发展，二维码已经广泛被用于现代商业活动，如商业防伪、广告宣传、数据下载等都可以通过扫描二维码实现，二维码给人们的生活带来了极大的便利。① 但是，二维码的监管薄弱也造成了一系列安全问题，具体原因在于网上随处可见的二维码生成器都可以生成二维码，人们仅通过外观无法直接辨识其用途。

很多不法分子利用虚假信息和虚假二维码牟利，社会监管部门对此缺乏有效的打击措施，导致欺诈行为日益猖獗。此外，部分高校大学生积累的网络安全知识不足，对于网络诈骗和恶意软件等问题缺少预警意识，因此也就缺乏判断二维码是否安全的能力。不法分子利用部分大学生贪图小便宜的弱点，通过扫描二维码赠送精美礼物的方式，诱导大学生扫描二维码，而二维码中可能含有的木马病毒借此机会被安装在手机上。大量的不安全的二维码往往由不可靠的来源发布或诱导扫描，包括但不限于恶意软件、钓鱼网站、病毒链接，等等。这些二维码会导致大学生的个人信息大量泄露，个人财产遭受损失。

在本次调查问卷中，当被问及“路遇打折活动，需要您扫描二维码，您

① 杨露．移动互联网时代大学生网络安全教育研究［D］．西安：西安理工大学，2022.

会怎么做?”时，60.05%的学生选择从不扫描，34.38%的学生选择偶尔扫描，5.57%的学生选择经常扫描（见图5-5）。这可以说明，仍有不少高校大学生的安全意识不强。用户在扫描此类二维码后往往会陷入危险的境地。

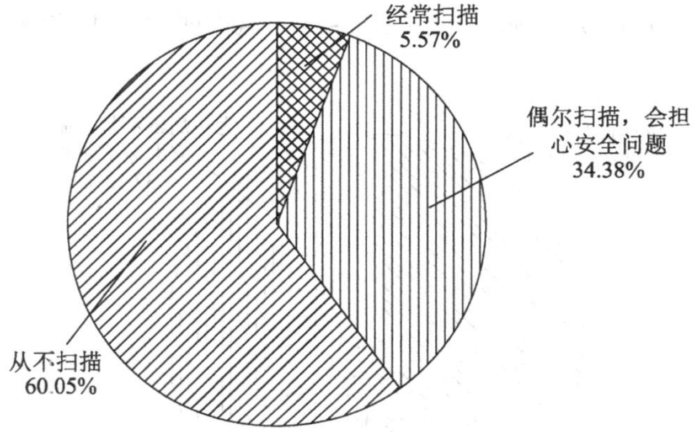

图5-5 路遇打折活动，需要您扫描二维码，您会怎么做?

5. 事实甄别能力不强

随着信息技术的发展，人们获取信息的方式变得更加便利和多样化。此外，随着网速越来越快，信息传播的速度也越来越快，可以说网络无时无刻不在产生大量的信息。然而，随着信息量不断增加，其中也夹杂着许多谣言，这些谣言在移动互联网上广泛传播，对大学生的世界观、价值观和人生观产生了很大的影响，如何甄别事实成了一个亟待解决的问题。调查结果显示，大学生普遍存在事实甄别能力较弱的现象，这在某些情况下可能会导致错误的决策和行为。

首先，大学生的事实甄别能力差的原因比较复杂。一方面，大学生由于身心的不成熟，还处在思想相对单一、稍显幼稚的阶段，所以对网上鱼龙混杂的信息缺少自己的判断，容易人云亦云。此外，他们还缺乏相应的经验和知识储备，往往没有接受过系统的逻辑思维、批判性思维等训练，不懂得怎样分析、评估和判断信息的可信度。另一方面，大学生面对信息时缺乏足够的自我意识和判断力。有时候，大学生盲目地相信网络上的言论或者媒体报道，容易受到“谣言”“假新闻”“流言蜚语”的影响，进而误解和误用信息。

其次，在当今社会，“快餐式”思维正在逐渐流行。高校大学生更倾向于浅尝辄止，追求瞬间的满足感，不再愿意花费更多的时间和精力去深入思考与分析。这种心理状态也在一定程度上影响大学生的事实甄别能力。他们倾向于听信“噱头”，不再去较为深入地了解信息的来源、真伪、背后的逻辑和意图等方面内容，因此导致了其对信息的不理性使用。在调查问卷中，当被问及

“当收到垃圾邮件时您一般会怎么处理?”时，仍有9.75%的同学表示会随意处理（见图5-6）。当被问及“收到短信，为了正常使用银行卡，要求登录对方提供的网站，您会如何选择?”时，55.69%的同学选择“不理会”，22.29%的同学选择“认真核实再登录”（见图5-7）。这说明大学生的网络安全意识也在逐渐提高。

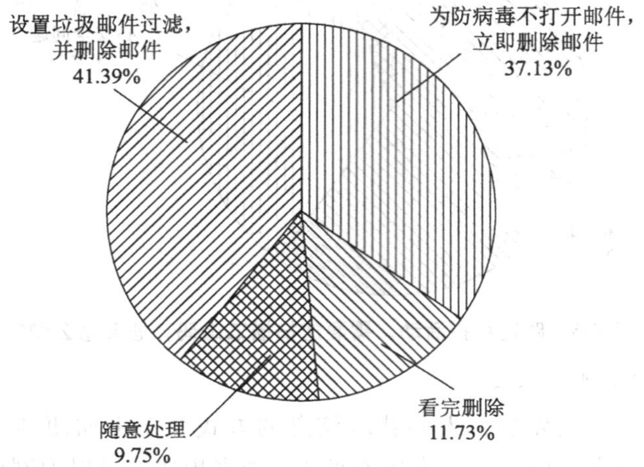

图5-6 当收到垃圾邮件时您一般会怎么处理?

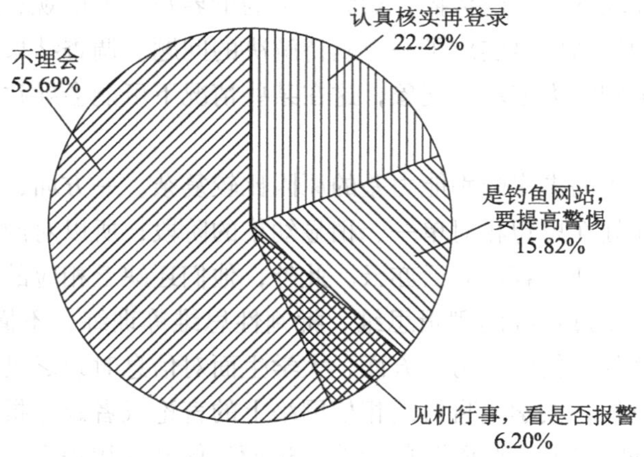

图5-7 收到短信，为了正常使用银行卡，要求登录对方提供的网站，您会如何选择?

此外，在社交媒体的影响下，大学生被日益社交化的环境所包围，他们在其中交际、消费、获取知识和获取群体认同。这种环境的特点是快节奏、碎片化、浮躁和充满刺激，容易引发焦虑和压力，以至于影响大学生的事实甄别能力。他们往往对社交媒体上的事件、人物和言论感兴趣，但缺乏足够的认知观念和分析能力，导致了盲目跟风和理性决策的乏力。

在调查问卷中，当被问及“在网络世界里了解到的西方思想观点，哪个对您影响较大?”时，选择“自由主义”的占 19.60%，选择“消费主义”“个人主义”“享乐主义”“功利主义”的大学生合计占 23.86%（见图 5-8）。这可以说明，部分高校大学生辨别信息真伪的能力较弱。很多轻信网上不实信息的大学生还会转发信息，导致不实信息进一步传播。

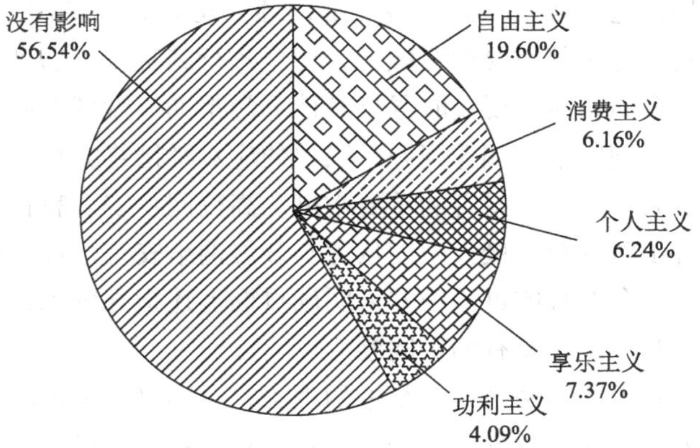

图 5-8　在网络世界里了解到的西方思想观点，哪个对您影响较大？

二、高校网络安全教育体系不健全

习近平总书记强调：“网络安全和信息化是相辅相成的。安全是发展的前提，发展是安全的保障，安全和发展要同步推进。”在大数据时代，海量信息涌入大学生的日常生活，这对大学生自身的鉴别能力、法律意识、自我保护意识都是巨大的挑战。高校作为教育主阵地，对于开展大学生网络安全教育需要承担重要责任。加强高校网络安全教育事关国家网络安全防线，事关国家意识形态安全，事关高校立德树人根本任务，具有重要意义。① 因此，我们需要对高校网络安全教育机制的现状进行了解。通过对调查问卷结果进行分析，我们发现目前高校网络安全教育体系存在不健全的问题。

（一）缺乏理念指导

理念是网络安全教育的核心观念，是网络安全教育的指导思想。思想是行为的先导，科学具有指引性的理念，对高校网络安全教育行为的落实具有导向作用，是在全校范围内构建安全教育体系的重要基石。高校在开展网络安全教育时，必须树立科学的网络安全教育理念，这对高校有效开展安全意识教育具

① 蒋燕玲．新时代高校网络安全教育的意义、困境与路径［J］．中国高等教育，2020（20）：59-61.

有重要意义。①

首先，需要明确网络安全至上的理念。高校、高校教育工作者、高校大学生都需要明确网络安全教育的重要性，将网络安全教育作为安全教育的重要内容，进行专门教育。其次，要坚持以人为本的基本理念，使网络安全教育覆盖全校师生。要对各个专业的师生实施同样的网络安全教育，实现治理效果同一性，保障全校师生树立起良好的网络安全意识。再次，高校网络安全教育是一个整体治理进程，这也就要求高校各个部门通力配合，在部门之间形成协作、联动的意识；同时各个部门要相互配合，切忌各行其是，当遇到本部门无法妥善解决的网络安全问题时，要及时寻求其他部门帮助，做到彻底解决难题，不留后患。最后，受到网络诈骗等问题后采取的应对举措终究只是挽救措施，预防治理才是保护大学生免受侵害的重要举措。高校网络安全教育工作者和全校师生要始终坚持预防理念，最大限度从源头开展网络安全治理。然而，目前各高校在开展网络安全教育的过程中并未明确贯彻上述指导理念，严重限制了网络安全教育工作开展。主要有四个问题。

第一，高校并未明确网络安全至上的理念，对网络安全风险所造成的后果认识不足，认为网络安全教育无足轻重，对其重视程度远远不够。同时，由于至今也尚未明确高校是网络安全教育的第一责任者，为了避免增加治理压力，高校大多选择性忽视网络安全教育，只有教师和学生因为网络安全问题受损时，才会采取措施将损害结果最小化。根据调查问卷第 10 题，当代大学生在日常生活中遇到的网络安全问题较多，70.56%的学生遇到过网络骚扰行为，例如垃圾邮件、垃圾短信、骚扰电话、弹窗广告、捆绑下载等，49.53%的学生收到过违法有害信息，例如淫秽色情、网络赌博、虚假广告等，但学校就网络安全问题进行的教育与学生们遇到的问题并不成正比，无法满足学生对网络安全的需要。可见高校在网络安全教育领域存在巨大的空缺。

第二，虽然目前也有高校在关注网络安全问题，但并未实现网络安全教育的全覆盖。一方面，高校网络安全教育没有实现全年级的覆盖。目前，大多数网络安全教育仅针对刚入学的学生，且大多附属于安全教育这一大主体，并没有专项提及。针对其他年级存在空缺，不能实现网络安全教育在学生高校生涯的全阶段的覆盖，导致后续教育效果不能持久。另一方面，高校网络安全教育

---

① 詹伟峰．整体治理理论下高校网络安全教育体系构建［A］. Information Engineering Research Institute，USA，Singapore Management and Sports Science Institute，Singapore. Proceedings of 2017 6th International Conference on Applied Social Science（ICASS 2017）V98［C］. Information Engineering Research Institute，USA，Singapore Management and Sports Science Institute，Singapore：智能信息技术应用学会，2017：8.

没有实现全专业的覆盖。学校并没有明确提出要开展网络安全教育，而是由各个学院自主开展网络安全教育，导致网络安全教育覆盖率不高。

第三，高校不能有效联合社会进行校地共建，实现多主体共同治理网络安全问题。政府、社会、高校是治理网络安全问题的重要主体，三者各有分工，相互配合，相互补充，只有集结政府、社会、高校多方合力，才能真正在社会层面保障网络安全。但目前，政府、高校、社会三方主体力量缺乏有效统筹，还处于各自为战、单打独斗的状态。

第四，高校在解决网络安全问题时倾向于事后补救。然而，鉴于网络安全问题的特殊性，一旦大学生陷入网络安全危机，其所遭受的损失大多无法挽回，仅能够作为一种教训被铭记心中。高校目前针对网络安全问题的主要工作集中于事后应对阶段，包括教师及时联系涉事学生，高校与公安机关进行交涉，以及对蒙受损失大学生的后续教育和在全校范围内进行警告警戒。事后补救终究无法弥补大学生在网络安全问题中受到的经济损失和心理伤害。因此，高校应当将关注点转移至事前预防，在校园内营造安全的网络环境。

（二）缺少专门的教育队伍

大学生网络安全教育是高校安全教育的重要组成部分。为了更加高效地开展网络安全教育，专门的教育队伍必不可少。专门的教育队伍有利于在全校范围内开展网络安全主题教育，促进网络安全教育的专业化、体系化发展。教育队伍可以针对网络安全问题进行专项研究，推动大学生网络素养全方位提升。目前，高校并未就网络安全教育建设专门的教育队伍。

首先，高校未将网络安全课程设置为独立于思政课程的教学体系。网络安全教育仍附属于安全教育之中，并没有成为一个专门的教育学科。大家对网络安全教育存在误解，认为网络安全教育作为安全教育的一部分，内容简单。但其实网络安全教育比起一般的安全教育来说，涉及的领域更加广泛，包括安全保卫工作、思想政治教育工作、教学工作、信息技术管理等多个方面，需要系统地领导、专门地管理，需要明确各个部门的职能分工并设立高效的运行机制。

其次，网络安全教育在高校面临着师资力量不足的问题。一方面，网络安全教育需要教育人员具备专业的计算机和网络安全知识，并熟悉相关理论和技术。然而，当前网络安全教育教师队伍中，大部分教师仍然需要提高理论知识和技术水平。目前的教育人员无法满足教学要求，部分教师缺乏对心理学和犯罪学等领域知识和技能的了解和掌握。另一方面，许多高校缺乏专门的网络安全教育教师团队。通常情况下，思想政治课教师或辅导员会承担大学生网络安全教育教师的角色，然而思想政治教育与网络安全教育的内容和目标存在差异。将网络安全教育任务交给思想政治课教师或辅导员，不仅增加了他们的工作负担，而且无法充分发挥教育作用。调查问卷内容有限，它仅就大学生对网络安全教育的需求进行调查，但也能从侧面反映出目前高校网络安全教育领域对于师资力量的需求。

（三）工作机制不健全

随着移动互联网的快速普及与发展，大学生群体不仅面临着日益增多的网络违法行为，自身也可能卷入网络违法违规活动。仅靠自我约束已经无法有效规范大学生的网络行为，因此需要建立成熟的制度体系来规范其网络行为，确保行为轨迹可追溯。高校在推行大学生网络安全教育方面也需要健全工作机制。通过文献研究和分析问卷调查结果，可得知目前高校的工作机制仍存在不健全的问题。

首先，高校缺乏专门的网络安全教育管理规范。虽然大多数高校会在新生入学时开展一些网络安全教育活动，但往往只是简单提及相关知识或发放宣传手册等，缺少系统化、规范化的工作规划。尽管大部分高校设置了计算机基础课程，但这些课程很少包含网络安全教育内容，导致大学生在校期间接受的网络安全教育内容存在严重缺陷。研究发现，相当一部分学校尚未建立完善有效的网络安全制度规范，甚至没有相关规章制度，无法从根本上引导和规范大学生在网络空间的行为。由于网络环境中存在大量良莠不齐的信息，并且网络社会行为复杂，单凭个人自律是难以对大学生的网络行为进行有效约束的。因此，要健全网络安全教育体系和管理规范，以指导网络安全教育教师有序开展网络安全教育工作。

其次，高校网络安全教育缺乏评估机制。在开展大学生网络安全教育的过程中，高校往往注重对大学生掌握相关知识和技能的考察，忽视了对大学生网络安全教育效果的评估。网络安全知识的掌握和应用能力没有纳入具体的教学质量评估指标，导致网络安全教育的成效无法得到有效保障。① 同时，网络安全教育教师的积极性和主动性也无法充分发挥。面对当前社会网络化发展的大环境，有必要对高校的网络安全教育进行整体评估。这需要建立完善的教学质量评估体系和激励机制，使网络安全教育评估与高校其他教育领域的评估相协

---

① 詹伟峰．整体治理理论下高校网络安全教育体系构建［A］．Information Engineering Research Institute，USA，Singapore Management and Sports Science Institute，Singapore. Proceedings of 2017 6th International Conference on Applied Social Science（ICASS 2017）V98［C］．Information Engineering Research Institute，USA，Singapore Management and Sports Science Institute，Singapore：智能信息技术应用学会，2017：8.

同，在不同层面形成一个综合而完善的高校教育评估体系。此举有利于提高网络安全教育的质量水平，确保大学生在网络空间中具备必要的安全防护意识和技能，进一步推动高校网络安全教育工作的有效开展。

（四）教育模式单一

在网络安全教育模式方面，整体治理理论强调教育要以多元方式开展。优质的教育需要高校不断创新工作理念，摒弃过去“重管理轻教育”的传统理念，开拓探索新的方式方法，充分运用平等交流、人文关怀、心理疏导等方法，将网络安全教育工作做到有理有据、有虚有实、有滋有味。要把学习网络安全理论知识同社会实际、热点问题结合起来，用事实说话，增强说服力和亲和力，增强高校大学生的认同度，真正发挥网络安全教育实效。但目前，网络安全教育存在教育模式单一的问题，无论是教育的关注点还是教育的主要内容都较为局限，严重限制高校网络安全教育的开展，不利于激发大学生的网络安全保护意识、保障大学生的合法权益、在高校范围内形成浓厚的网络安全教育氛围。网络安全教育方式单一具体体现在以下三方面。

第一，高校网络安全教育存在关注点单一的问题。目前，大多数高校对网络安全教育的重视程度有限，对于面向全体大学生的网络安全教育缺乏足够的关注度。在网络安全领域，高校的教育理念相对滞后，仍然注重对大学生的日常安全管理和知识的宣讲，对网络安全相关技能的教育缺乏足够的重视。高校网络安全的主要工作集中于日常的网络安全管理和应对网络安全危机事件，领导者误以为只需加强校园网络安全管理就能减少或防止网络安全事件发生。实际上，推动全体大学生的网络安全意识提升，规范他们的网络行为，方能真正有效解决高校网络安全面临的挑战和问题。同时，高校过于注重对网络安全问题的事后处理，未能认识到预防网络安全危机事件发生的重要性。因此，高校应投入更多精力加强网络安全教育，从根本上提升大学生的网络安全素养。

第二，高校网络安全教育的内容单一。当前，高校网络安全教育主要着眼于向大学生传授基础知识，以使其深刻认识到网络安全的重要性。然而，网络安全教育的内涵应更加丰富，包括但不限于网络安全基础知识、网络安全道德、法律教育、网络心理健康教育和主流意识形态教育等方面。调查问卷结果显示，大学生对于网络安全基础知识、网络安全道德和法律教育的需求和期望非常高。然而，高校网络安全教育普遍过多注重计算机基础知识和办公软件操作的介绍，对其他方面的网络安全教育知识传授相对较少。即便有所涉及，也往往停留在表面。例如，在网络安全法律教育方面，许多教师只简单介绍相关法律条文，未能深入探讨如何运用法律。此外，大多数计算机基础知识教材仅简单介绍了维护网络安全需注意的一些常见事项，缺乏对如何系统地规避网络风险、营造良好的网络安全环境及如何提升大学生网络安全技能等内容的深入探讨。总之，高校网络安全教育内容碎片化且不够全面，不能有效帮助高校大学生全面掌握网络安全知识和技能。

第三，高校网络安全教育存在着教育形式单一的问题。许多高校仅注重传授大学生网络安全基础知识，忽略了其他方面的网络安全知识。此外，教育主体通常依赖传统的课堂教学方式，缺乏互动和交流，这也易导致教育理论与实践应用脱节。为了解决这些问题，高校应采用更加丰富多样的教育形式。可以充分利用各种资源，如借助相关素质拓展平台开展实践活动、组织网络安全论坛、观看相关影片等。此外，还应发挥学校思想政治教育课程的育人功能，充分利用各个网络平台和丰富的“第二课堂”平台，积极开展学校教育和大学生自我教育。通过这些措施，可以达到增强当代大学生网络安全意识、规范大学生网络行为、保护大学生网络安全、维护网络秩序的教育目标。只有不断拓展新的教育形式，才能使高校网络安全教育达到更理想的教育效果。

三、高校网络安全教育内容不完善

高校网络安全教育能有效帮助大学生了解防范网络安全风险的知识，增强安全意识，避免受到网络攻击和诈骗；能培养学生的实践能力，通过操作技能培训和案例分析，使大学生能够在实际学习生活中应对各种网络安全问题；能保障高校系统和数据的安全，有效维护校园教学秩序和大学生正常的学习科研生活。

高质量的高校网络安全教育，一方面可以增强大学生和高校的安全防御能力，另一方面也是移动互联网时代提升社会公民素质及保障国家信息安全的重要基础。当前，高校网络安全教育内容不完善，主要体现在以下几个方面。

（一）网络安全教育内容缺乏系统性

高校网络安全教育的主要目的是增强大学生的网络安全意识并使其能够有效地防范网络威胁，保障自身生命和财产安全。教育课程的设计必须充分考虑理论和实践所需，并合理确定教学内容。为此，需要将网络安全的基础理论、法律法规、网络攻击与防御、信息安全管理等方面知识纳入教育内容中，同时通过实践活动、案例分析、模拟演练等方式强化大学生的实践能力，提高其在面对网络安全问题时的应对能力。只有通过科学合理的教学设计，才能够更加有效地提升大学生的网络安全防范意识和技能水平，达到保障其生命财产安全的目的。高校网络安全教育的内容在思想政治理论课程和计算机基础课程中有所涉及，主要依托“大学安全教育慕课”“思想道德与法治”“计算机基础”

“形势与政策” 等课程形式，但各学科都有自己的教育目标。如大学生安全教育主要是通过提升大学生的综合能力来应对现实世界的安全挑战；思想道德与法治课程旨在引导大学生树立马克思主义的人生观、价值观、道德观、法治观，帮助学生筑牢理想信念之基，培育和践行社会主义核心价值观，尊重和维护宪法法律权威，提升思想道德素质和法治素养；计算机基础课程旨在结合现有技术背景和社会需求，培养大学生在信息社会中应用计算机来认知和解决问题的能力，锻炼学生熟练掌握信息化社会中的各项基本应用，为适应未来的社会需要奠定良好的信息能力基础。但当前网络安全教育内容简单叠加，导致教育内容缺乏逻辑、结构不系统，阻碍了教育成果的优化。

1. 缺乏普遍适用的标准

各高校往往以自身经验为依据，缺乏统一的标准和指导，相互之间存在差异。第一，缺乏标准的网络安全管理应急预案。不同高校对于网络安全教育中的网络安全规定没有形成统一的定义和标准，例如在突发事件和紧急情况下应该执行哪些措施等。第二，网络安全教育内容结构不合理。不同高校在网络安全教育内容体系上划分的领域和等级不尽相同，导致了内容重复、缺失或者存在交叉。第三，网络安全教育方式不合理。不同高校在网络安全教育中采取的方法、手段和形式也各不相同，如课堂讲解、安全动员、模拟演练等缺乏统一标准。因此，高校网络安全教育需要建立起适用于全国高校的网络安全教育规范和标准化体系。这样既可以统一网络安全教育的核心观念和要求，加强不同高校和大学生之间的网络安全教育沟通，提高网络安全教育的质量和效益，又有助于更好地预防和应对可能出现的网络安全事件，保障师生人身安全和校园稳定。

2. 知识点分散

网络安全教育内容包含了多方面的知识，但这些知识点往往分散在不同学科、专业、课程中，缺乏系统性。高校网络安全教育知识点分散现状表现在以下几个方面。首先，网络安全教育知识来源多元化。网络安全教育涉及许多领域和学科，如数学、计算机科学、信息科学、生物、法律、管理、教育等学科，其相关的知识来源广泛，分布零散。其次，网络安全教育课程设置零散化。不少高校将网络安全教育纳入各类课程中，如大学安全教育慕课、思想道德与法治、计算机基础、形势与政策等，这些课程的教学内容较为零散，缺乏系统性。此外，安全教育知识分类不清，有些学校将安全教育知识划分为“理论类”“法规类”“案例类”等几大类别，但是这些分类并不统一，难以满足学生对网络安全知识结构的认知需求，且不同学科的网络安全教育知识存在重复与重叠，导致网络安全教育内容存在大量冗余。因此，要加强高校网络安全教育的知识体系建设，就需要全面梳理安全教育相关的知识点，并建立统一的、系统的安全知识图谱。① 其次，要优化课程设置，避免网络安全教育零散化的问题，将网络安全教育作为一个完整的课程体系来规划和设计。同时，还需要围绕大学生的知识需求，开设相应的创新型实践课程，注重知识与实践相结合，加强大学生对网络安全知识的理解和应用能力的提升。

3. 教育形式缺乏活力

很多高校依靠单一的课程、讲座、禁令等形式进行网络安全教育，缺乏生动的案例分析、模拟演练、社会实践等形式。这些传统形式缺乏活力，难以引起大学生的兴趣。此外，高校网络安全教育模拟实践方式欠缺，在开展网络安全教育时，缺少通过模拟演练、场景还原等方式进行实践操作的机会，无法让大学生真实地感受网络安全意识和应急处理能力的重要性。同时，在多元化的移动互联网时代，高校网络安全教育仍然停留在传统的教学方式上，缺乏创新的手段和形式，难以满足大学生的学习科研生活需求。从实践来看，很多高校只在每个学期或者每年的某一个时间节点开展集中安全教育宣传活动，切实增强学生的安全意识和防范能力的效果不大。因此，为了解决高校网络安全教育形式单一的问题，需要探索更加多元化的安全教育模式，以满足大学生不同的学习需求。一方面，高校可以通过多种形式的实践操作、现场演示等方式来激发学生的学习兴趣和参与热情；另一方面，高校可以创新网络安全教育内容的呈现方式，利用互联网技术、多媒体教学手段，提高安全教育的趣味性和实效性。此外，还应当将网络安全教育贯穿整个学期或者学年，每周或每月对网络安全知识进行巩固性讲解，注重大学生的常态化网络安全教育，以提升大学生的自我保护能力。

4. 缺乏针对性

针对不同年级、专业、群体的网络安全教育需求，高校往往缺乏有针对性的设计和实施。首先，针对不同年级群体能力差异不明显。不同年级的大学生之间存在明显的能力差异，但很多高校在进行网络安全教育时没有针对不同年级大学生进行相应的分层次讲解。其次，针对专业特色布局缺失。不同专业的大学生具有不同的专业特色和职业需求，但很少有高校能据此开设有针对性的网络安全教育，无法满足大学生的实际需求。此外，高校在制定网络安全管理政策和制度时往往缺乏细分，以标准化和固定化的方式予以实施，未能针对不

① 李君智．辅导员视角下的大学生网络安全教育探析［J］．湖南科技学院学报，2020（6）：81-84.

同情况、不同领域制定相应的具体政策和步骤。且很多高校在举行网络安全教育活动时，仍然采用通用性很强的模式，缺乏对于不同群体或者不同学科的针对性设计与实践。因此，为了提高高校安全教育的针对性，需要根据学生的不同年级、不同专业和不同群体进行量身定制的安全教育措施。① 一方面，高校可以基于学生群体的实际需求，针对性地设置安全教育主题并结合现实案例进行讲解；另一方面，高校也可以鼓励学生积极参加安全活动，安排各种类型的安全演练，使学生能够更好地理解和掌握不同领域和场景下的应急处置能力。同时，高校也应该注重制度上的针对性，制定有针对性的政策和流程规范学生行为，加强校园安全管理。

综上所述，高校网络安全教育需求复杂多样，高校需要系统规划和设计，动员全体成员参与，从不同层面、不同领域开展全方位、多层次、有针对性的网络安全教育。

（二）教育内容缺乏共情性

近年来高校日益重视网络安全教育，比如建立网络空间安全专业、开展网络空间安全专项课程和安全技能培训等措施。然而，有不少学者和行业专家指出，高校网络安全教育内容存在缺乏共情性的问题。当被问及“您希望开展哪方面的网络安全教育?”时，选择“网络安全基础知识”的大学生占81.53%，选择“网络安全道德、法律教育”的大学生占66.07%，选择“网络心理健康教育”的大学生占60.27%，选择“主流意识形态教育”的大学生占51.51%（见表5-5）。

表5-5　您希望开展哪方面的网络安全教育?

网络安全教育内容	人数/人（调查总人数2225人）	百分比/%
网络安全基础知识	1814	81.53
网络安全道德、法律教育	1470	66.07
网络心理健康教育	1341	60.27
主流意识形态教育	1146	51.51
其他	103	4.63

文献研究和调查结果显示，大学生对网络安全教育的需求较为全面，但高校在设置网络安全教育内容方面存在疏漏，导致与大学生的需求存在一定差距。将网络安全道德、法律法规、网络心理健康、主流意识形态和网络诈骗预

① 李新凤．关于如何有效开展大学生安全教育的几点思考［J］．科技展望，2015（27）：292.

防等教育内容完全依赖思想政治理论课程来传授，表明高校在制定网络安全教育内容时未进行充分的调研工作。高校应从大学生的角度出发，了解他们在网络方面所面临的挑战和困境，制定满足其需求的网络安全教育内容。实际上，高校网络安全教育往往把技术层面的安全防范与管理、政策法律的应用等作为重点。在内容呈现方式上大多采用喧闹而富有威慑力的方式，通过使用恐怖事件、黑客攻击案例等来展示网络事故的缺陷、危害和后果，以期引起大学生重视网络安全。这种教育方式虽然可以起到警示作用，但从鼓励大学生自觉保护个人隐私和数据安全方面来看，却存在难以弥补的缺陷。高校网络安全教育内容缺乏共情性，主要表现在以下几个方面。

首先，高校网络安全教育缺乏情境化、具体化的案例。高校网络安全教育中往往以单向传递信息为主，缺少真实、情景化的案例，难以引起大学生的共鸣和关注。在网络安全教育过程中，更偏重规范化、条理化的阐述。不同寻常的网络安全事件十分复杂，它们的原因、过程和结果都经常受到各种因素的影响；而网络安全教育容易忽略这些问题，过度强调规范化和条理化的知识点，导致教育内容缺乏深度和共情性。

其次，高校网络安全教育缺乏亲身体验或参与感。高校网络安全教育缺少与学生的亲密互动，大学生缺少亲身体验，难以共情，就很难真正理解、感受和掌握网络安全知识。当被问及“您认为可以采取哪些方式在学校开展网络安全教育?”时，“课堂学习”“专家讲座”“社团活动”“官方微信、微博、网站”“社会实践参观调研等”等5个选项均有50%左右的同学选择（见表5-6）。从调查结果可以看到，大学生希望增加有亲身体验感或参与感的网络安全教育形式。

表5-6　您认为可以采取哪些方式在学校开展网络安全教育?

网络安全教育方式	人数/人（调查总人数2225人）	百分比/%
课堂学习	1372	61.66
专家讲座	1174	52.76
社团活动	1202	54.02
橱窗宣传	950	42.70
官方微信、微博、网站	1264	56.81
社会实践参观调研等	1052	47.28
其他	214	9.62

此外，高校网络安全教育缺少跨学科的视角，往往停留在单一学科领域，

没有充分借鉴其他学科的理论和实践经验，导致教育内容单一，缺乏多样性和广泛性，语言表述过于枯燥乏味，难以引起大学生的有效共鸣。同时，由于高校缺乏对应的网络安全文化和网络安全意识教育，大学生往往会出现网络安全意识模糊、对网络安全认知不足、网络安全行为界限不明等问题。

因此，为了提高高校安全教育内容的共情性，需要在把握规则、标准、知识的同时，加强对学生情感和行为的引导。① 网络安全教育需要注重真实性和情境化，制作与学期和专业相关的高质量案例；同时，也要在实际操作的过程中强调与大学生的互动体验，鼓励大学生积极参与各种类型的网络安全演练和培训活动。高校还应该对网络安全教育进行难度、分类、深度上的梳理和创新，将多个学科领域进行融合，以符合大学生多样化的背景和需求，扩大网络安全教育的共情性领域，使其更加全面和深入。

总体来看，高校网络安全教育的内容缺乏共情性，导致其对大学生的认知和行为的改变不够深刻，因此在提升高校网络安全的综合工作水平和质量方面存在着较大的发展潜力。

（三）教育内容缺乏创新性

高校网络安全教育的内容缺乏创新性，是目前高校网络安全教育的不足之处。传统的教学方法已经不能适应当今网络安全技术的快速发展、不能有效应对各类网络安全风险，需要进行教学创新。

1. 课程内容缺乏创意

首先，很多高校网络安全教育课程的内容过于死板，缺乏新思路和创意，往往只是简单地介绍一些基础概念和安全知识点，缺少具体的案例分析、实践操作等。其次，网络安全教育课程缺乏活泼生动的展现方式，缺少针对性的教学形式和情境，难以引起大学生的兴趣，也不能够真正提高学习效果。最后，网络安全领域快速发展，但很多高校的教材内容已经过时，缺乏实时更新和研究，没有与最新的网络安全威胁和网络安全防护技术发展保持同步，更谈不上对网络安全领域进行综合性及跨学科的介绍和深入研究。

2. 教学方式缺乏创新

首先，高校网络安全教育的教学资源利用不足。很多高校在教学过程中无法利用现有的教育资源，没有全面利用教育技术手段，如多媒体、虚拟仿真等，无法有效调动学生的学习积极性和兴趣。② 其次，高校网络安全教育中应

---

① 赵小梅．运用共情理论培育高中生政治认同素养研究［D］．济南：山东师范大学，2020.

② 方兵．新媒体时代高校网络安全教育实效性提升策略［J］．软件导刊（教育技术），2017（10）：80-82.

用案例缺失。网络安全教育是一门实践性较强的课程，但现实中网络安全教育很少引用典型的案例进行教学。缺乏应用典型的案例和真实的网络安全事件的支撑，教育内容就难以生动且具有说服力。针对上述情况，高校需要采取更加具有创意的网络安全教育方式，如通过案例分析、小组讨论、互动交流等形式，提高大学生的参与度和应用能力。教育者可以引入模拟演练等实践性环节，使大学生更深入地理解网络安全技术的本质。

3. 教学平台缺少联动

高校网络安全教育缺乏行业合作和企业合作，这就导致了教育内容与行业实践脱节，难以启发创新的思考和行动，限制大学生能力的提升和发展。首先，现代网络安全问题涉及许多方面，企业在网络安全领域中积累了大量的经验和知识。缺乏与企业的合作将使高校的网络安全教育停留在理论层面，难以应对实际的网络安全挑战。其次，与企业合作可以为高校提供更丰富的网络安全教育资源。企业可以为高校提供专业的网络安全讲座、案例研究和实习机会等，帮助学生更好地了解和应对网络安全威胁。因此，高校网络安全教育应该与企业加强合作，共同推动网络安全人才的培养和发展。

综上所述，网络安全教育内容缺乏创新性，已经成为高校教育教学中的不足之处。有必要深入思考对高校网络安全教育的改进创新，使其更好地适应时代发展，提升大学生的学习效果和应用能力。

四、高校对网络安全教育不够重视

网络诈骗案件会给受害人造成严重的财产损失，更有甚者会危及生命安全。鉴于严峻的网络安全形势，各高校已经逐渐意识到网络安全教育的重要性，但重视程度仍然不够。虽然不少高校在《中华人民共和国网络安全法》颁布实施后成立了网络安全和信息化领导小组办公室，但往往也只是在国家网络安全宣传周期间开展宣传教育工作，并没有将网络安全教育融入日常教学活动中。① 大学生网络安全教育的时长短、活动少、效果差都能体现高校对网络安全教育的重视程度不够，无法有效帮助学生树立网络安全意识、提升维护网络安全的能力。

新时代大学生网络安全教育的主体主要包括学校、家庭和社会，他们是对新时代大学生进行网络安全教育的组织者和实施者。而在高校层面，教师的角色定位至关重要。教师承载着“传道、授业、解惑”的重任，高校师资队伍

---

① 张春生．移动互联网时代高校网络安全教育有效策略研究［J］．现代职业教育，2023（5）：76-79.

建设也关乎网络安全教育的质量。因此，为提高网络安全教育的效果，必须正视高校师资队伍中阻碍网络安全教育发展的问题，发现问题、解决问题，为网络安全教育的良性运转指明方向。本书根据高校教师队伍的分类，从行政服务人员、专业课教师、思想政治教育工作者的角度，分类论证高校对网络安全教育缺乏重视的现象。

（一）行政服务人员对网络安全维护的忽视

我国教育信息化行业发展步伐不断加快，教育信息化的内涵不断深化，质量不断提升，教育信息化建设已经进入数字化转型的重要时期。教育部2022年工作要点中明确提出“实施教育数字化战略行动”，将教育数字化转型作为推进教育现代化建设与高质量发展的重要引擎。行政服务人员对网络安全维护忽视是当前网络安全保障面临的一个问题。许多行政服务人员没有意识到网络安全问题的重要性，对于网站和网络系统安全维护的责任意识较为淡薄，未能将网络安全维护作为其重要的工作内容之一，这会导致从学校到学生都将面临网络安全风险。

这种现象产生的主要原因可能有以下几个方面：一是行政服务人员对网络安全知识缺乏了解，忽视网络安全问题的严重性；二是缺乏相关的设备、技术和预算，很难实现对网络安全的完善管理；三是社会对网络安全问题的认识尚未普及，行政服务人员对网络安全问题的重视程度相对较低。其具体表现在以下几个方面：

1. 财务配置结构失衡

高校财务资源分配模式大多采用因素分配法，根据学生人数、教师人数等因素按照一定标准进行预算划分。然而，受客观条件的限制，所采用的标准难以全面评估不同学院的实际财务需求。那些有着专业优势的学院因此创收较多，也会从学校那里获取更多的财务资源。但这也导致了“有钱学院越有钱、贫困学院越贫困”的现状，让学院之间的差距不断扩大。学校内部“贫富不均”，不利于学校多学科、全方位的发展。① 网络安全教育的对象是面向全校师生的，很多高校在开展网络安全教育的时候，将教学任务也分配给了网络安全学科专业所在的学院，但对网络安全教育投入却并未按照全校师生的人数给予预算，以致财务配置结构失衡，影响了网络安全教育的效果。

2. 网络安全教育发展理念滞后

当前，高校网络安全教育存在不少问题，比如为了应付上级部门的检查而

---

① 胡侃．以优化内部资源配置为导向的高校财务预算管理路径探讨［J］．湖北经济学院学报（人文社会科学版），2018，15（8）：68-70.

流于形式，陷入“文山会海”的怪圈；缺乏系统规范的安全教育环节，仅在安全事故发生后进行补救性的“警示教育”。这种模式既不会增强大学生的安全意识，也不利于建立科学有效的校园网络安全教育体系。当上级部门巡检结束或者校园网络环境相对稳定和谐时，高校网络安全教育的投入和力度也相应减少，导致教育效果不佳。此外，有些高校建立的安全教育体制长期脱离实际、形式主义严重、教育作用不强，容易陷入“学生忙于参加活动、教师疲于组织活动、学校苦于举办活动”的窘境，难以满足我国高校网络安全教育工作的实际需求。① 由于网络安全的教育理念较为滞后，高校行政服务人员缺乏对课程的系统理解，难以为大学生提供合适的网络安全教育课程。在选择和安排课程时，他们往往只选择一些“短平快”的在线课程，导致课程效果不佳。因此，需要在深入调研的基础上完善现有的高校网络安全教育体系，提高高校行政服务人员、教职员工和大学生的网络安全意识，确保校园网络安全、稳定和健康地发展。

3. 网络安全设备缺乏定期维护

校园网作为连接大学生和网络世界的重要工具，是高校网络安全的关键所在。然而，行政服务人员缺乏定期维护习惯，加之维护方面的资金投入不足，导致校园网漏洞的修复和更新缓慢，从而威胁高校的网络安全。这些漏洞不仅给校园网络用户带来了风险，还为网络不法分子提供了可乘之机，给高校带来安全隐患。同时，部分高校未采取有效措施，对行政服务人员的网络安全行为进行监管。在实践中，缺乏与专业网络安全团队的合作、未建立科学的维护机制，也是导致校园安全教育缺失的原因之一。

（二）专业课教师对网络安全教育的漠视

根据中国互联网络信息中心发布的《第 51 次中国互联网络发展状况统计报告》，截至 2022 年 12 月，65.9%的网民表示过去半年在上网过程中未遭遇过网络安全问题，较 2021 年 12 月提升 3.9 个百分点。此外，遭遇个人信息泄露的网民比例最高，为 19.6%；遭遇网络诈骗的网民比例为 16.4%；遭遇设备中病毒或木马的网民比例为 9.0%；遭遇账号或密码被盗的网民比例为 5.6%。② 当前我国高等教育已经全面进入以提升育人质量为核心的内涵发展时期。为达成“加快一流大学和一流学科建设，实现高等教育内涵式发展”

---

① 郑行之．“三全育人”视角下大学生安全教育工作机制研究［J］．产业与科技论坛，2023（2）：283-284.

② 中国互联网络信息中心．第 51 次中国互联网络发展状况统计报告［R/OL］．（2023-03-20）［2023-05-30］．https：//www.cnnic.cn/n4/2023/0302/c199-10755.html.

的教育目标，许多高校已开始改变传统育人模式，注重培养学生的综合素质和实践能力，并将网络安全作为必修课程纳入教学计划。

当被问及“您认为有必要加强大学生网络安全教育吗?”时，调查问卷结果显示，56.27%的大学生认为网络安全教育十分有必要，33.21%的大学生认为网络安全教育有必要，7.69%的大学生认为网络安全教育一般，1.35%的大学生认为网络安全教育不必要，1.48%的大学生认为网络安全教育完全不必要(见图5-9)。通过以上数据可以得出，绝大多数的大学生都认为确有必要加强网络安全教育。这表明高校在安全教育中加强网络安全教育，符合大学生现实成长需要。

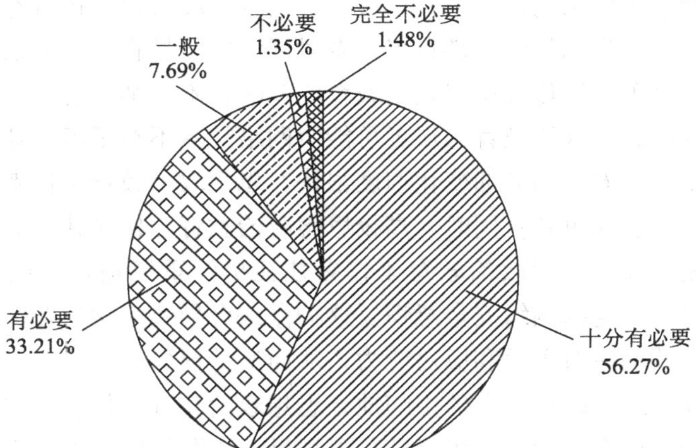

图5-9　您认为有必要加强大学生网络安全教育吗?

一位师范类专业的大学生在一次访谈中提到，他感到学业负担很重，需要大量阅读相关专业书籍来提升将来授课的严谨性和逻辑性。他还提到，专业课老师很少在课堂上涉及网络安全教育的相关知识，这可能与不同专业之间缺乏关联性有关。为了更好地实现网络安全教育的效果，满足现代大学生的实际需求，高校内各部门的教师需要进行协调和合作，各学科都可以与网络安全教育紧密结合。虽然专业课程的重要性不言而喻，但因为缺乏科学理解和准确定位，许多专业课教师缺乏将网络安全与自身学科结合的能力，他们对网络安全教育关注不足。通过访谈了解到，高校的专业课教师虽强调专业课程的重要性和必要性，却对网络安全教育缺少关注和认同。这样的现象，不仅会让大学生在日常生活和学习中面临网络安全风险，还会在未来的工作中忽视安全漏洞。

目前，高校中负责实施网络安全教育的主体主要是保卫处工作人员和辅导员。尽管近年来高校的准入门槛提高，保卫处工作人员和辅导员的综合素质普遍较高，但由于没有经过专业的培训，保卫处工作人员和辅导员往往缺少专业的网络安全知识，加之在日常工作中需要处理大量行政事务，他们对大学生安全教育投入的精力非常有限。此外，高校培养体系中缺乏系统化的网络安全教育课程，并受制于各种客观条件和主观条件，这导致高校在对大学生进行网络安全教育时常常采用灌输式、填鸭式的教学模式，无法高效地将网络安全知识和技能传授给大学生，最终收效甚微。因此，缺乏专业的网络安全教师队伍逐渐成为制约高校网络安全教育事业发展的主要障碍。

（三）思想政治教育工作者对网络安全教育的短视

在高校思想政治教育工作中，网络安全教育往往被忽略，甚至未被纳入思想政治教育的总体框架内。网络安全教育被高校思政教育工作者忽略主要有三个方面的原因。一是思想政治教育工作者对网络安全教育价值的认知不够，认为网络安全教育不属于传统思想政治教育的范畴，不应纳入思想政治教育工作中；二是传统的思想政治教育工作者可能对网络技术不够了解，缺乏相应的专业素养；三是网络安全领域的变化速度很快，思想政治教育工作者在教学内容方面没有及时跟进和更新。同时，高校思想政治教育工作者缺乏对网络安全教育的长远规划。高校思想政治教育工作者往往更注重灌输传统的思想道德观念，忽视了培养学生的网络安全意识。这种做法会导致大学生在面临网络安全威胁时缺乏有效的应对手段和应对能力，从而遭受损失。

高校是我国思想政治教育的主阵地，思想政治教育工作者要将思想政治教育工作贯穿于高校育人的全过程。随着虚拟世界不断扩展，网络安全教育成为思想政治教育育人过程中不可或缺的一环。多数高校的网络安全教育活动均由思想政治教育工作者组织，然而这些教育活动往往采用传统的安全教育方法，没有利用网络自身的特殊性进行有效深入的教育。在被问及“您认为在高校开展网络安全教育的重要性如何?”时，57.53%的大学生选择“非常重要”，31.82%的大学生选择“重要”，8.00%的大学生选择“一般”，1.30%的大学生选择“不重要”，1.35%的大学生选择“完全不重要”（见图 5-10）。调查结果表明，高校的网络安全教育的影响形势不容乐观，虽然高校开展了网络安全教育，但是网络安全教育影响的深度和广度值得我们反思。

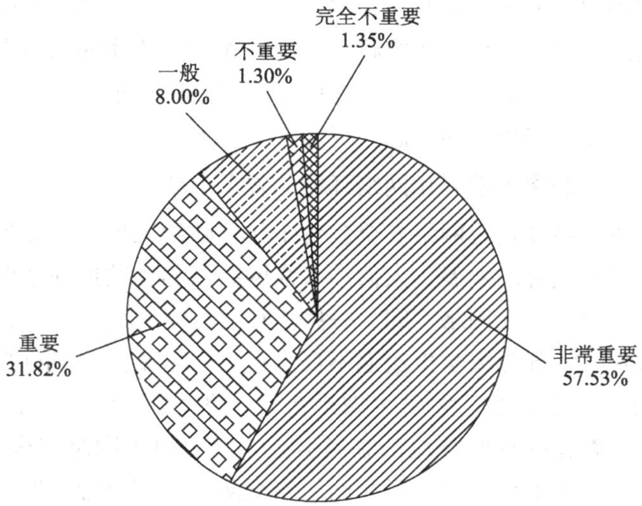

图 5-10 您认为在高校开展网络安全教育的重要性如何？

根据以上调查结果可知，高校传统的网络安全教育方式，如课堂学习、专家讲座和橱窗标语宣传等，对增强大学生网络安全意识、提升他们网络安全知识水平的效果并不理想。高校思想政治教育工作者是通过严格选拔进入高校教师队伍的，其综合素养和工作能力是合格的。那么，为何还会出现上述的调查结果呢？本书认为，这是由于高校思想政治教育工作者未能充分重视网络安全教育，未结合客观世界的不断变化改进网络安全教育的方式方法，也没有及时更新教育内容导致的。因此，高校需要改善网络安全教育，以更加科学的方式增强大学生的网络安全意识，提升他们的网络安全知识水平。

第三节 高校网络安全教育存在问题的成因分析

国家安全是实现中华民族伟大复兴的根基，社会稳定是国家强盛的前提，必须坚定不移地贯彻总体国家安全观，把维护国家安全贯穿党和国家工作全过程，确保国家安全和社会稳定。互联网信息技术的迅速发展，正在深刻影响着人们的生产生活方式、教育教学方法，推动着经济社会的数字化转型。习近平总书记在全国网络安全和信息化工作会议上的讲话中提出：“没有网络安全就没有国家安全，就没有经济社会稳定运行，广大人民群众利益也难以得到保障。”当前，国家安全的内外因素更加复杂，时空领域更加宽广，内涵和外延更加丰富，网络安全日渐成为总体国家安全观的重要组成部分。

随着教育数字化转型的推进，大学生网络安全教育面临着新的形势、机遇和问题。为了满足大学生在网络学习和生活中的安全需求，提升高校网络安全教育的地位和作用，增强其针对性和实效性，我们需要从多个方面深入分析原因，优化高校网络安全教育的实施路径，维护大学生群体的网络空间安全和文明，培养健康向上的网络文化，预防信息网络犯罪，同时制定具体可行的措施，积极倡导建设平安校园的理念和行动。

一、市场经济的深入发展和网络环境的复杂多变

近年来，我国高度重视网络安全教育工作，陆续推出多项政策和法规，有效促进了网络安全教育的发展，人们在大众网络素养和数据安全保护等方面的能力有所提高。然而，在网络空间，一些不良言行时有发生，对大学生身心健康造成严重影响。大部分大学生遭遇不良言行时并未制止，只有少数大学生会视情况选择制止。这表明，大学生缺乏维护“网络空间人人有责”的意识。高校是网络安全教育的重要阵地，应当引导大学生树牢网络安全与法治意识，积极传播正能量。这不仅关系到国家网络安全防线、国家意识形态安全，更是高校立德树人根本任务的重要组成部分。因此，高校应该重视网络安全教育，制定具体可行的教育计划，加强与社会各界的合作，探索创新教育方式，增强大学生网络安全意识和能力。同时，高校应该引导大学生树立维护“网络空间人人有责”的意识，提升其网络安全责任感。只有通过高校网络安全教育的不断强化，才能保证网络空间的健康发展，为大学生的成长提供良好的环境。

（一）纷繁复杂的互联网时代环境

1. 大学生成为网络空间的活跃者

我们应该看到，市场经济带来了一些负面影响。例如，在金钱、利益的驱使下，一些商家会通过不正当手段谋取利益，由此引发了一系列网络安全问题。《2022年网民网络安全感满意度调查统计总报告》显示，公众网民安全感总体评价下滑，网民网络安全感出现波动的情况。其中，各类网络违法犯罪遇见率排列为：第一位是有害信息（54.69%），第二位是侵犯个人信息（48.40%），第三位是网络诈骗犯罪（40.83%）。① 从我国网民结构来看，大学生群体所占比例较高，这意味着大学生已成为网络空间的活跃者。

2. 网络安全问题现状

习近平总书记指出“网络空间是亿万民众共同的精神家园”②，大学生希

---

① 2022年全国网民网络安全感满意度调查统计总报告［EB/OL］.（2022-12-20）［2023-05-28］. https：//finance. sina. com. cn/tech/roll/2022-12-20/doc-imxxfzpn3938055. shtml.

② 习近平总书记在网络安全和信息化工作座谈会上的讲话［EB/OL］.（2016-04-25）［2023-05-28］. http：//www. cac. gov. cn/2016-04/25/c_1118731366. htm.

望能处于一个安全、健康的网络环境中。当前，高校与社会的联系日益紧密，大学生难以避免一些社会的负面影响，从而产生一定的网络安全问题。在信息领域，信息的准确性和时效性有时会构成矛盾的两个方面，它们之间存在着互相对立或互相限制的关系。过度追求信息的时效性会降低信息的准确性，导致网络信息的频繁更迭，从而严重影响大学生形成正确的价值观和人生观。

（二）西方资本主义国家在意识形态等领域的渗透影响

历史和现实反复证明，意识形态工作事关党的前途命运，事关国家长治久安，事关民族凝聚力和向心力。

1. 把握高校意识形态工作领导权的重要性

我国高等学校承担着为社会主义现代化建设事业培养高级专门人才的重要使命。牢牢把握高校意识形态工作领导权，以习近平新时代中国特色社会主义思想武装头脑，巩固马克思主义在我国意识形态领域的指导地位，巩固全党全国各族人民共同奋斗的思想基础，是高校意识形态工作的重中之重。当前，网络成为意识形态斗争的最前沿，掌握网络意识形态主导权，就是守护国家的主权和政权。① 网络安全已经成为全球性挑战，人类共同面临着网络监听、网络攻击、网络恐怖主义等全球性危害。各种敌对势力和不法分子在网络空间鼓吹推翻国家政权、煽动宗教极端主义、宣扬民族分裂思想。网络侵害个人隐私、网络侵权、网络犯罪等行为已经成为各国网络安全治理的重要内容。

2. 网络成为意识形态斗争的最前沿

自 21 世纪以来，中国在经济建设、政治建设、文化建设、社会建设和生态文明建设等方面取得了引人注目的成就，开启了全面建设社会主义现代化国家的新征程。然而，随着中国不断崛起，“中国威胁论”甚嚣尘上。霸权主义国家利用其在网络资源和话语权上的优势，通过互联网媒体对中国进行文化渗透和侵略，重新煽动冷战结束后的“和平演变”势头。他们大肆宣传西方的个人主义、自由主义、拜金主义、享乐主义等有危害的价值观，对中国以社会主义核心价值体系为主导的主流意识形态造成了冲击。此外，境外敌对势力和分裂势力也借助互联网占领舆论阵地，煽动大学生群体，散布虚假信息，并策划各种破坏活动。② 杨军认为，互联网已经成为意识形态交锋的主战场，互联网是西方意识形态传播的载体，被赋予了“扳倒中国”的重要功能。③

① 蒋燕玲．新时代高校网络安全教育的意义、困境与路径［J］．中国高等教育，2020（20）：59-61.

② 陈慧铭．大学生网络安全教育存在的问题及对策研究［D］．武汉：华中师范大学，2019.

③ 杨军．互联网已成意识形态交锋的主战场［N］．中国社会科学报，2014-04-18（A7）．

（三）大学生价值观的塑造受到冲击

党的十八大以来，以习近平同志为核心的党中央制定了新时代我国教育工作的基本方针，坚持把立德树人作为根本任务，培养德智体美劳全面发展的社会主义建设者和接班人。习近平总书记指出：“青少年阶段是人生的‘拔节孕穗期’，最需要精心引导和栽培。”

1. 当代大学生的思想特点

眼界开阔、知识面宽广、主体意识强烈、智力迅猛发展、充满理想和激情，是当代大学生鲜明的特征。然而，他们也存在一些缺点，比如缺乏社会责任感、情感控制能力较弱等。大学生是互联网的主要用户，他们已经将网络文化视为学习工作生活的“第二环境”。尤其在移动互联网时代，智能手机已经成为大学生生活的一部分，微博、微信、QQ 空间等网络文化平台则创造了他们另一个“自我世界”。各种智能终端设备的广泛应用，使得大学生信息源大大拓宽，他们的主体意识不断增强，更加自主，对于事件、事实更可能具有自己的见解。

2. 网络时代对大学生价值观塑造的挑战

在大学阶段，大学生会积极追求知识，并通过各种途径来解决自身思想和现实之间的矛盾和困惑。然而，互联网上广泛传播的与传统价值观和主流意识形态相悖的信息给大学生的思想带来了负面影响。如果大学生没有坚定的理想信念和良好的辨别能力，他们就难以区分价值观念是否正确，容易受到不良文化的侵蚀，价值观念可能变得扭曲，甚至可能会为了追求个人利益而损害他人利益。传统说教式教育已经难以应对移动互联网时代对大学生价值观塑造的挑战。因此，加强高校网络安全教育，以社会主义核心价值观和人类优秀文明成果滋养大学生的心灵，有助于传播正能量、弘扬主旋律，促进大学生身心健康的发展。

二、网络自身的特点

移动互联网是一把“双刃剑”。它给人们的学习工作和生活带来了巨大的便利，具有便捷性、及时性和广泛性等特点，在各个领域都有明显的优势。它引发了深刻的社会变革，对社会经济的发展和人类社会的进步产生了深远的正面影响。然而，人们也必须认识到，网络的虚拟性和开放性使得大学生在人身安全、财产安全、信息安全和意识形态安全等方面面临着不可忽视的挑战和风险，加剧了他们遭遇各种网络危险事件的可能性。这与网络本身的特点和大学生的网络素养密切相关。

（一）网络的开放性

1. 一分为二看待网络开放性

矛盾是事物发展的源泉和动力，事物都是以矛盾统一体的形式存在的。简而言之，矛盾就是对立统一，所以我们要“一分为二”地看待网络的开放性。网络是一个开放的平台和公共领域，为每个人都提供了接收和传递信息的机会。全球的网民可以在不同的时间和空间借助网络这一媒介自由地交流信息和表达观点。然而，由于网络开放性的本质，实时监控网络上的信息和资源成为一件难事。一些心怀不轨的组织和个人利用网络的这种特点，散布暴力信息、色情信息、赌博信息、邪教信息等与社会主义核心价值观不符的信息，严重污染了网络安全教育的环境，不利于有效推进网络安全教育。

2. 教师“学高为师”的优势地位受到冲击

互联网的开放性确保了网民在网络世界中享有平等权利。不论在现实生活中的身份关系如何，网民在网络上都能够平等地接触大量信息，并了解最新资讯和权威观点。然而，这也导致教师的权威性逐渐受到削弱。约翰·洛克在《教育漫话》中强调了教育环境的重要性，他认为教育不能局限于口头传授，要树立榜样和示范的作用，特别重视言传身教的影响。对于教师而言，他们优先掌握和解读知识的能力会深刻地影响学生的思想和行为。然而，网络的开放性使得教师和学生在进入网络世界时拥有同等的权利。在移动互联网环境中，教师逐渐失去了拥有权威信息的特殊地位。这导致师生之间达成有效互动的难度增加，不利于构建良好的网络安全教育环境，也增加了网络安全教育的难度。

（二）网络的虚拟性

网络安全教育旨在通过多种途径提升大学生的综合素质，以实现促进他们全面发展的目标。然而，随着虚拟网络社会的发展，部分大学生过分依赖网络，逐渐丧失了理性思考的能力，沉迷于虚拟身份带来的满足感，染上网瘾。少数大学生会利用网络虚拟性，隐藏自己的身份，借助网络表达激进的言论以博取他人关注，这使得他们成为危害网络安全的施暴者。有些人甚至游走在法律边缘，利用虚拟网络的漏洞实施非法活动。这些行为严重妨碍了大学生网络道德建设，阻碍了他们的全面发展，也进一步增加了网络安全教育的难度。

1. 网络的虚拟性异化了网络安全教育的主体

随着互联网技术的迅猛发展，人们正快速步入信息化、数字化的时代。“虚拟”成为网络社会最显著的特征，正如学者张明仓所言：“当代语境中的

‘虚拟’，特指当代的数字化的表达方式、构成方式和超越方式。”① 这些方式为大学生的网络生活带来了丰富多样的体验，并满足了他们多样化的需求。大学生应该分清网络中的虚拟环境和现实世界的物理环境。② 在虚拟的网络空间中，大学生的形象、身份、个人行为都会被转化为数字化形式，他们的日常网络活动成为了一种符号化的活动，他们之间的交流与互动变成了符号之间的互动，这种符号之间的互动方式容易使大学生在虚拟世界中迷失自我，不利于他们的全面发展。

2. 网络的虚拟性带来了“道德真空”

网络道德是由现实社会经济关系所决定的一种意识形式，存在于特定的网络虚拟环境中，是人们活动和行为应遵循的规范和准则，是人们在网络行为中所表现出来的德性品质。③ 网络社会是一个虚拟的社会，现实社会道德标准很难适用于网络社会。人们在移动互联网中要对自己的行为负责，自觉遵守网络道德规范。

在网络文化愈发盛行的今天，虚拟的网络世界边界感和约束感被削弱，从而增加了人们在道德上的迷茫和精神世界的空虚。似乎在网络环境中，人们的一切行为都会被容忍，包括不关心集体、不尊敬师长、不关爱他人等。这给大学生的道德感造成了严重冲击，使其更容易产生道德失范行为。特别是在情感责任退化、道德标准模糊的情况下，再加上人文和价值的规则与引领不到位，道德行为失范的现象更加严重。处于象牙塔之中的大学生群体正在逐渐成为网络文化下道德失范的重灾区，侵权、学术不端、伪造证明材料等违背诚信道德的事件屡屡发生，令人深感忧虑。④

（三）网络信息碎片化

“碎片化出现在20世纪80年代的‘后现代主义’的相关文献中，‘碎片化’原本的意思是完整的东西变成破碎的零散的东西。”现今“碎片化”已被广泛应用于政治学、教育学、社会学、传播学等不同学科领域。移动互联网时代，短视频等新媒体的出现不仅改变了信息碎片化传播的形式与格局，也对高校思想政治教育特别是网络思想政治教育产生了深刻的影响与冲击。

1. 信息碎片化传播主要表现形式

随着网络新媒体技术的普及和电脑、智能手机的广泛使用，信息碎片化传

---

① 张明仓．虚拟实践的本质探析［J］．华中科技大学学报（社会科学版），2006（1）：34-38.

② 陈慧铭．大学生网络安全教育存在的问题及对策研究［D］．武汉：华中师范大学，2019.

③ 朱琳．大学生网络行为与教育引导的实证研究［M］．芜湖：安徽师范大学出版社，2022：35.

④ 张波．网络文化下大学生价值观教育研究［D］．北京：中共中央党校，2020.

播呈现出以下几个特点。首先，传播主体的多元化。在移动互联网时代，每个人既是信息的接收者，也是信息的传播者。每个人都可以随时随地成为“自媒体”，用不同形式，借助多种渠道分享自己感兴趣的事物。其次，传播时空的无限性。通过无线网络，人们传播信息已经突破了传统的空间限制和时间限制。人们可以根据自己的兴趣在互联网空间中形成固定的群体，并将信息融入日常的学习、生活和娱乐中。再其次，传播内容的碎片化。传播内容不再局限于传统的书籍、报纸、期刊等固定形式，而是通过简短精悍的文字简报、图片、短视频等形式呈现。这种碎片化的传播方式使得信息简洁明了，但缺乏完整的理论逻辑。最后，传播渠道的多样化。大众传播渠道如微信、微博、QQ、抖音等已经形成，同时也有根据人们特定喜好所形成的小众传播渠道，如旅游、美食、影视方面的微信公众号和小程序。多样化的传播渠道给人们提供了更广泛的信息获取和分享方式。

2. 信息碎片化传播对网络安全教育的影响

信息碎片化的传播方式改变了人们获取信息的方式，给高校原有的网络思想政治教育带来了冲击和挑战，这种传播方式一定程度上削弱了网络安全教育课堂的主导作用，不利于构建完整的网络安全知识体系，也不利于培养大学生的逻辑思维和发散思维能力，增加了网络安全教育的难度。

首先，信息碎片化传播方式导致思想政治教育话语内容的不完整。这种传播方式的特点使得思想政治教育的话语体系呈现出割裂化、碎片化的趋势。虚假信息和谣言的传播严重影响了思想政治教育话语内容的完整性，导致大学生所接触的信息缺乏内容和逻辑上的连贯性。

其次，信息碎片化传播削弱了思想政治教育话语的引领价值。思想政治教育的主要目标是加强对大学生的社会主义核心价值观的教育和引导。然而，信息碎片化传播易对大学生的道德、情感、价值观和思想观念产生不良影响。由于信息传播量大且内容良莠不齐，大学生如果缺乏辨识能力，很容易受到不良思想的影响。这与高校思想政治教育的目标相矛盾，也削弱了思想政治教育话语的引领价值。此外，信息碎片化传播的速度快、吸引力大，但传播的内容庞杂、泛娱乐化且真假难辨，甚至掺杂与主流价值观相违背的内容，这些内容对传统网络思想政治教育主流价值观势必产生强有力的冲击，进一步削弱了思想政治教育话语表达的权威性和政治性。①

最后，信息碎片化传播限制了大学生的思考能力和认知能力，使大学生只

① 赵东阳．信息碎片化传播对高校网络思想政治教育的挑战及其对策研究［J］．文教资料，2022（24）：61-66.

停留在表层学习，无法对知识进行深度思考。由于学习平台上信息渠道多样化且内容繁杂，容易造成信息过载的情况。碎片化阅读使得大学生的学习变得形式化，他们不再进行深入挖掘和思考，思维水平和认知能力明显降低。

总之，信息碎片化传播对网络安全教育带来了负面影响。它使得思想政治教育话语内容不完整，弱化了引领价值，削弱了权威性，同时限制了大学生的思维能力和认知能力。因此，高校需要采取措施消除这种影响，以确保网络安全教育的有效进行。

三、大学生网络综合素养有待提高

习近平总书记在出席全国网络安全和信息化工作会议发表重要讲话时强调："要加强网上正面宣传，旗帜鲜明坚持正确政治方向、舆论导向、价值取向，用新时代中国特色社会主义思想和党的十九大精神团结、凝聚亿万网民，深入开展理想信念教育，深化新时代中国特色社会主义和中国梦宣传教育，积极培育和践行社会主义核心价值观，推进网上宣传理念、内容、形式、方法、手段等创新，把握好时度效，构建网上网下同心圆，更好凝聚社会共识，巩固全党全国人民团结奋斗的共同思想基础。"① 网络素养是指人们在网络实践中所应具备的素质和修养，包括对网络的理解运用能力、对网络信息的辨别批判能力、有效利用网络进行创造革新的能力、正确处理网络不良信息和不端行为的安全防卫能力，以及在网络中恪守道德规范锤炼道德品质的规范自律能力。②"网络素养"一词在我国《关于加强网络文明建设的意见》《法治社会建设实施纲要（2020—2025 年）》《新时代公民道德建设实施纲要》等重要文件中多次出现。在我国，"网络素养"更加强调"网络文明""网络道德""网络法治"等内容，培育网民网络素养也旨在促进向上向善网络风尚的形成。本书认为，网络素养是个人在网络应用与交往中所形成的知识、观念，以及能力的综合体现。网络素养既包含人们认识网络、利用网络获取信息、解决问题的知识与能力，也包含人们在网络交往中的价值追求与道德准则。

大学生既具有社会公民这一共性身份，又具有高校学生这一特殊身份，其网络行为不仅要符合社会的普遍要求，还要符合高校的管理要求。中共中央、国务院联合发布的《中长期青年发展规划（2016—2025 年）》特别强调要"在青年群体中广泛开展网络素养教育，引导青年科学、依法、文明、理性用网"。大学生网络素养主要指大学生在社会主义核心价值观的引领及高校教育

---

① 习近平出席全国网络安全和信息化工作会议并发表重要讲话［EB/OL］.（2018-04-21）［2023-05-28］. https://www.gov.cn/xinwen/2018-04/21/content_5284783.htm.

② 梁丽. 大学生网络素养提升的课程实验［J］. 教育评论，2014（5）：84-86.

教学的管理下，为适应社会发展，以及满足自身学习与生活需要，在现实或网络中形成的与网络应用相关的知识、观念与能力，是一种综合性素养。当代大学生是网络时代的“原住民”和生力军，大学生整体上具备积极良好的网络素养态势。然而，在信息碎片化、载体匿名化和信息难溯源等背景下，大学生也面临网络素养不足的情况。

（一）大学生身心发展相对滞后

大学生因社会经验有限，甄别信息的能力相对较弱。加之网络信息众多且参差不齐，大学生很容易受到虚假信息的误导，从而产生网络安全问题。大学生身心上的不成熟主要表现在以下几个方面。

首先，大学生普遍具有从众心理。随着网络时代的发展，大学生群体的学习、生活、思维方式及习惯都受到不同程度的影响。然而，我们必须认识到，大学生很容易被其他网民所影响。当他们在网络环境中接收到不同的外部信息时，往往会失去自我判断能力，最终选择服从主流思想对某个事物的评价。例如，在面对热点事件时，大学生常常会进行评论和转发信息。大部分个体都有从众心理，希望通过与群体保持一致来获得归属感和依赖感，使自己变成与大众并无二致的一部分。不法分子正是利用大学生从众的心理组织实施犯罪活动的。

其次，大学生对网络的依赖程度较高。尤其是刚进入大学的学生更容易依赖网络，他们脱离了家长的束缚，迫切希望追求自由自在的生活，疏于约束自己的行为，易使自己网络成瘾。同时，与高中阶段相比，大学更加注重培养学生的自主学习能力，教师不会再像过去那样密切关注大学生的学习情况，这进一步加剧了大学生沉迷于网络的现象。大学生对网络的依赖主要表现在三个方面，即网络聊天、网络游戏和网上购物。不法分子深谙大学生的心理，常利用网络交友、网络游戏、网络购物等活动设下陷阱，诱骗大学生。少数大学生还存在侥幸心理，他们随意转发未经核实的信息，参与网络欺凌等行为，忽视了自己的行为可能造成的后果。

最后，大学生对网络安全相关知识不够了解。大学生正处在求学时期，充满着对未知事物的好奇心，同时具备勇气和胆识去探索未知领域。然而，他们对相关知识通常只有一知半解。除了少数专攻计算机等相关专业的大学生外，大部分大学生对网络知识了解匮乏。然而在好奇心的驱使下，一些大学生可能会接触各种网络平台和站点，其中可能存在非法网站。同时，高校一般不会专门开设网络安全法制教育课程，这使得大学生了解网络安全的法律法规途径变少，他们的网络道德观念也会因此变得淡薄。

（二）大学生缺乏安全防范意识

大学生的成长环境主要有家庭和学校，他们在这两个环境中度过了绝大部分时间，交际范围也仅限于家人、老师和同学。这种环境极大限制了大学生接触社会风险的机会，导致大学生缺少风险防范意识及对危险的警觉性。许多大学生天真单纯，思想简单，容易遭受不法分子的侵害。例如，“校园贷”就是不法分子利用大学生虚荣心强的特点实施的。由于害怕受到责备，大学生在遭受不法侵害后往往会放弃求助，最终导致利息急剧增长，超出个人承受能力。大学生缺乏网络安全防范意识，需要引导和教育。只有增强大学生的安全意识，帮助他们正确对待风险，才能更好地保障他们的安全与利益。

1. 大学生不注重对手机电脑等移动终端进行安全防护

当前大学生在使用手机和电脑等移动终端时，往往没有意识到安全防护的重要性。互联网兴起时间较短，大学生最初接触这些设备时，没有及时得到针对上网安全的具体指导，比如安装杀毒软件或使用防火墙软件进行网络安全防护。即使有些学生在中小学阶段学习了与网络安全有关的知识，但这些知识不足以帮助他们养成相应的习惯，比如下载文件时不考虑病毒问题，不对电脑进行病毒查杀，因担心影响电脑的流畅性而不安装杀毒软件，等等。网络攻击与网络防护就像矛与盾的关系，没有安装安全防护软件的手机和电脑更容易遭受网络攻击。

2. 大学生不注重对个人隐私的保护

网络的普及让人们有了更多线上交流的机会，即使身处异地也能和志趣相投的人通过实时文字、语音或视频聊天，建立起深厚的友谊。与现实生活不同，网络的匿名性让人们更加放松，可以畅所欲言，倾诉内心的烦恼和秘密。网络世界似乎是一个与现实无关的平行宇宙，可以为人们提供一个情感宣泄和真实表达的空间。因此，很多大学生喜欢通过网络交友，各大网络平台纷纷推出社交功能。然而，经验不足的大学生很容易混淆现实和虚拟世界之间的界限，过分信任素未谋面的网友，从而导致个人隐私泄露和网络安全事故的发生。一些不法分子利用网络收集个人信息并高价出售这些信息，这可能导致大学生不断收到骚扰信息，或者面临更严重的诈骗风险，造成人身和财产损失。大学生往往缺乏防范意识，在好奇心的驱使下，他们很容易陷入不法分子设下的陷阱。

3. 大学生容易轻信网友，威胁到人身财产安全

网络交友的兴起使人们的社交方式发生了巨大变化。在虚拟网络世界中，陌生人之间可以建立亲密的关系，甚至可能发展成恋爱关系。正因为网友们存

在于虚拟的网络环境中，彼此缺乏真实的客观认知，更没有现实生活中的社会关系，所以在线下见面时面临各种潜在危险。许多网友都渴望能够进一步认识对方，于是决定走出虚拟世界，面对面地交流。然而，线下见面存在诸多潜在风险，如被拐卖或被骗进传销窝点等。类似的事件时有发生，大学生群体应对此类事件保持警惕。

（三）高校网络教育难以满足大学生多样化的网络需求

党的二十大报告强调："我国社会主要矛盾是人民日益增长的美好生活需要和不平衡不充分的发展之间的矛盾。"如今，人们对美好生活的需求更多地关注精神层面，而不仅仅是物质层面。特别是以"00后"为主的大学生，他们是互联网世界的"原住民"，互联网对他们而言是一种工具，更是一种精神生活方式。然而，网络世界非常复杂，大学生对社会的了解相对较少，因此需要高校进行多样化的网络安全教育，为他们提供积极向上的精神资源，构建多元丰富的精神世界。但目前高校网络安全教育的现状无法有效满足大学生的实际需求，存在一些问题和偏差。

1. 大学生网络需求的多样性

经历了高中沉重的学业压力和严峻的高考考验后，大学生终于踏入了理想中的大学校园，享受到了自由和宽松的环境。随着移动互联网时代的到来和电子设备的普及，大学生找到了满足精神需求的工具。通过互联网平台，他们可以进行在线购物、网游、网恋等数字化的活动，网络渐渐占据了他们的学习和生活空间。生活水平的提高和网络社交的普及使大学生对网络的需求不再局限于娱乐和社交，网络学习也逐渐成为他们不可或缺的学习方式。然而，当前高校的网络安全教育资源供给不够灵活、充分和系统，难以满足大学生对网络安全知识学习的需求。

2. 网络安全教育的单一性

习近平总书记指出："一些媒体还按老办法、老调调、老习惯写报道、讲故事，表达方式单一、传播对象过窄、回应能力不足，存在受众不爱看、不爱听的问题，时效性、针对性、可读性有待增强。"① 同理，与大学生网络安全教育的多样化需求相比，高校的网络安全教育不论是从方法、实践还是从环境来看，都不免有些单一。首先，高校对于大学生网络需求的满足缺乏灵活性。传统的课堂模式和网络安全讲座无法满足大学生在网络空间中变化多样的需求。教学方法也较为单一，难以调动学生的积极性，教育实践也只停留在表

---

① 中共中央文献研究室．习近平关于社会主义文化建设论述摘编［M］．北京：中央文献出版社，2017：39.

层，无法深入挖掘问题。其次，高校的网络安全教育供给不充分。无论是从质量还是数量上看，现有的网络安全教育资源都无法有效满足大学生多样化的网络需求。这导致了大学生在面对复杂网络环境时，缺乏必要的知识和技能，容易遭受网络攻击和侵害。最后，高校网络安全教育缺乏系统性。大学生的网络需求具有多层次和复杂性，而网络安全教育往往只涉及表面问题，难以全面把握大学生在网络空间中所面临的各种挑战和风险。

（四）大学生网络道德意识弱化

随着网络社会的出现，网络道德成为道德要求的新内容。但是，目前网络道德规范不够健全。这导致了道德调节作用的弱化，造成了人们网络行为方面的混乱状态。由于思想认知水平有限、价值观尚未完全成熟、社会主流意识形态认同感薄弱等原因，大学生群体更容易受到西方价值观的影响和渗透。有一部分大学生在自认为不受任何监督的网络环境中对传统道德信念置若罔闻，缺乏理性的认知角度和深入的辨析思考，肆意发布无用甚至负面信息。

1. 大学生个体道德观念偏差

从现实道德与行为失范的关系看，网络行为失范的发生与大学生的道德认知、道德情感之间有着密切的关系。一些网络失范行为在现实中不会出现，但在文化观念和价值准则不完全相同的网络社会中则极具表露的可能性。当大学生实施网络失范行为并获得愉快的情绪体验时，他们的这种行为就会得到强化，并不断地重复出现，甚至可能延伸到现实社会中。现代大学生成长环境优越，物质生活条件相对良好，经历较为平顺简单，缺乏磨炼。当他们在面对复杂环境要独立进行道德判断时，如果拥有较强的道德观念和自律意识，那么在外部监督力量相对薄弱的网络文化空间中，他们就能够较好地辨识、选择和应对各种价值诱惑，并保持正确的价值和行为取向。反之，如果大学生的道德认知和自律水平都不够成熟，他们就有可能作出错误的判断。

2. 网络时代的客观条件影响

网络时代的客观条件对大学生的道德观念和自律意识也产生了影响。大学生群体是网络文化的主力军，具有天然的优势，他们精力旺盛、思维敏捷、反应迅速，学习能力强，特别是在掌握和应用网络技术方面表现突出。然而，少数学生会通过窃取网络资源来完成学术论文或达到其他学术目的。另外，网络诚信文化环境的缺失也影响大学生诚信观念的形成。在移动互联网时代，各种新型营销手段满足了人们“短平快”的消费需求，如“朋友圈”营销，但假冒伪劣商品也充斥其中。这表明，现今网络环境中不良的网络文化对大学生诚信观念缺失问题的影响非常严重。

（五）大学生自身素养与主体建构性的发挥程度

大学生在移动互联网时代的素养和主体建构能力对其在网络文化中的价值观形成和发展起着重要作用。综合素养较高的大学生通常具备良好的道德水平、审美趣味和媒介操守，能够自觉遵守网络伦理和法律规定；能够辨别网络文化的优劣、对错，并根据社会主流价值观不断完善自己的价值观体系，积极参与传递正能量的网络实践；能够充分发挥大学生的主观能动性，根据自身需求选择网络文化，成为文化建构的主体。相反，如果大学生文化道德素养低、缺乏自律性，在网络文化建构方面未能充分发挥主体作用，那么就很可能对自身的网络言行倾向产生负面影响。

1. 人文素养是大学生必备的综合素养之一

在科学技术快速变革的时代，工具理性渗透到人们日常生活的各个方面，为人们带来了更高效、实用、便捷的技术体验。然而，与此同时，工具理性也逐渐消解了人们的价值理性和人文关怀。在网络文化时代，大学生价值偏差问题日益凸显，包括对网络暴力的盲从、纵容甚至冷漠，对网络谣言的盲信和随意传播，以及对网络世界的过度沉迷和依赖。社交媒体等平台的设计也存在一定的问题，往往强调流量和用户参与度，忽视了信息真实性和道德规范的监管。这导致许多大学生在面对网络暴力和谣言时缺乏批判思维，纷纷加入谣言的传播中，甚至对网络暴力行为保持沉默。上述情况或多或少与大学生人文素养不足有关。在高校教育环境中，除了人文类专业的学生，其他专业的大学生普遍投入人文类课程的时间和精力相对较少，往往较少参与学校组织的人文素养类活动。

2. 媒介素养影响大学生的基本价值判断

随着移动互联网时代的到来，网络媒体已经成为大学生日常生活中的重要组成部分。然而，大学生在网络文化领域中面临着一系列问题，例如知识碎片化、信息选择盲目、网络语言行为失范等。这些问题的根源在于大学生的媒介素养不高。媒介素养对于大学生来说至关重要。大学生需要学会如何协调科技赋权和现实伦理之间的界限与冲突，从而树立正确的网络媒介使用态度。同时，他们还需要有效地开发和利用网络媒介资源，实现自我提升并推动社会进步。只有通过提高媒介素养，大学生才能正确对待网络新媒体，准确运用网络文化资源，促进理性认知和批判思维的发展，形成成熟稳定的价值判断能力，指导他们的日常网络学习和社交行为。

四、学校、家庭、社会教育环境没有形成有效合力

我国始终坚持对外开放政策，基本内容包括：坚定不移地推进对外开放，

在平等互利的基础上不断扩大和发展同各国的经济、贸易、技术交流与合作。经济、贸易等各方面的合作也意味着国外一些不良的价值观和意识形态可能影响国内的民众，如享乐主义和功利主义等。大学生作为我国社会“新鲜血液”的储备军正处于学习发展的关键时期，对世界存在着极大的好奇心和求知欲，因此最先可能受到外国意识形态的冲击。并且，由于他们自身的世界观、人生观和价值观正处于形成阶段，因此一旦他们被一些不良价值观所影响，又没有及时被纠正的话，就会走入歧途。

马克思在其早期作品《关于费尔巴哈的提纲》中明确提出“人的本质并不是单个人所固有的抽象物。在其现实性上，它是一切社会关系的总和”，强调环境会对人产生的影响。陈秉公教授在《思想政治教育学原理》一书中把思想政治教育环境分为社会环境、单位环境、家庭环境和社交环境四种。① 在此基础上，关于网络安全教育，我们可以将其拆分为社会环境、学校环境、家庭环境和社交环境。就家庭环境来说，家长和学生共同努力只能改变家庭内部的环境。世界上的事物处于普遍联系之中，如果从大学生网络安全教育的家庭层面进行分析，就要将其和高校教育及社会教育联系在一起。尤其在对大学生进行网络安全教育难度提升的前提下，只有从网络安全环境的整体出发，把内部的各个元素进行分析、充分整合，实现系统优化趋向，才能达到最佳的教育效果。

（一）家庭教育在网络安全教育中的现状

目前大学生的网络安全教育主要通过展板、宣传横幅、讲座，以及有限的网络新媒体形式展开。这些宣传方式有其可取之处，但我们在调查后也发现，大学生中很少会有人停步认真观看此类展板或横幅中的内容，即便学校要求他们看一些网络安全宣传的教育视频，也不会被他们重视，实际教育效果较差。虽然当前在实施网络安全教育时已花费了不少人力和财力，但由于宣传形式过于片面，所能起到的作用比较微弱。并且家庭教育、学校教育和社会教育彼此之间都是孤岛，无法充分整合相关资源。家庭教育仅停留在家长有限的教育层面，因为自身知识和精力的局限，缺乏足够能力引导大学生；学校教育因与大学生的活动时间时常冲突，且教育形式停留在流于表面的讲座、横幅和展板，导致接受度较低；社会教育由于和大学生的生活脱节，加上形式也过于单一，效果较差。因此，需要分析网络安全教育现状，并结合当下社会发展的特点与出现的新形势，把家庭教育、学校教育和社会教育等教育途径结合起来，充分

---

① 陈秉公. 思想政治教育学原理［M］. 北京：高等教育出版社，2006：29.

利用现有资源，实现大学生网络安全教育的目标。

1. 家庭教育的基础性作用

家庭教育是人最早接触的教育形式，它与每个人的成长密不可分，在学生成长过程中发挥的作用不可替代。中华民族历来注重“家国思想”，这意味着家庭对于人的教化具有至关重要的作用。家长的行为举止会悄无声息地对子女产生深远而持久的影响，这种影响是学校和社会所不能替代的。英国哲学家洛克提出了“白板说”，他主张人的最初心灵就像一块没有任何记号和观念的白板，所有的观念和记号都是后天经验所带来的。可见，家庭作为个人所能接触到的第一个成熟的环境系统，对个体发展的基础性作用值得重视。

也有许多家长认为，家庭教育并不需要扩展到知识层面上，教授网络安全知识等专业知识应当是学校的任务。① 但是，家长才是与学生接触时间最长也是最为信赖的人，家庭教育无疑比学校教育更贴近学生生活，也更容易被学生接受。从学生成长经历来看，相对于学校教育来说，学生在家庭中所处的时间及与家长的交流程度，显然是远远优于学校教育环境的。大学生网络安全教育需要以家庭教育为基础展开，家庭教育对于大学生网络安全教育来说是不可缺少的一环。

2. 家庭教育在网络安全教育中的责任缺失

家长作为子女所接触的第一位老师，需要承担起自身的责任，做到对网络安全教育的内容产生充分的认知，这样才能更好地教育学生，让学生对网络安全拥有基础的了解。当前，我国大学生的父母普遍对网络媒介素养的重要性缺乏认知。他们认为网络媒介素养对学生的学业提升影响甚微，学习这些知识只会浪费时间和精力。此外，在应试教育阶段，大多数家长更注重学生的学业成绩，忽视其他方面的培养与教育。父母的言传身教会对学生的价值观产生重要影响，因此在这样的家庭环境中成长的学生，普遍漠视网络素养的重要性，缺乏主动学习和提升的意愿。

2023 年 9 月，中国警察网联合中国应急管理学会校园安全专委会发布《“开学季”高校学生网络安全风险预警报告》。报告指出，高校学生的不安全上网行为较多，超过 20%的学生存在不安全网络使用行为，其中 24. 5%的高校学生下载软件不考虑渠道的正规性，22. 7%的高校学生会点击未知发件人邮件、短信的链接，19. 8%的学生在被骗取少量资金后选择隐瞒，不告诉家长或

① 杨露．移动互联网时代大学生网络安全教育研究［D］．西安：西安理工大学，2022.

老师。[①] 父母是学生人生中的第一任老师，对学生的成长影响深远，如果家庭教育中缺乏网络安全教育的内容，那么就会造成与时代脱轨的现象。当一些学生被问到“您主要通过哪种途径了解网络安全知识或增强网络安全意识?”这一问题时，只有少部分学生选择了“家人告知”这一途径。[②] 由此可见，其实很多家长在家庭教育这一方面的责任是缺失的，甚至多数家长在自己都没有充分掌握相关知识的基础上，对子女进行二次教育。种种迹象表明，家庭教育在网络安全教育的整体当中存在巨大的缺口。

（二）家庭在网络安全教育方面责任缺失的表现

1. 家长的网络安全教育意识不足

在我国，网络素养教育刚开始在全民范围内进行普及。许多家长不够了解与网络媒介有关的知识，难以在子女面前树立良好的典范。虽然伴随着经济的飞速发展，我国已经进入了移动互联网时代，家长们也对子女的教育越发重视，愿意花费更多的时间和金钱在子女的未来发展规划上。然而，仍有部分家长尚未充分认识到进行网络安全教育的必要性，更不用说要动用资源来对子女进行相关知识的普及。

如今，随着网络的普及和其全面融入日常生活的方方面面，家庭成员之间关于网络的看法与价值观念的差异越来越大。家长与大学生之间虽然在社交平台上互为好友，但是很少在平台上进行互动。此外，由于家长不熟悉网络语言的语义，容易在同大学生交流的过程中产生误解。这种情况导致大学生与家长之间的代沟加深，双方缺乏有效的沟通，进而影响彼此情感的交流。最终，大学生会对家庭缺乏归属感，并且逐渐陷入网络媒介所营造的虚拟世界。

2. 家长自身缺乏相关网络安全知识

部分家长缺乏对网络安全重要性的正确认知，因此对于网络安全知识的了解十分匮乏。大部分的家长能在网络上进行最为基础的操作，例如扫码付款、网络购物、观看短视频，等等。至于更深层次的网络隐私保护、网络骗术、黑客攻击等知识，只有很少一部分家长了解。很多家长忙于现实生活，不愿意学习新知识，也缺少了解网络安全知识的途径。即便有一部分家长知晓网络安全教育的重要性，想要培养学生的网络安全意识，但因自身也缺少这些知识，往往有心无力。此外，当前对于一些网络安全知识的普及，除了一些短视频平台会制作相关内容之外，线下的教育其实是相当匮乏的，很少会有专门的讲座来

① 高校学生网络安全风险预警报告篇［EB/OL］.（2023-09-23）［2023-10-07］. http://news.cpd.com.cn/n3559/923/t_1104381.html.

② 闫新科．大学生网络安全教育存在的问题及对策研究［D］．长沙：湖南师范大学，2020.

进行大规模讲解。部分家长知道需要加强对网络安全知识的了解，但也会因为缺少足够的渠道而丧失学习的机会，从而无法积累足够的知识储备对子女进行教育。

同时，大学生的家长考虑到学习所需的时间成本太高及自己在工作中所耗费的精力太多，这些理由都足以使家长放弃了解网络安全知识。即便一些接触网络服务较多，或者本身就是从事这方面工作的家长，也因时间和精力有限，减少了向子女教授相关网络安全知识的机会。

3. 家长忽视对子女网络使用习惯的培养

在我国的部分家庭内部，家长缺少对子女网络使用习惯的培养。当前很多大学生是在家庭中初次接触网络的，父母作为家庭内部的重要成员会对学生的网络使用方式和看法产生极大的影响。很多家长由于平时工作十分劳累，回到家后会长时间看手机解压，学生看到后自然会效仿。虽然有一部分家长会从学生小时候就严格约束其对网络的使用时间和内容，但究其根本原因，他们是为了防止自己的子女因沉迷网络而荒废学业，所以他们并没有教会学生如何使用网络、如何防范网络安全风险。伴随着学生长大成人，家长在为学生买了手机、电脑平板后就不会再对他们的网络行为进行管控，而是采取“散养”的方式。

这种教育观念和教育方式是不可取的，家长有必要对学生在网络使用和浏览具体内容上进行监管和教育。随着可自由支配时间增多，大学生在自行浏览网页的过程中可能会遇到色情、暴力、诈骗等方面的内容。由于三观和认知判断能力尚处在形成过程中，大学生群体往往成为网络诈骗的突破口和重灾区。中青校媒曾面向全国 106 所高校大学生发起问卷调查，共回收有效问卷 2746 份。调查显示有 10.09%受访者曾掉进诈骗陷阱，31.25%受访者曾遭遇过诈骗但没有上当，50.98%受访者身边有人有被骗经历，仅 25.97%受访者没有经历过也没有听说过身边人遭遇诈骗。受访大学生对防范电信网络诈骗重视程度较高，95.59%受访者期待反诈教育进校园。① 甚至在此类案件发生之后，家长并不知情。这也体现出，家长在平时对于大学生网络使用的内容和方式关注不足，管控力度不够。

家长作为子女所能接触到的最早的老师，其各方面素养对大学生理想信念的构建和三观的形成具有基础性、长期性、渗透性的影响。因此，有些家长虽然在客观上确实存在自身知识、精力和网络安全意识不足的现实情况，但考虑

① 超九成受访大学生期待反诈教育进校园 [EB/OL]. (2021-10-25) [2023-03-20]. http://edu.people.com.cn/n1/2021/1025/c1006-32263030.html.

到家庭教育与学生生活联系紧密且能够对学生产生极大影响的优势，他们完全可以和学校教育、社会教育等多种教育形式相结合发挥作用。

在家庭教育中，家长应该创造注重“关注”“沟通”“支持”的良好氛围，这是提升大学生网络安全保护意识与能力的重要途径。在进行“关注”方面，家长需要认识到大学生网络安全教育的重要性，并将其纳入家庭教育的引导范畴。同时，在日常生活中，家长需要关注大学生相关的认知和行为表现。在“沟通”层面，父母需要创造友善和尊重的语境来进行亲子沟通，倾听子女的想法与意见，并自然地将网络安全教育融入日常交流。这样可以提高大学生对网络安全的关注水平，是传递网络安全保护的有效措施。在“支持”方面，建立亲密的信任关系非常重要，在负面事件发生后，父母的信任程度会显著影响大学生的维权意愿。家长应该为大学生提供有效的支持，鼓励他们自行学习网络技能并提高网络自我效能感。

大数据的飞速发展使网络技术在人们的生活中占据了越来越重要的位置。塑造良好的网络安全环境是加强大学生网络安全教育的前提，这就必须从贯彻执行国家层面所提出的有关网络安全教育的法律法规、方针政策入手，在充分发挥家庭教育自身优势的基础上，和学校教育、社会教育对接，结合当前社会发展现状和大学生的心理特点开展网络安全教育。

第六章

移动互联网时代高校网络安全教育建议

党的二十大报告指出："国家安全是民族复兴的根基，社会稳定是国家强盛的前提。必须坚定不移贯彻总体国家安全观，把维护国家安全贯穿党和国家工作各方面全过程，确保国家安全和社会稳定。"① 高校开展网络安全教育，必须实事求是、与时俱进，努力抓住移动互联网时代信息化发展的历史机遇，明晰大学生的新特点新需求，不断探索和建立移动互联网时代高校网络安全教育的路径与机制。立足现实情况和实际需求，本章阐释了高校网络安全教育目标、原则及经验借鉴，围绕提高大学生自我网络安全教育的内驱力和行动力，探讨移动互联网时代高校网络安全教育的路径创新和机制创新，以机制促改革，以改革强机制，为移动互联网时代高校网络安全教育提供健康畅通、稳定有效的机制保障。

第一节　高校网络安全教育目标、原则及经验借鉴

党的二十大报告对国家安全列专章作出战略部署，明确指出"推进国家安全体系和能力现代化，坚决维护国家安全和社会稳定"，是对总体国家安全观的进一步丰富发展，是当前和今后一个时期国家安全工作的根本遵循和行动指南。"三全育人"理念以习近平新时代中国特色社会主义思想为指引，推动实施高校思想政治工作质量提升工程，构建全员全过程全方位育人格局。网络育人质量提升体系是"三全育人"十大育人体系之一，移动互联网时代高校应将网络安全教育融入高校"三全育人"体系，不断增强大学生的综合素质，提高高校人才培养质量。②

一、高校网络安全教育的目标

高校网络安全教育是国家安全教育的重要组成部分，其重要性愈发凸显，其目标是通过教育增强广大大学生的网络安全意识、规范网络行为、保护个人安全、维护网络秩序。

（一）增强网络安全意识

《教育部关于加强大中小学国家安全教育的实施意见》强调："加强大中小学国家安全教育，使广大学生牢固树立国家安全意识，是立德树人的重要任务，是全民国家安全教育的重要内容。"大学生普遍有强烈的求知欲和好奇心，他们对新鲜事物的接受能力强，反应敏捷。网络世界与大学生的心理特点

---

① 习近平：高举中国特色社会主义伟大旗帜　为全面建设社会主义现代化国家而团结奋斗：在中国共产党第二十次全国代表大会上的报告［EB/OL］．（2022-10-25）［2023-05-28］．https：//www.12371.cn/2022/10/25/ARTI1666705047474465.shtml.

② 王训兵．"三全育人"视域下大学生网络安全素养提升研究［J］．科教导刊，2023（16）：17-19.

很好地契合，满足了大学生的心理需求，成为他们学习和生活的活跃空间。随着互联网的快速发展，高校大学生的安全问题已经从传统的物理空间扩展到与网络空间全面融合的领域。传统安全威胁和非传统安全威胁相互交织，产生了许多新型的安全问题，这些问题严重威胁着高校大学生的安全。此外，网络空间已经成为新时代大学生学习、生活和社交娱乐中不可或缺的一部分。它对大学生的思想发展、心理状况和行为方式产生重大影响，使得大学生的安全意识呈现出新的特征和问题。

因此，开展大学生网络安全教育的首要目标是提升他们的网络安全意识。新时代的大学生不仅需要具备健康的身体和健全的心智，还需要具备较高的综合素养。现实世界和网络虚拟空间都是大学生学习、生活和社交的重要领域，现实和虚拟空间中所蕴含的思想理念对大学生的个体发展有着深远影响，而且在网络信息化发展中拥有更多参与感、满足感和安全感，对于大学生群体来说也至关重要。因此，在对大学生进行网络安全教育时，增强他们的网络安全意识非常关键。这不仅是大学生有效应对复杂网络环境的必要需求，也是提升大学生综合素养、更好地帮助大学生实现个人发展的必然要求。

（二）规范网络空间行为

高校网络安全教育的目标不仅在于向大学生传授网络安全理论知识，增强他们的网络安全意识，还在于积极引导他们参与网络安全实践活动，规范他们在网络虚拟空间中的行为，以预防信息泄露、网络诈骗等安全问题的发生。尽管高校大学生具备一定的文化素养，但由于身心发展尚未成熟、社会经验有限，因此一些大学生在理解网络空间事件方面往往持有片面且易受感性冲动影响的观点，对网络空间的法律限制缺乏明确认识，容易浏览不良网页、转发不良内容、发表恶意评论、散布谣言，以及制造和传播病毒等。开展面向大学生群体的网络安全教育有助于他们更好地适应网络虚拟空间的特点，更加自觉地遵守网络空间的法律法规，规范自身的网络行为，同时维护网络秩序和安全。

（三）保护个人数据安全

高校网络安全教育的现实目标之一是通过引导大学生形成正确的思想观念指导大学生的具体网络行为，保护他们的个人网络安全。大学生群体是网络空间的主要参与者，他们面临着虚拟网络空间中大量的安全风险。例如，在大数据时代的背景下，随着越来越多的数字、文本、图像和视频通过电子形式保存、共享和使用，个人信息的安全正面临着日益严峻的挑战。不法分子通过商业性小程序等途径窃取个人信息或实施数据欺诈的事件屡见不鲜，给人们的网络安全带来了极大的隐患。开展网络安全教育，可以提升当代大学生的网络安全自我防范意识及防范技术。在这个过程中，高校需要重点引导大学生养成好的网络使用习惯，如定期开展数据和信息备份工作、不在公共网络中处理重要数据、增强大学生在上网过程中对隐私数据和虚假数据的辨识能力等，从而让大学生群体自觉消除不安全因素，保护个人信息和财产安全，为个人的健康发展护航。

（四）维护网络空间秩序

不以规矩，不成方圆。我国已陆续出台《中华人民共和国网络安全法》《中华人民共和国数据安全法》《关键信息基础设施安全保护条例》《中华人民共和国个人信息保护法》《网络安全审查办法》《生成式人工智能服务管理暂行办法》等法律法规。制定这些法律法规是为了规范网络空间传播秩序，加强网络空间生态治理，引导全民自觉维护网络空间安全、增强网络安全意识和网络法治意识。

对于高校大学生而言，安全的网络环境是提高学习效率和生活质量的重要保障。维护网络空间秩序是每个当代大学生的社会责任，需要共同努力。高校通过开展有效的网络安全教育，可以引导大学生群体了解网络安全的重要性并主动养成维护网络空间秩序的意识和行为。高校可从增强网络安全意识、掌握网络安全技能、参与网络安全实践三个维度出发，帮助大学生群体营造风清气正的网络环境，拓宽其思维视野，实现共享学习资源、促进全面健康发展的最终目的。

二、高校网络安全教育的原则

本书在第五章已经阐述了移动互联网时代大学生网络安全教育存在的问题及产生这些问题的原因，本节将在明确网络安全教育目标的背景下，探究新时代高校网络安全教育应当遵循的原则。

（一）理论与实践相结合

培养什么样的青年、如何培养青年，以及为谁培养青年，一直以来都是党和国家非常关注的重要议题。高校作为培养人才的关键阵地，保障青年大学生的网络安全，确保他们在校园内能够健康安全地成长成才变得尤为重要。网络安全教育工作必须坚持理论教育与实践教育相结合的原则，这样才能有效地实现网络安全教育的目标。

网络安全教育是一项长期而系统的工程。在这个过程中，教育主体不能只传授书本知识，需要结合教学内容和大学生的实际情况进行教学。高校要积极创造条件，推动大学生参与网络安全实践，提高他们的实际操作能力。理论与实践相结合的教学方式，不仅能帮助大学生掌握网络安全的基本知识，还能帮助大学生增强自我保护意识，提高识别网络中有害信息的能力，远离网络不良信息的侵害。同时，他们也会明白在互联网上什么是可以做的、什么是不可以做的，规范自己的网络行为，为校园网络安全构建起坚实的屏障。因此，高校在开展网络安全教育时，既要解决大学生的思想问题，也要解决他们的实践问题。教育者可通过真实案例的引导，让大学生在案例中学习、思考，提高他们的辨识能力和网络安全意识。此外，教育者应该将课堂教学与其他教育形式相结合，采用“互联网+”教育思维，针对大学生的兴趣点和关注点，构建多种教育平台，包括课堂教学、社会实践和校园文化教育等，形成综合育人模式。同时，高校需要整合校内外的资源，充分调动各方力量，实现网络安全教育与社会实践教育的有效融合。

（二）教育与自我教育相结合

当代大学生网络安全教育的实施应遵循教育与自我教育相结合的原则。网络安全教育作为思想政治教育的重要组成部分，必须在思想政治教育的框架下进行。历史和实践证明，思想政治教育不可能只靠外部教育而实现，也不能完全依赖于自我教育。教育者在教育过程中扮演着建设性的主导角色，但受教育者也需要自觉、积极地参与自我教育的过程。只有二者相结合，整个教育过程才能取得有效的成果。联合国教科文组织的一份报告指出：“未来的学校必须把教育的对象变成自己教育自己的主体。受教育的人必须成为教育他自己的人；别人的教育必须成为这个人自己的教育。”① 教育者和受教育者共同肩负起思想政治教育的有效性责任。同时，受教育者是否进行自我教育和自我教育的程度，影响着思想政治教育的内在动力。将教育和自我教育相结合是高校思想政治教育的优良传统之一。这一经验已经被证实有效，并成为高校思想政治教育的基本工作方法。因此，在进行当代高校网络安全教育时，应该注重教育者和受教育者的互动与合作。教育者要发挥积极的引领作用，而受教育者则需要自觉参与，并主动进行自我教育。只有通过这种教育与自我教育相结合的方式，网络安全教育才能取得更好的效果。

教育和自我教育相结合原则是一种微观、具体的原则，教育者与受教育者之间应建立起积极互动和合作的关系。这一原则旨在培养受教育者的自我教育意识、习惯和能力，以促使其主动进行自我教育，并树立正确的价值观和价值标准。通过这种方式，在现代多元开放的社会环境中，教育者要帮助受教育者进行精神上的成长和全面发展，激发其持续不断的动力。教育和自我教育相结

① 单玉．思想政治工作“教育与自我教育相结合”断想三题［J］．探索，2003（6）：96-98.

合的原则也反映了一种互动性的存在方式。现代思想政治教育中越来越注重个体的主体性、平等性、开放性和民主性。传统的垄断式教育模式逐渐转变为相互认同、相互交流和平等互动的新模式，最终达成一种共享视野的教育取向和习惯。当代大学生既是教育的主体，也是受教育的客体。因此，在网络安全教育过程中，应重视提升大学生进行自我教育的积极性，提高大学生的认知能力和判断能力。

教育主体应当坚持教育与自我教育相结合的原则，坚持教育者先受教育、教育者自我教育。要给学生一碗水，教师得有一潭水，还得是一潭活水。教师有本领，才能解决学生的“疑难杂症”，才能正确地引导学生，才能激发学生的学习动力，才能培养出综合素质全面的学生。教育工作者要时刻保持谦逊的心态，要准备随时向别人学习，取长补短，接受成长和改变。只有不断地向周围的人和事学习，才能领悟得更加透彻，全面增长才干，进而更加合理地指导自己的行为，更好地教育学生。

教育主体应秉持教育与自我教育相结合的原则，以提高大学生自觉接受网络安全教育的主动性，并不断完善大学生自主学习网络安全知识的思维方式。在这一原则的指导下，教育主体应重视培养大学生的自我教育意识，鼓励他们积极主动地学习网络安全相关理论知识，提高他们的网络安全道德修养和法律修养，不断加强个人的网络安全自我防范意识及网络安全防范技能。坚持教育与自我教育相结合原则的关键在于教育主体有效发挥积极引导作用，增强大学生的自我教育意识，将当代大学生网络安全教育付诸实践，建立学校、家庭、社会的联动机制来共同推进网络安全教育。教育主体在教育过程中应秉持“以人为本”的教学理念，注重解决思想问题与解决实际问题的双重重要性。为了帮助当代大学生更好地成长和发展，教育主体应通过丰富多样的教育形式，拓宽教育平台，加强教育投入与保障，以增强大学生的网络安全防护意识和能力。移动互联网时代，世界发展日新月异，各种技术更新迭代加快。作为祖国的希望和未来，当代大学生只有积极主动开展自我学习与教育，才能跟上时代发展的脚步，才能将个人梦想与祖国发展融合起来，最终实现自己的人生价值和社会价值。

（三）正面引导与自我保护相结合

坚持正面引导与自我保护相结合的原则，是保证高校网络安全教育取得实效所必须遵循的原则之一。国家层面，要加强国家网络安全教育的顶层设计，加快推进和完善网络安全立法、配齐建强网络安全教育者队伍、加强网络安全领导和保障。高校层面，在开展网络安全教育的过程中要整合校内外资源，用校园真实案例、大学生身边榜样进行积极引导，邀请网络安全专家、公安网警等专业人士进行专题讲解，帮助大学生有效抵御网络安全问题带来的负面影响和攻击。增强大学生在网络虚拟空间活动中的自我保护意识及能力，既要解决大学生自我保护意识不强等思想问题，又要解决其辨别能力不强、遇到问题时处置能力不够等实际问题。社会层面，要积极宣传社会主义核心价值观，弘扬艰苦奋斗的良好社会风气，为大学生踏入社会营造良好和谐的社会环境。家庭层面，要注重完善家长的网络安全教育，帮助家长了解基础的网络使用知识、常见的网络诈骗防范技巧、网络安全事件发生后的心理调适方法等，积极发挥家长的正面引导和示范作用。

全面贯彻正面引导与自我保护原则，需要通过科学的理论来说服受教育者，满足青年个性发展的实际需要。为了提高网络安全教育的效果，教育主体应该将知识与真实案例结合起来，丰富网络安全教育的内容和形式，提升理论教育和实践教育的说服力，引导大学生重视自我学习和自我保护能力的提高。为了在大学生群体中树立先进个人典型，教育主体要充分发挥正面榜样示范的引导作用。通过“现身说法”“网络模拟”“网络面对面”等活动，教育主体将青年学生身边的榜样引入教育过程，激发青年大学生学习的主动性。同时，青年群体间应加强沟通和交流，增强网络安全意识、规范网络行为的能力，带动身边其他大学生树立正确的网络安全观。这不仅可以有效地提高大学生的网络安全防御能力，还可以促进青年人互动和交流，营造出更加和谐文明的网络环境。

三、国外网络安全教育的做法

随着移动互联网时代的到来，各个国家越来越重视国家网络安全，并纷纷制定计划和政策，旨在增强公民的网络安全意识，维护网络空间的安全秩序。作为网络使用主体的政府部门、企业、科研机构及广大网民，都有责任和义务保障国家的网络安全。开展全民网络安全教育可以增强全民的网络安全基础知识和基本防范技能，加强民众对网络诈骗和网络犯罪行为的认识，推动公众自觉规避网络风险，有效防范网络安全隐患。

我国正处于社会主义初级阶段，仍存在许多尚未解决的矛盾，其中一个突出的矛盾是网络的快速发展与广大网民的网络素养不相匹配。因此，全民网络安全意识教育势在必行。目前，美国、英国、法国、德国、澳大利亚等国家将开展全民网络安全教育、增强网民安全意识作为国家网络安全战略的重要内容，亚洲国家如日本、新加坡也已采取重要措施推进全民网络安全意识教育。这些国家的政策和方法对制定我国网络安全教育政策具有一定的启发和借鉴意义。

（一）把网络安全教育纳入国家战略

美国、澳大利亚、日本、加拿大等国家非常注重公民的网络安全教育。他们将开展全民网络安全教育和提升网民安全意识视为国家网络安全战略的重要组成部分，并明确强调维护网络安全是普通民众、企业、科研机构和政府部门的共同责任。美国于 2003 年发布了《保护网络空间的国家战略》，在全国范围内推广安全意识教育活动，提高各类网络用户（包括普通民众、中小企业、科研机构和政府部门）的网络安全意识，尤其是加强青少年的网络安全意识教育，以确保国家的网络安全。澳大利亚于 2009 年发布了自己的网络安全战略，明确指出政府应加强网络安全意识教育，提升公众对网络风险的抵抗能力。此外，政府还提出了“数字经济利益最大化”的理念，通过增强民众的网络数据敏感度，降低使用网络所面临的风险。澳大利亚的独特之处在于将家庭用户和中小企业紧密联系起来，在两者之间建立唯一的网络安全信息网，共享信息，共同承担风险。针对中小学生，澳大利亚还开设了网络安全课程，让他们了解网络安全的重要性。日本在 2010 年发布了《保护国民信息安全战略》，为了增强公众的网络安全意识，该国于每年 2 月举办“信息安全月”活动，并举办信息安全讲座，取得了良好效果。加拿大在 2010 年发布了自己的网络安全战略。除了开展全民网络安全教育和提升网民安全意识外，加拿大政府明确提出要营造网络安全文化氛围，提高网民的网络素养，从源头上降低网络犯罪发生率。此外，英国、新西兰、捷克等国家也都发布了国家网络安全战略，旨在通过网络安全教育提升公众的网络安全意识和基本技能，确保国家的网络安全。

（二）出台国家网络安全教育计划

各国为了有效推进国家网络安全战略，纷纷制定了细致的网络安全教育计划。例如，欧盟在 1999 年启动了“安全网络计划”，该计划针对欧盟成员国内的网络安全教育活动，旨在提高民众特别是青少年和儿童的网络安全意识，增强全民的网络抗风险能力。欧盟还投入大量经费，整顿网络色情和暴力网站，为青少年提供知识和技术支持，防止网络中暴力信息和色情信息对他们的有害影响。美国于 2008 年启动了“国家网络安全教育计划”，旨在通过创新的网络行为教育，提升美国民众的网络安全意识和技能，从而保障国家安全，促进经济健康发展，增强美国的全球竞争力。日本于 2011 年发布了“信息安全普及与启蒙计划”，提出了具体的方法和策略来增强民众的网络信息安全意识。政府提供政策和资金支持，举办信息安全月活动，鼓励全体国民学习信息安全知识。为提升公众的网络安全意识和操作技能，日本的学校、行政机关和企业开展多样灵活的网络安全教育。此外，日本政府还为中小企业提供网络安全和信息安全的技术指导，并积极加强与欧美和东盟国家的国际交流与合作，以提升日本的科技竞争力。各国的网络安全教育计划旨在通过教育培训，将国家网络安全战略转化为实际行动，确保公众的网络安全。

（三）丰富公民网络安全教育形式

目前，大多数国家都高度重视网络安全，并将培养民众的网络安全意识纳入国家安全战略。为此，这些国家不断丰富网络安全教育形式，其中建立有针对性的教育网站是一种有效方法。这些网站包括政府网站、企业网站、学校网站、公益性组织网站、私人网站，等等。它们在主页或相关专区设置了网络安全知识与技能学习内容，使网民能够方便地学习网络安全基础知识和防范技能。例如，在英国和爱尔兰的在线安全网站、美国的网络身份反盗用中心和安全在线、加拿大的反网络诈骗网站等，网民只需要登录这些网站，就能通过视频、图文等形式学习网络安全相关知识和技能。有些网站通过情景再现的视频来讲解真实的网络安全案例，以生动有趣的视频吸引网民学习网络安全知识。这些网站通过宣传网络安全知识、再现实际案例和讲解自我防范技巧，不仅可以帮助网民识别网络空间潜在的安全风险，还能让他们运用所学知识和技能来避免风险，保护个人利益。这种方法可使网民在娱乐的同时学到与网络安全相关的知识和技能，增强个人的网络安全意识和防护能力。总之，通过依托专门的网络安全教育网站，各国能够有效提升民众的网络安全意识，促进网络安全教育的普及和实施，从而更好地保护个人隐私和网络安全。

（四）举办网络安全活动

为了让网民重视网络安全，引导他们规范个人网络行为，许多国家举办了各种形式的网络安全活动。例如，美国在 2004 年将每年的 10 月份定为国家网络安全教育月。这一活动旨在引起民众对网络安全意识培育的高度重视，每年会设置不同的主题。为了提高民众的网络安全自我防范意识和能力，2010 年，美国举办了全国性的国家网络安全意识挑战赛。该比赛通过竞答网络安全基础知识、自我防范技能及个人利益受到侵犯后的解决方法等一系列问题，激发全民自我学习和增强网络安全意识的积极性，以此来规范民众的网络行为并保护个人安全。与此同时，日本政府也意识到了网络安全教育的重要性。日本在《保护国民信息安全战略》中宣布将每年的 2 月份定为信息安全意识月。日本政府通过信息安全意识月的活动，引起民众对网络安全和信息安全的关注，增强民众的网络安全意识。

为了应对不断出现的网络安全问题，以及保护公民的个人信息和财产安全，英国、澳大利亚、斯里兰卡等国家都采取了措施来规范公民的网络行为。这些国家都举办了相关的网络安全意识周教育主题活动，以增强民众的网络安全意识和自我防范能力。例如，英国政府主导的“国家防身份欺诈周”活动每年 10 月举行，由企业及各大商会协同参与。该活动通过网站的主要网页向民众提供网络安全基础知识、防范技术及个人隐私保护方法等资源，引导民众和企业树立正确的网络安全意识，规范自身网络行为，从而有效避免潜在的网络危险。另外，澳大利亚政府也提供资金支持，积极推广“国家网络安全意识周”教育主题活动。该活动由政府、企业、社会组织等联合举办，将网络安全知识运用于实践活动中，帮助小企业和家庭用户规避网络风险，确保个人信息和财务信息的安全。此外，斯里兰卡等发展中国家对网络安全教育也非常重视。2008 年 10 月，斯里兰卡举办了“网络安全周”等教育主题活动，其目的是增强公民网络安全意识。这些活动通过简单易学的步骤，帮助民众了解网络安全知识并运用于实践中，提高个人网络安全防范能力。

自 2008 年以来，欧盟每年都会举办一次网络安全教育活动。尽管此活动仅开展一天，但这一活动规模庞大且备受参与者的重视。欧盟各国政府、大型企业、社交媒体组织和学校等广泛参与其中，旨在保护欧盟成员国的网络安全，共同应对日益增长的网络安全挑战。此外，2011 年 4 月，新加坡首次举办了全国性的网络安全教育主题活动。该活动强调要提升全民特别是年轻人的网络安全意识，意图通过此次活动增强公众对网络安全问题的重视程度。这些活动的目标是通过提供网络安全知识、分享防范策略和宣传活动等方式，向公众普及网络安全的重要性。此外，新加坡的高校还会组织演讲、研讨会和培训课程等活动，以提高人们在个人和专业领域中的网络安全技能。通过这些网络安全教育主题活动，欧盟和新加坡等地致力于建立一个更加安全的网络环境，加强公众对网络威胁的认识，以便更好地保护网民个人信息，维护网络安全。

通过持续举办这些网络安全教育主题活动，各国希望以宣传教育的方式引起广大网民对网络安全问题的重视，规范个人的网络行为，从而建立一个更加安全的网络环境。

（五）网络安全立法保障公民网络空间安全

互联网技术的迅猛发展使人类的生产、生活水平及受教育水平不断提高，但同时也引发了诸多网络安全问题。为了保障国家和公民的网络安全，维护网络秩序的安全和稳定，许多国家相继出台了各种法律法规。美国是网络空间发展的先驱者，其网络安全管理与保障体系在全球范围内较为先进和全面。21

世纪初，美国通过并实施了有关网络空间隐私和反诈骗的法律法规，明确了网络规范行为与犯罪行为之间的界限，有效保障了公民的网络环境安全和私密性。2015 年，美国通过了《网络安全法案》。该法案有效预防和阻止了网络安全风险，为保障个人和国家的安全发挥了关键作用。此外，许多国家对网络安全立法也极为重视，通过颁布一系列涉及个人隐私、网络犯罪和网络安全的法律法规打击网络犯罪行为，保护个人信息和财产安全。英国的《数据保护法》、德国的《德国网络安全法》、欧盟的《欧洲电子通信准则》等，都属于比较全面的法律法规。此外，法国、日本、韩国和印度等国家也相继出台保障网络安全的法律法规。进入新时代，网络的开放性和虚拟性为社会发展提供了巨大的便利，但也给网络安全带来了极大的挑战。各国为了保障个人和国家安全，在网络安全立法上进行了新的探索和努力，这表明网络安全已成为全球各国共同重视的问题。

四、国外网络安全教育对我国高校网络安全教育的经验启示

（一）明确指导思想，占领网络宣传教育阵地

在移动互联网时代，国家安全已经突破了传统的政治、军事、经济和文化等领域，扩展到了基于网络科技、信息和技术的安全。网络安全已经成为国家安全的重要组成部分。当前，一些境外敌对势力和境内分裂势力试图通过开放的网络平台策划和组织对我国政权的破坏与颠覆活动。他们在网络中发布有害信息，传播错误思想，腐蚀大学生的思想。大学生是网络世界的“原住民”，也是社会主义现代化建设的重要力量。因此，国家必须加强网络安全教育，这是刻不容缓的任务。为了实现高质量的网络安全教育效果，我国需要结合实际情况，借鉴西方优秀的网络安全教育经验，推动自身网络安全教育的全面发展。

科学地开展网络安全教育需要完善的理论体系做指导，当代中国最具时代性的理论体系是社会主义核心价值观体系。“富强、民主、文明、和谐”是国家层面的价值目标，“自由、平等、公正、法治”是社会层面的价值取向，“爱国、敬业、诚信、友善”是公民个人层面的价值准则，这 24 个字是社会主义核心价值观的基本内容。高校开展网络安全教育必须以社会主义核心价值观为行动指南，要在此指导思想的引领下，帮助大学生意识到网络安全教育的重要性，形成关于网络安全教育的正确思想观念。

为了推动网络安全教育在大学生中的普及和深入开展，高校可以采取一系列措施。首先，高校可以利用各种网站、新媒体客户端等平台，广泛宣传网络安全教育的重要性，形成社会共识。这些宣传活动可以让大学生认识到网络安

全教育与国家富强、民族振兴、人民幸福、社会和谐的中国梦密切相关，引导他们正确对待网络安全教育。其次，高校可以结合当代大学生在网络中遇到的真实案例，通过专家的典型分析，让大学生深刻认识到网络世界存在的安全威胁。通过分析具体案例，让他们意识到开展网络安全教育对他们个人而言有着重要意义，激发他们的主动参与和关注。同时，高校作为培育社会主义核心价值观的主阵地，承担着培养未来社会主义建设者和接班人的重要责任，应该将网络安全教育纳入高校思想政治理论课程、社会实践平台和校园文化建设渠道。在高校人才培养的各个环节贯穿网络安全教育，可发挥高校的示范引领作用，有效推动网络安全教育的发展。

（二）健全法律法规，加强网络安全信息监管

移动互联网为大学生提供了更广阔的信息获取渠道，但同时也充斥着以"最新学术研究""内幕消息"等为幌子的网络谣言。造谣者利用大学生的好奇心迅速传播谣言，目的是获取商业利益或危害国家利益。面对混乱的网络信息环境，加强对网络信息的监管成为网络空间治理的关键。为了维护我国的网络安全，需要扩大对网络信息的监管范围，并加强对网络信息的监管力度。

互联网不是法外之地，网络社会和现实社会一样，需要通过相应的法律法规来规范人们的网络行为。我国为了保障公民个人安全和国家安全，在网络安全立法方面作出了大量的努力。1991 年国务院发布《计算机软件保护条例》，1994 年国务院更新发布《计算机信息系统安全保护条例》，1996 年邮电部颁布《中国公用计算机互联网国际联网管理办法》，1997 年全国人民代表大会通过的《中华人民共和国刑法》第二百八十五条、第二百八十六条、第二百八十七条明确指出了网络违法行为应承担的法律责任，同年公安部发布《计算机信息网络国际联网安全保护管理办法》，2014 年全国人民代表大会常务委员会制定了《中华人民共和国反间谍法》，2015 年全国人民代表大会常务委员会制定了《中华人民共和国国家安全法》，2017 年全国人民代表大会常务委员会制定了《中华人民共和国网络安全法》。① 《中华人民共和国网络安全法》作为我国网络安全领域的基础性法律，对保护个人信息、治理网络诈骗、保护关键信息基础设施、网络实名制等方面作出明确规定，这部法律的制定和实施成为我国网络空间法治化建设的重要里程碑。历经 30 余年的发展，我国网络安全方面的法律法规体系基本形成，为深入开展网络安全教育提供了良好的法律基础。

---

① 陈慧铭．大学生网络安全教育存在的问题及对策研究［D］．武汉：华中师范大学，2019.

随着信息化水平的提升和全面建设社会主义现代化国家进程的推进，网络安全教育和大学生的身心发展特点也在不断演变。现有的法律法规有时无法有效适应网络社会健康发展的需求。“例如在保护网络信息安全方面，多采取出台管理方法、管理规定、管理条例，这些规定和条例的立法依据和立法技术落后于社会存在，重视法律的强制作用，轻视法律的教育作用，不利于法律产生潜移默化、深远持久的作用。”① 随着自媒体平台、网络直播等新兴事物的出现，更多的网络安全风险直接涉及人们的日常生活。从长远发展的角度来看，我国必须进一步加强和创新网络安全保护的制度保障。我国可以借鉴外国经验，结合高校的实际情况，为大学生网络安全教育提供法律基础和保障。

首先，需要完善网络安全相关的法律制度。当前，我国面临着新现象和新问题，立法者应拥有超前的思维，及时更新立法观念，对潜在的网络安全隐患进行预测和分析，制定相应的法律。同时，我们应积极学习发达国家的先进立法经验，为大学生群体制定特定的网络安全法律法规，并对他们应遵守的重要网络安全法律法规进行必要的说明和指导。其次，要明确发布网络信息的法律底线，设立信息进入网络世界的门槛，坚决打击网络诈骗、网络谣言等，营造无污染的网络环境。此外，需要大力发展高新技术，为网络安全教育提供技术支持，利用技术手段对海量的网络信息进行筛选，净化网络环境，为网络安全教育创造清朗的空间。这些措施将为大学生的网络安全教育提供法律基础和保障，并为网络社会健康发展提供制度保障。

（三）制定周密计划，提高网络安全教育实效

为了确保国家网络安全战略的有效实施，各国都制定了周密的计划，并根据本国的实际情况进行调整。相较于部分发达国家，我国在国家网络安全教育计划方面还存在一定的不足，需要借鉴它们的先进经验。我们应该在科学、高效的国家网络安全教育计划大纲的基础上，结合大学生群体的思想和行为特点，制定合理的大学生网络安全教育计划，并根据网络安全教育计划，科学指导高校开展网络安全教育，即通过改进教育的形式和内容，着力提升大学生的网络安全意识，加强他们的网络实践能力，增强他们应对网络风险的能力，全面培养大学生的网络安全素养。各高校可借鉴国际先进经验并结合本土特点，制定切实可行的计划，确保大学生在网络安全方面得到充分的教育与培训。这不仅有助于提升大学生的个人网络安全意识，也可为我国网络安全事业的发展贡献力量。

---

① 林浩，施铭嘉，杨建芳．新时代大学生网络安全教育的问题与对策［J］．杭州电子科技大学学报（社会科学版），2018（4）：73-78.

首先，高校可以通过拍摄网络安全教育综艺节目开展网络安全教育活动，在做好网络信息监管的同时，利用大学生欣然接受的媒介和喜闻乐见的方式，激发其进行自我教育的热忱，使其主动学习网络安全知识，提高网络综合素养。

其次，可以设计以大学生为参与主体的丰富多彩的实践活动。我国已设立“国家网络安全宣传周”，2023 年 9 月 11 日至 17 日，以“网络安全为人民，网络安全靠人民”为主题的 2023 年国家网络安全宣传周在全国范围内统一开展，通过形式多样、内容丰富的系列活动，宣传网络安全理念、普及网络安全知识、推广网络安全技能，营造全社会共筑网络安全防线的浓厚氛围。针对大学生群体，高校可以开展网络安全知识竞赛、网络安全知识情景剧表演、网络犯罪模拟法庭等多种形式的活动，让大学生更加深入地了解网络安全知识，提高他们应对网络风险的能力，增强他们的网络抗风险能力。

最后，为增强大学生网络安全意识，各高校可以加大对网络安全教育的投入和支出力度，为高校网络安全教育的开展创设良好的资金环境、提供坚实的物质基础。高校要保障专项资金供给，有效满足网络安全教育的需求，提高网络安全教育质量。

第二节　提高大学生自我网络安全教育的内驱力和行动力

近年来，随着互联网、大数据等信息技术的快速发展，网络已经成为大学生学习、交流和娱乐的重要平台。诸多大学生被网络所展现的智能性和便捷性快速吸引，成为受其影响最深入、最广泛的群体。① 然而，大学生在享受网络为其带来的便利的同时，也面临着网络安全等潜在威胁的挑战。因此，关注大学生内在建设和自我教育，从网络规则意识、网络责任意识、网络防范意识三个层面加强主体观念的建设显得尤为重要与关键。只有不断强化主体自主学习的内驱力，才能快速提高大学生规范自身网络行为、投身网络安全建设、掌握安全防护技能的行动力。

一、筑牢网络规则意识，严格规范网络行为

（一）提高法律道德素养，筑牢网络规则意识

规则对于一个民族、一个国家的和谐发展至关重要，也是个人在现实社会中立足和与他人和谐相处的关键。在信息技术尤其是移动互联网迅速发展的现

① 张树启．移动互联网时代大学生网络安全教育的策略研究［J］．学校党建与思想教育，2022（24）：63-65.

代社会，网络规则建设的重要性日益凸显。大学生应该树立起强烈的规则意识，在心中构筑起法律与道德的双重防线。

首先，大学生应明确网络规则意识的必要性和重要性。培养网络规则意识有助于大学生从满足基本的生存需求到追求更高层次的精神需求。网络规则意识能够引导大学生增强网络法律意识和网络道德意识，使大学生自觉按照规则行事，维护网络秩序。同时，网络规则意识有助于促进大学生的社会化。培养网络规则意识，提高自我控制能力，能让大学生在网络世界中获得更好的体验，也能促进其个人更好地发展。

其次，就法律层面而言，在全面依法治国的背景下，法律是一切行为的准则与底线，网络行为也不例外。在现实生活中，面对着法律和社会舆论的制约，遵守规则似乎并不是件难事。在网络社会中，其虚拟性和掩藏性的特点使得人与人之间的交往变成了一连串数字符号。各类新闻报道表明，严重触碰法律红线的网络犯罪时有发生，不仅影响大学生个人的未来发展，也不利于国家整体网络安全的稳定。因此，大学生需要提高自身法律修养，加强对《中华人民共和国网络安全法》等网络相关法律法规的学习，做到依法律己。同时，大学生也要学会拿起法律的武器，运用法律知识维护自身的合法权益。

最后，道德的约束不可或缺。道德作为不具备强制执行力的规则，更倾向于通过人内心的信念约束人的言行，可以对网络失范行为“绳之以德”。与此同时，网络道德意识更强调教化作用，主要指社会公众对调节、约束人们网络行为的网络道德的正确认识，并且在正确认知的基础上自觉地遵守和维护网络道德、规范自身行为的意识，这也意味着对大学生自身的道德素养提出更高的要求，即不仅应当杜绝一切违法犯罪行为，还需要在此基础上避免失范、失德行为的发生。通过法律规则与道德规则的相互补充，以社会主义核心价值观为指导思想，以法律为基准，以道德为规范，帮助大学生树立正确的网络价值观，践行网络公德、培育网络美德，能够真正帮助大学生树立规则意识。

（二）严格规范网络行为，营造良好网络环境

网络作为虚拟的社会空间，并非法外之地。在这个空间里，个体的行为和言论都会对他人产生影响。无论是硬性手段还是软性手段，最终都要经由受教育者自身才能发挥作用。换而言之，所有的法律制度和道德规范只有内化为大学生自身的内在素养，才能有效外化成他们的行为方式。① 因此，树立网络规则意识，有利于筑牢广大大学生心中的制度防线，同时也能够促使其保持良好

① 李梦莹．大学生网络素养及其提升路径研究［J］．江苏高教，2019（12）：134-137.

的网络行为。例如，电信网络诈骗犯罪中，一些在校大学生因受蛊惑而向不法人员提供个人手机卡、银行卡，成为电信网络诈骗犯罪活动的“工具人”。①这便是部分大学生严重缺乏规则意识的表现。大学生只有提高自身法律及道德素养，才能够对自身的行为进行正确分析与判断，不再随意发表不当网络言论或进行网络抄袭等侵权行为，谨言慎行，严格要求并规范自身的网络行为，营造良好的网络环境。

二、树立网络责任意识，助力网络安全建设

由于大学生长期生活在校园之中，社会经验有限，他们辨别信息的能力较弱，对各种社会现象和社会关系也缺乏全面、清楚的认识。大学生在看待信息和问题时往往只停留在感性层面，较难深入到问题的本质。因此，大学生在明确网络行为准则、树立规则意识的同时，还需要进一步增强对网络责任的认识。

在网络社会中，要培养大学生的三类网络责任意识：自我责任意识、他人责任意识、国家和社会责任意识。自我责任意识指的是大学生在网络行为中对自己行为可能带来的后果持有的态度。这种态度表现在大学生能够遵守网络行为准则，能够辨别网络空间中的不良信息，并做出理性的行动。他人责任意识指的是大学生在网络行为中对他人所产生的影响持有的态度。这种态度表现在大学生能够尊重他人的利益和隐私，不随意侵犯他人的权益。国家和社会责任意识指的是大学生在网络行为中根据国家和社会的政策标准，把国家和社会利益放在首位，自觉承担社会责任的意识。这种态度表现在大学生不发表有损国家和社会利益的言论。大学生是推动国家和社会进步的主要后备力量，应该具备对国家和社会负责的责任意识。

（一）培养网络爱国精神，树立网络责任意识

如前所述，网络责任意识包含三个层面，其中国家和社会责任意识是大学生网络责任意识培育方面的最高层次。② 国家和社会责任意识源于爱国主义精神。当今社会背景下，我国在世界互联网领域面临着诸多挑战，网络安全问题往往涉及国家网络主权问题。大学生要清醒意识到当今世界的局势，深刻认识到网络安全对于国家与人民的重要意义，不断增强自身的网络爱国意识，明确自身所承担的网络安全责任。

---

① 最高人民检察院，教育部．关于印发在校学生涉“两卡”犯罪典型案例的通知［EB/OL］．（2021-06-17）［2023-03-20］．https：//www.spp.gov.cn/spp/xwfbh/wsfbt/202106/t20210623_522065.shtml#2.

② 王欣磊．自媒体时代大学生网络责任意识培育研究［D］．哈尔滨：哈尔滨理工大学，2021.

习近平总书记强调："网络安全为人民，网络安全靠人民，维护网络安全是全社会共同责任，需要政府、企业、社会组织、广大网民共同参与，共筑网络安全防线。"① 由此可见，网络安全问题不仅关乎每一位公民的生活，更关乎国家安全。维护网络安全、保障社会稳定应当是全社会成员共同的义务与责任，需要各方力量的加入与努力。尤其是在互联网用户中占据较高比例的当代大学生，作为国家高质量发展的后备力量，更应具备高度的责任意识，承担起时代的使命与责任，积极投身网络安全建设。

（二）助力网络安全建设，推动网络生态文明

大学生作为移动互联网时代的主要参与者和推动者，在网络安全建设上扮演着重要角色并发挥着关键作用。当代大学生在拥有主人翁精神、筑牢责任意识之后，需要采取实际行动，为网络安全建设注入强大动力。

从自我责任角度出发，大学生可以在网络行为中进行有效的自我监管和自我约束。第一，合理规划自己的上网时间，不沉迷网络游戏、社交媒体等虚拟世界的消遣，将个人主要的精力投入学习、科研和实践；第二，把网络视为一个获取和分享知识的平台，积极参与学术讨论和学术交流，从优质的网络资源中获取知识和信息，提升自己的学术水平。

从他人责任角度出发，在网络社会中大学生要树立责任意识。大学生要学会尊重他人的隐私和权益，不随意发布、传播含有侮辱、诽谤、恶意攻击他人性质的不当言论；不随意发表破坏网络社会安全稳定的言论；在参与网络平台中的互动交流时保持理性、友好的态度，尊重他人观点，引导他人规范自己的网络行为。

从社会责任角度出发，大学生主体不仅要严于律己，还要在约束并规范自身网络行为的同时，承担起理性传播者的社会责任。首先，大学生可以成为网络安全意识的传播者和引领者。他们可以通过社交媒体、网络平台等渠道积极参与网络文化活动，在网络上分享有益的知识和经验，参与有价值的讨论，用客观的态度来表达自己的观点，发挥自己的力量，正向引导社会舆论，传递正能量，营造积极向上、充满创造力的网络氛围；不仅如此，他们还可以通过组织或参加各类网络安全宣传活动、讲座和专题研讨会，向同学、朋友和社会大众普及网络安全知识，增强更多人的网络安全意识。其次，大学生在网络安全监督和管理方面也能够发挥积极作用。大学生在面对有损国家主权形象和对人民不利的危险言论时，要坚决维护国家主权形象和人民利益。例如，当遇到违

---

① 习近平总书记在网络安全和信息化工作座谈会上的讲话［EB/OL］.（2016-04-25）［2023-05-28］. http：//www. cac. gov. cn/2016-04/25/c_1118731366. htm.

法犯罪行为或违法不良链接时，大学生应当主动举报并积极协助举证；大学生可以积极报名加入学校或社区的网络安全委员会、网络安全社团等组织，通过加入这些组织，他们可以参与制定和完善网络安全管理制度，推动网络安全规范的贯彻执行，提高网络安全管理的效果。最后，大学生可以成为社会网络安全创新和创业的推动者。随着网络安全需求的不断增长，网络安全行业具有巨大的发展潜力。大学生可以发挥创新思维和技术能力，深入研究并开发安全产品和服务，为个人和企业提供更强大的网络安全保障，从而推动国家网络安全产业的高质量发展。

总之，大学生在网络安全建设中具备丰富的潜力和独特的作用，他们应当深刻认识到自己在网络安全建设中的责任和使命，充分发挥自身的优势和潜能，与社会各界形成合力参与网络安全建设。这不仅能够在个人层面保护自身的网络安全，还能为整个社会提供安全可靠的网络环境，为数字时代的可持续发展贡献青春力量。

三、强化安全防范意识，提升自我防护技能

除了上述主体意识的培养，提升大学生个人网络安全防护技能也是促进网络安全教育的重要环节。目前，网络诈骗、账号盗取及病毒入侵等网络安全问题频发，一些大学生遭受隐私信息泄露甚至个人财产损失的严重后果。加强对网络知识和网络技能的学习，有助于大学生在实践中不断积累经验，排除网络安全隐患，在本质上获得个人防护技能的提升，促进网络社会安全、健康、稳定地发展。

（一）加强理论知识学习，牢固安全防范意识

加强对网络知识和网络技能的学习是提升个人防护技能的前提与关键。一方面，高校应当加强对大学生网络技能知识的理论培训和课程教育。可以邀请网络安全专业人士或者网络监管部门工作者开展大学生网络安全教育专题讲座，并结合生活中的实际案例为大学生分析讲解网络安全知识、常见陷阱和防范技巧手段，增强大学生的自我防范意识。另一方面，大学生也需要发挥自身的主观能动性，积极参与学校组织开展的各类网络安全教育讲座及培训课程，通过网络安全课程及教材资料，进一步获取网络安全防范相关知识，深入了解网络安全的基本概念、常见威胁和防范措施，以及网络犯罪的具体手段、形式和解决办法，等等。此外，大学生还可以利用课余时间通过书籍、网络、电视等多种渠道丰富网络安全领域的相关科普知识和专业知识，主动掌握新知识和新技能，深化对网络安全问题的认识和理解，从而更好地提高预防和抵御网络失范行为的能力，在网络风险面前保持高度警惕。

（二）丰富网络实践经验，提升自我防护技能

实践是认识的基础和来源，同时能够推动认识更好地发展。大学生个人网络安全防护技能的提升可以从以下两个方面开展。

第一，知行合一，积极参与实践活动。大学生在掌握丰富的网络知识后，应积极参与各类网络实践活动，提升自己的网络安全素养与技能。一方面，大学生可以积极参加学校组织的各种教育教学实践活动，成为网络实践活动的参与者和反馈者。通过参与这些网络安全实践活动，大学生可以深刻理解增强个人防护意识和能力的重要性，将在学校中所学到的网络安全知识运用于解决实际问题中。同时，在实践活动中，大学生将深入了解健康文明绿色上网的要求，加深自身对网络安全问题的思考，提升信息甄别能力，并提高应对突发事件和网络安全风险的能力。这些实践活动不仅可以帮助大学生更好地掌握网络安全知识，还有助于培养大学生的综合素质和创新能力，助力大学生在未来的学习和工作中取得更好的成绩。另一方面，大学生可以尝试加入网络安全团队或参与网络安全知识竞赛等实践活动。在实践活动中巩固知识并熟悉应对方法不仅可以检验自己的学习成效，还能够在与他人竞技交流的过程中强化自己的技能进阶，甚至激发专业潜能，从事有关网络安全技术的研究和开发，深入研究网络攻击与防御的技术，探索新的网络安全解决方案。由此可见，仅有理论知识必然是不够的，大学生应主动地将理论知识与实践活动相结合，通过实践这一途径，不断加深自己对网络安全教育重要性的认识，并将其“内化”为自身的品质，“外化”为现实，实现知行合一的目的。①

第二，专注细节，培养良好网络习惯。大学生需要从身边点滴小事做起，从细枝末节中提高警觉，加强防范技能。首先，在个人隐私方面，要格外注重个人信息的保护。在面对网络社会中的陌生人时，不可轻易相信他人，需要时刻保持高度警惕，谨慎提供姓名、联系方式、地理位置等具有身份识别性质的关键信息；在使用公共网络时，应当确认并识别其网络来源，判断其是否由正规机构或者场所提供，避免使用来路不明或存在较大安全隐患的 Wi-Fi 网络，防止个人信息被窃取。其次，在病毒防御方面，应当及时安装正版杀毒软件和病毒测试工具，定期筛查网络病毒和系统漏洞，针对潜在风险防患于未然。例如对他人提供的 U 盘或数据接口进行事先查杀，不随意浏览陌生网页、邮箱链接和广告信息，定期更新和维护自己的操作系统和应用程序，确保其安全性。最后，在财产保护方面，要小心谨慎。随着线上支付、网络购物的普及，

① 闫新科．大学生网络安全教育存在的问题及对策研究［D］．长沙：湖南师范大学，2020.

账号盗取、网络诈骗等网络安全问题也频繁发生，因此在移动支付或者采取线上购物时，应该选择正规、可靠的购物平台和软件，并通过可信赖的支付终端进行操作，对银行卡号、支付密码等涉及财产的关键信息严格设置安全系数较高的强密码进行保护，坚持定期更换密码或采取加密技术手段，最大限度地提高账户安全性，避免账号密码被破解和盗用。进行网购选择快递方式和地址时，可以选择驿站代收或学校，尽量避免填写详细的家庭地址，防止个人信息被泄露，等等。对各种网络安全防范技巧均需于细微之处留心，大学生只有从身边点滴小事做起，才能在日积月累中逐渐形成良好的网络习惯，扎实掌握网络安全的防范手段和技能，提高自身网络安全防范的综合能力。

总而言之，无论是高校对大学生网络安全教育的培养，还是社会大环境的作用，均是外在因素，只有内在因素才是一切事物生存和发展的源泉和推动力。① 因此，在发挥外部力量的同时，需要重点引导大学生主体进行自我观念建设，加强自我规范教育，以内在因素为出发点，推动现代化大学生网络安全教育的良性发展，真正实现网络安全意识的“内化”和网络规范行为的“外化”。

第三节　移动互联网时代高校网络安全教育路径创新

伴随着移动智能终端的快速普及，以及移动网络新技术的持续发展，高校网络安全教育已然成为高校立德树人与大学生成长成才必不可少的教育途径。高校在开展网络安全教育的过程中，要适应高校网络安全教育的客观规律，紧跟移动互联网时代大学生的思想行为特征和需求，开辟移动互联网时代高校网络安全教育的路径。

一、加强高校网络安全教育建设的原则

新时代高校网络安全教育旨在通过一系列措施，提高大学生对网络安全的认知水平，加强他们对网络安全问题的重视程度，培养他们解决网络安全问题的方法和技能。为了实现这一目标，高校需要制定具有针对性的教育内容，并建立一个完备的教育体系。通过相应的教育举措，高校可以帮助大学生深化对网络安全的理解，树立正确的网络安全观念，并使他们能够在面对网络安全挑战时作出明智的决定和行动，为大学生的个人成长和未来的职业发展提供坚实的基础。

---

① 宋婕，张桂梅．大学生信息素养提升策略研究：基于大学生网络信息甄别现状调查分析［C］//廊坊市应用经济学会．对接京津：社会形态基础教育论文集．贵州省六盘水市六盘水师范学院，2022：6.

（一）网络安全教育内容要适应新时代大学生发展的需要

网络安全教育内容在开展大学生网络安全教育中扮演着至关重要的角色，直接影响教育目标能否实现。随着移动互联网的普及和发展，学校教育面临着前所未有的挑战。移动互联网的高度智能性和开放性使得教育内容需要更加适应时代的需求，并与大学生的心理需求保持一致。大学生作为教育的客体，他们的需求是多变的，网络安全问题也是在不断发展和变化的。因此，教育主体需要不断更新教育内容，紧跟社会发展的步伐，以满足大学生的发展需求。

首先，教育内容应与时俱进。传统的网络安全教育忽视了随着时代变化大学生对教育内容需求的变化。目前，大学生更加关注网络信息获取渠道、内容质量和个人财产安全，他们希望掌握相关的知识和技能，以应对不断涌现的网络安全问题。因此，高校可以通过开展调研、举办座谈会、利用社交媒体等方式，收集了解大学生对网络安全知识和技能的需求，及时更新和充实教育内容。

其次，教育内容与教育目标要保持一致。在大学生网络安全教育中，教育主体需要根据教育目标来确定相应的教育内容，以实现预期的教育效果。为了增强大学生的网络安全意识，网络安全教育可以涉及网络安全知识、案例分析、网络安全风险评估等方面的内容。通过理论知识的学习和互动讨论，大学生能够深入了解网络安全领域的基本概念、常见威胁和防范措施。为了规范大学生的网络行为，网络安全教育可以涉及网络伦理、网络礼仪等方面的内容。大学生可以学习如何合理使用网络资源，如何使用文明用语，如何正确表达意见，在网络空间中遵守相关法律法规和道德准则。为了保护个人安全，网络安全教育可以涉及个人信息保护、密码管理、防止网络诈骗等方面的内容。大学生可以学习如何设置安全密码、如何识别网络欺诈等，从而提高自身的网络安全防护能力。为了维护网络秩序，网络安全教育可以涉及网络言论规范、网络安全法律法规等方面的内容。大学生可以了解到不当言论造成的后果和违法行为带来的法律风险，从而在网络空间中规范自己的行为。通过以上内容的学习，大学生可以全面掌握网络安全知识和技能，增强网络安全意识和自我保护能力，主动参与网络安全维护的行动。同时，教育主体也要根据不同大学生的特点和需求，量身定制教育内容，确保教育目标与实际效果一致。

最后，教育内容的设计需要与时代背景相契合。随着时代的不断进步，大数据和人工智能的迅猛发展对网络安全教育提出了更高的要求。目前，网络安全已经上升到国家战略的高度，政府设立了相关机构，网络安全方面的法律法规也不断完善。因此，教育内容需要符合新时代背景下大学生的真实需求，与时代发展接轨，使大学生能够全面了解网络安全的概念、常见威胁和防范措施，同时加强大学生对个人信息保护、密码管理、网络诈骗等方面知识的理解，增强大学生的网络安全意识和自我保护能力。只有这样，大学生才能在网络空间中做好充分准备，积极参与网络安全维护的行动，并为最终建成网络强国做出应有的贡献。

（二）丰富网络安全教育的形式与方法

在当前背景下，高校开展网络安全教育需要运用多样化的教育形式，以便大学生更容易认可和接受。过于单一的教育形式无法充分发挥教育活动的作用，影响教育效果的最终实现。因此，我们需要注重教育方法的设计，不断探索不同形式的网络安全教育。除了在思想政治教育课程中进行强调宣传外，我们还可以借鉴国外经验，在各种网站和新媒体平台上开展广泛的网络安全宣传教育活动。同时，我们也可以利用校园文化建设和社会实践项目等增加大学生对网络安全的认知。运用所学理论知识来实践相关主题活动，有助于大学生更好地规范自己的网络行为，实现网络安全教育的目的。

（三）增强网络安全教育内容的可操作性

网络是大学生获取信息和学习知识的重要途径，也是他们日常学习和生活的一部分。随着智慧城市和数字经济的快速发展，大学生的学习和生活与网络密不可分，这也引发了他们的一些疑问，给他们带来了一些困扰。大学生的网络安全问题源于实践，进行相关教育活动的目的也是服务于他们在网络实践中的需求。因此，在整个教育过程中，高校应该坚持将理论与实际相结合的原则，将教育内容与大学生已有的思想实践、认知和生活实际相联系。

加强大学生网络安全教育的实践环节，就是要将教育内容具体化并融入大学生的网络实践之中，增强网络安全教育的可操作性，贯彻到大学生学习生活的各个方面。教育内容不能仅停留在理论知识层面，而应该成为大学生在网络实践中能够运用的实际技能，例如正确辨别网络信息、掌握数据加密技术、安装杀毒软件，以及掌握解决网络安全问题的方法，等等。此外，高校还应充分调动大学生参与的积极性，结合他们在网络生活中所观察到的问题和有争议的话题，通过由浅入深地引导，帮助大学生逐步掌握所学理论知识，并在具体实践活动中检验和巩固所学的知识。

（四）树立课程思政育人导向

习近平总书记曾在全国高校思想政治工作会议上指出："要用好课堂教学这个主渠道，思想政治理论课要坚持在改进中加强，提升思想政治教育亲和力和针对性，满足学生成长发展需求和期待，其他各门课都要守好一段渠、种好责任田，使各类课程与思想政治理论课同向同行，形成协同效应。”① 大学生网络安全教育是高校思想政治教育的重要组成部分。将网络安全教育有机地融入大学课程教学，可以实现价值引领、知识传授、能力培养等多个层面的有机结合，从而发挥课程思政的育人作用。网络安全教育的主要目的在于提高大学生的规范自律能力、辨别批判能力、选择运用能力、安全防卫能力和创造革新能力等，并不只是传授网络的基础理论知识和具体操作技术。同时，在网络安全教育过程中，教育者还需注意传授文明上网的伦理规范和网络相关法律知识，培养大学生积极向上的生活态度、高尚的道德情操和健康高雅的审美情趣。同时，为了更好地发挥思想政治教育的作用，网络安全教育应该融入社会主义核心价值观教育，引导大学生弘扬时代主旋律、传播网络正能量。因此，高校应该深入挖掘网络安全教育、思想政治教育与各大课程间的共鸣点和切入点，将网络安全教育的相关内容有机融入各大课程的思想政治教育内容，利用课程思政对大学生传授网络安全理论知识和技能，鼓励大学生将从专业课程中接受到的网络安全教育与实际生活相联系，进一步增强大学生的思想道德修养、网络安全意识和综合能力。

二、充实高校网络安全教育相关内容

（一）开展相关的网络伦理教育

“立德修身”是一直被古代先贤推崇的教育理念，它包括培养慎独和自省精神。在高校教育中，可以借鉴传统文化中的优秀元素，赋予其新的时代内涵，让大学生深刻领悟中华优秀传统文化对于伦理教育的潜移默化作用。在面对网络世界多样化的价值观时，大学生要能够汲取正向的价值观念，摒弃消极、有害的信息来源。另外，高校还要引导大学生正确认识自我，在现实社会和网络社会中保持一致的角色定位，同时引导他们努力管理自己，用伦理和道德规范约束自己的行为，审视自己在网络上的表现。培养大学生崇高的伦理道德素质，有助于有效开展网络安全教育。

（二）启动网络心理健康教育

高校可以通过开设心理辅导课、师生线上交流、匿名咨询等方式，鼓励大学生积极提出困惑和问题，增强他们的角色适应能力和人际交往能力，使他们能够在网络社会中恰当地处理虚拟与现实的关系。通过心理辅导课程，大学生可以接受指导并理解自身在网络世界中的行为模式和态度，从而更好地应对网

① 习近平在全国高校思想政治工作会议上强调 把思想政治工作贯穿教育教学全过程 开创我国高等教育事业发展新局面［EB/OL］.（2016-12-08）［2023-05-28］. https://news.12371.cn/2016/12/08/ARTI1481194922295483.shtml?from=singlemessage&wd=&eqid=b4b3b4ad00113d8600000003648e7f33.

络安全问题。同时，师生线上交流和匿名咨询提供了更加安全的环境，让大学生敢于分享个人困扰，获得相关支持和建议。这样的举措有助于引导大学生在虚拟空间和现实生活之间建立健康的平衡，培养他们处理网络安全问题的能力，提高自我管理的素养。

（三）开展融合式网络技术教育

高校应该在计算机基础课程和专业课程的教学内容中加强网络安全知识的教育，将社会主义核心价值观、高校校园文化建设、学生心理健康等方面的教育内容与实际的网络安全技能结合起来。高校可以将网络安全课程设置为必修课或选修课，传授相关知识和技能；也可以邀请网络安全专家到学校进行专题讲座，让更多大学生认识到网络安全的重要性，学习并掌握相关的知识和技能，保护自身，使自己远离网络侵害。这些举措有助于加强学生对网络安全问题的认知和防范意识，提升他们的网络安全技能和应对网络威胁的能力。通过规范和系统的网络安全教育，高校能够为大学生提供一个安全、健康的网络环境，促进大学生综合素质的全面发展。

三、完善高校网络安全教育课程设置

当代大学生是移动互联网的“原住民”，网络已经成为他们真实生活的一部分。然而，大学生在使用网络时也存在一些问题。他们在获取网络信息时往往只触及表面，缺乏对网络信息的辨识能力，忽略了网络安全风险和网络道德责任，同时在面对网络心理问题时缺乏调适能力。

目前，高校网络安全课程主要有三个方面的教育内容：一是在思想政治教育课上，教师向学生讲授关于网络道德方面的知识；二是在计算机基础课上，教师向学生讲解使用计算机硬件和软件的相关知识；三是通过举办各类网络安全知识宣讲、专业讲座和网络安全论坛等活动来增强学生的网络安全意识。然而，在实际操作中，这三个方面的教育并没有形成一个完善的网络安全教育体系。调查结果显示，青少年网络素养水平总体上处于及格线以上，有待进一步提升，建议学校开设网络素养教育独立式课程或融合式课程。① 在这种背景下，高校应该充分发挥网络安全教育对师生的育人作用。比如，在计算机基础和思想道德与法治等专业课程中，教师可以增加一些与网络安全素养提升相关的选修课；辅导员也可以在形势与政策、职业生涯规划和大学生心理健康教育等课程中融入网络安全素养教育。同时，教师和辅导员应该创新课程讲授的方

① 北京师范大学教育新闻与传媒研究中心．中国青少年网络素养有待提升［N］．光明日报，2017-07-06（11）．

式和方法，避免形式单一、千篇一律。此外，高校还需要建设大学生网络安全教育团队、组建网络安全社团等，充分发挥大学生在网络安全教育中的力量和优势。

（一）将网络安全教育的技能知识模块融入计算机基础课程

计算机基础是大学生的一门基础课程，其主要目的是为大学生提供关于计算机和网络的基础知识和基本操作的培训。通过这门课程，大学生可以了解信息处理技术和网络技术，并掌握基本的网络使用技能，从而提高自身的计算机应用能力。然而，网络安全教育和计算机基础课都只涉及网络的基本知识和操作技能。① 与大学生密切相关的自媒体认知和运用，以及如何预防网络攻击和进行网络防御等问题，关注度相对较低。因此，高校可以将网络安全教育的技能知识模块融入这门课程。具体而言，可以在计算机基础课中增加以下内容。

首先，高校可以在“计算机基础”课程中加入网络信息的获取、理解和再创造。教育者可从信息传播的角度出发，教授大学生如何采集、编辑和加工网络信息，以及如何设计和制作网页、规划网站、发布和维护网络信息等。

其次，高校应该加强对预防网络攻击和进行网络防御等信息安全技术的教育。举例来说，可以开展一些主题教学，如“如何保护个人账号隐私”“防范网络兼职中的诈骗套路”“防范与色情视频相关的网络诈骗”，帮助学生增强网络安全意识、自我保护能力，以及为营造清朗网络空间、传播正能量作出贡献的行动能力。

最后，高校还可以拓展关于自媒体等新兴媒体制作、传播和运营的知识。自媒体是一种普通大众用以发布和分享信息的载体，如抖音、微博、微信等。总体而言，大学生更多地使用自媒体作为休闲娱乐的方式，因此教导他们制作优质的自媒体产品、正确传播自媒体内容和运营自媒体，是值得高校教育者探索创新的领域。

综上所述，高校通过在计算机基础课程中增加以上内容，可以帮助学生更全面地掌握计算机和网络知识，提高应用能力。

（二）将网络安全教育的道德法律模块融入思想道德与法治课程

思想道德与法治是大学生必修的一门课程，也是高校思想政治理论课程的核心内容之一。通过这门课程，可以培养大学生的思想道德品质和法律素养，使其更好地适应社会发展的变化。在具体的网络安全教育中，高校可以将思想道德与法治课程的内容同网络安全知识相结合。例如，在讲解网络欺诈、网络

---

① 梁丽．大学生网络素养教育的融合式课程探索［J］．学校党建与思想教育，2021（1）：79-81.

诈骗方式时，可以着重强调其与法律的关系，让大学生了解相关法律法规，并在实际操作中引导他们遵守相关法律。此外，高校还可以通过教授网络伦理、网络道德等方面的知识来培养大学生正确的网络价值观念，增强他们的社会责任感和自我约束意识，从而更好地保障网络世界的安全和秩序。将网络安全教育与思想道德法治课程相结合，不仅有助于增强大学生的网络安全意识和素养，而且能够提升大学生的思想、道德和法律素养。

第一，可以在有关“明确价值要求，践行价值准则”的教学中①，通过典型案例来讲解如何利用网络提升自身修养、能力和创造社会价值，有效激发大学生的自我教育意识，提升他们的自我管理能力。教育者应该强调将国家和社会利益置于首位，引导学生始终坚持文明上网和自律上网。在帮助大学生树立正确的恋爱婚姻观时，可以融入网络素养教育的内容，引导大学生正确看待网络交友。面对网恋现象，教育者可以组织大学生展开主题讨论，全面阐述网恋的正面和负面影响，引导大学生理性地对待网恋。通过具体案例，教育者可以向大学生介绍一些成功利用网络平台进行自我成长和社会价值创造的经典案例，如某个青年创业者通过网络平台实现了自己的创业梦想等。这些案例将鼓励大学生积极利用网络资源培养自己的技能，开拓视野，增加社会互动，创造积极的社会价值。

第二，可以结合有关“遵守道德规范，锤炼道德品格”的教学②，引导大学生在网络生活中遵守基本道德规范，成为文明、守信、以诚待人的公民。这需要让大学生了解网络世界不是法外之地，必须严格遵守网络秩序和法律法规，树立网络道德意识。教育者可以通过介绍与网络相关的法律知识，让大学生了解哪些行为属于违法违规，以及这些违法行为所造成的后果，并引导他们在网络中勇于举报各种违法犯罪的行为。此外，教育者还需要引导大学生自觉抵制不健康的网络行为，如网络色情、网络暴力、网络赌博等；形成保护个人信息和隐私的意识；如何正确看待网络交友，避免沉迷于虚拟的网络世界影响现实生活。这能帮助大学生树立正确的网络价值观和伦理观，并将这些观念贯穿到日常的网络生活中去。

（三）将网络安全教育的心理模块融入大学生心理健康教育课程

大学生心理健康教育的目标是让大学生学习和掌握心理健康相关知识，培养他们应用自我心理调节的技能和方法，提升个人心理健康水平。为了更好地实现这一目标，可以在这门课程中加入网络安全教育的心理模块。手机成瘾容

---

① 本书编写组．思想道德与法治：2023 年版［M］．北京：高等教育出版社，2023：107.

② 本书编写组．思想道德与法治：2023 年版［M］．北京：高等教育出版社，2023：138.

易导致大学生迷失自我，忽视真实的人际交流和情感表达，脱离现实生活和集体活动。这进而会导致一系列问题，如对他人冷漠、缺乏爱心、不善于与人沟通、情绪低落、性格孤僻、对学习失去兴趣等，甚至可能出现社会适应性障碍和人格障碍。因此，在大学生心理健康教育课程中，应该让大学生了解手机成瘾的表现、危害，以及相应的解决办法和预防措施。此外，教育者还需要帮助大学生学会划清虚拟网络与现实生活的界限，使大学生能够合理利用网络资源，有效管理时间，平衡好学习和休闲娱乐的关系。同时，大学生还需正确面对挫折和困难，提升自身心理健康水平。

未来的网络安全教育实践可以在以下三个方面进行扩展。首先，拓宽并深化课程内容。除了计算机基础课程、思想道德与法治课程、心理健康教育课程外，还可以将网络安全教育与专业课程、职业生涯规划课程、安全教育课程、其他思想政治理论课程等有机融合起来，以提供更加全面和深入的教育内容。其次，配合融合式课程的开展，可以组织社团活动、素质拓展和社会实践等实践性活动，以弥补课堂教育的不足。通过参与这些活动，学生能够将所学的网络安全知识应用于实际，增强网络安全意识和网络安全问题应对能力。最后，可以选择一些综合性高校进行试点，将网络安全教育纳入通识课程的范畴。将网络安全教育作为一门必修的通识课程，可以确保每名大学生都能够接受系统的网络安全教育，提高他们在数字社会中的自我保护意识和能力。通过这些措施，高校可以扩展网络安全教育的影响范围，培养大学生的网络安全素养，为他们在数字化时代健康成长提供坚实的基础。

四、以生活场景为导向推进实践教学

文献研究和调查问卷结果显示，多数的大学生对于网络安全教育的了解仅停留在书本知识层面。为了提高网络安全教育的实际效果，高校可以将教学内容延伸至课堂之外的场景，运用大学生在网络生活中所面临的新鲜素材和案例来制定更贴近他们生活的教学内容。结合当前的社会背景，高校应根据大学生群体的身心发展现状和实际生活情况来调整教育策略，让网络安全教育融入大学生的日常学习生活。重视大学生的网络生活经验，结合实际案例和当下的大学生活情境，将网络安全教育融入他们的日常体验，能够激发学生的学习兴趣，加深他们对网络安全问题的认知，提升他们应对这些问题的能力。

（一）开展相关主题实践活动规范网络安全行为

大学生在学习网络安全相关理论知识时，还应该将所学知识运用于实践活动中，以巩固并熟练运用解决问题的方法，从而规范个人的网络安全行为，维护网络空间的纯净和稳定。为此，高校可以为不同年级和专业的大学生开展不同类型的网络安全素养教育活动。对于计算机等网络安全相关专业的学生，可以引导他们参加学科类竞赛，如全国大学生信息安全竞赛和知名互联网公司举办的网络安全竞赛，以促进网络安全知识的传播和大学生技能的提升。① 对于其他专业的学生，可以组织一些趣味性和实践性强的“第二课堂”活动，如全国大学生网络文化节和全国高校网络教育优秀作品推选展示活动、网络安全知识竞赛、网络安全主题演讲比赛、短视频制作大赛等。这些活动不仅可以增强大学生的网络安全意识，还可以增强他们的实践能力和创造能力。

首先，为了设计更加生动鲜活的实践教学，可以从生活情境出发。根据大学生在日常网络生活中的活动，如网上购物、网络游戏、网上交友等实际场景，进行调研和分类统计。然后，针对有不同爱好的学生群体，制定特定的学习课程和实践计划。在网络安全教育内容方面，高校可以研究如何将历史和现实相结合，以及国际和国内经验的相关性。同时，高校可以探索如何将网络安全教育与大学生的日常生活、关注点和利益点有机结合起来。教育者可以选择一些深入人心的典型案例，介绍网络安全与网络应用的实际情况，并重点介绍本土网络安全企业的工作情况。在课程教学和人才培养的全过程中，教育者要将网络思想政治教育中的文化自信和国家荣誉融入其中，以提升网络安全素养教育的亲和力。全方位的教育教学创新融入，可以实现对大学生的全面培养。

其次，为了构建多样化的教学实践环境，可以结合移动互联网时代的特点，重构沉浸式体验环境。例如，高校可以运用虚拟现实技术来构建学习课堂，让学生佩戴 VR 设备在理想的环境中全身心地投入教师所构建的网络安全案例中。借助虚拟现实技术，学生能通过自己的感知来加深对于网络安全教育的理解和认同。② 另外，高校可以与公安局、网信办等部门合作，建立校外网络安全教育基地，开展网络安全攻防演练活动。通过演练，大学生可以切实体会到网络诈骗的迷惑性和隐蔽性，同时增强自身的警惕意识。高校还可以通过讲座、参观、调研、体验式实践活动等多种方式，积极引导大学生自主参与、体验感悟，实现网络安全教育实践活动的全方位创新融入。③

最后，为了提供实践教学的社会课堂，可以营造网络探索的实践环境。当今的网络媒体成为传播各种信息和观点的平台，教师可以在教学中设置网络事件点评环节，引导大学生发现时事热点，发表自己的评论并回应网络上的评论。通过这种开放互动的平台，大学生可以自主参与社会讨论，从中加深对知

---

① 王训兵．“三全育人”视域下大学生网络安全素养提升研究［J］．科教导刊，2023（16）：17-19.
② 杨露．移动互联网时代大学生网络安全教育研究［D］．西安：西安理工大学，2021.
③ 王训兵．“三全育人”视域下大学生网络安全素养提升研究［J］．科教导刊，2023（16）：17-19.

识的理解。教师可以在讲解完网络安全基本理论后，紧密结合当前的网络动态，给大学生布置相关网络事件进行课下探讨。同时，高校可以组织各种宣传活动，如在国家宪法日、全民国家安全教育日、国家网络安全宣传周等重要节点组织宣传活动。以上措施可以将实践教学与社会实践活动相结合，为大学生提供一个真实而丰富的网络安全教育平台，帮助学生更好地理解和应用网络安全知识，培养他们的社会责任感和创新能力。

（二）依托网络平台进行网络安全宣传教育

高校可以依托网络平台对大学生进行网络安全宣传教育，这是最有效的方式之一。例如，美国和英国的“安全在线”、澳大利亚的“反网络诈骗论坛”等通过在网络平台上开展网络安全教育，均取得了良好效果。我国高校可以利用网络新媒体阵地，如微信、微博、QQ、抖音、哔哩哔哩、知乎等大学生群体喜闻乐见的学习交流平台，通过持续打造优秀的网络安全教育新媒体作品，让大学生能够根据个人兴趣与需要获取网络安全素养教育所需的知识信息。

高校教育者可以充分利用大学生用户群体较大的网络平台进行网络安全宣传教育，定期发布系列网络安全基础知识和真实案例，如个人信息泄露导致遭遇网络诈骗、深陷网络贷款耽误学业等，强调大学生网络安全的重要性，提醒大学生正确辨别海量网络信息，全面提升个人网络安全素养。① 此外，高校的官方网站可以设立网络安全学习板块，采用漫画图文、网络安全真实案例小视频等生动形式吸引大学生观看，使大学生点击网站进入专区即可学习网络安全基础知识和防范技能。除了社交网络平台，高校网络安全教育还可以充分利用学校网络软件平台，如在学校易班设置专门的页面，图文并茂地介绍网络安全相关法律法规、网络诈骗常见的形式及应对方法，起到宣传网络安全教育重要作用的目的，提升大学生的网络道德素养和法律修养。

以上所述措施都能基于网络平台达到有效宣传教育的效果，具有很高的可行性和推广价值。高校应该持续关注网络安全教育这一领域，不断探索新的教育方式，全面提高大学生网络安全素养水平。

五、构建大学生网络素养培育体系

中共中央、国务院联合发布的《中长期青年发展规划（2016—2025 年）》特别强调：“在青年群体中广泛开展网络素养教育，引导青年科学、依法、文明、理性用网。广泛开展青年网络文明志愿者行动，组织动员广大青年注册成为网络文明志愿者，参与监督和遏止网上各种违法和不良信息传播，为构建清

① 姚莹．新时代青年网络安全教育研究［D］．成都：西南财经大学，2021.

朗网络空间作贡献。”① 因此，根据大学生不同成长阶段特点将网络素养养成融入高校思想政治教育，通过打造一批精英讲师、推出一批精品课程，构建与时俱进的课程教学体系，是培育大学生良好网络素养的时代要求和必由之路。

（一）组建专业团队

传统的教师往往是凭借“闻道在先”的优势完成“传道、授业、解惑”的职责。然而，在网络时代到来之后，大学生群体成为网络世界的“原住民”，通过网络查找第一手资料成为他们重要的信息获取方式。同时，高校的教育理念和教育方式也在发生深刻的变革，教师的权威面临着多重挑战。教师的“真理代言人”身份受到了冲击，失去了知识垄断的地位。因此，加强高校网络安全教育师资队伍建设，是重构教师权威、增强网络安全教育的影响力和感染力、提高网络安全教育效果的关键一环。提升网络安全教育师资的专业化水平是网络安全教育的基础工程，高校需要培养一支政治立场坚定、业务能力过硬且结构合理的专业人才队伍。这支队伍应包括具备丰富网络知识的政工干部，具备良好政治教育能力的学者专家、思政课教师、学院辅导员，以及专业能力过硬的网络技术人员。教育内容应涵盖大学生网络素养课程教学、网络素养核心课程编撰研究、网络法律知识普及、网络心理健康教育、网络危机事件干预、网络侵害事件咨询、网络空间维护治理等，聚焦大学生群体的网络行为特点、网络参与规律，形成主体间平等双向、良性互动的交流氛围，切实提高大学生的网络认知力、信息获取力、信息评价力、安全鉴别力，全方位保障大学生网络安全。

高校可以通过在人才引进计划中增加对网络技术型人才的引进数量，促进网络安全教育的发展。此外，高校还可以设立专项资金，用于培训网络安全教育教师，并组建专业化团队。这样的举措有助于将网络安全知识内化为教师的专业素养，外化为教师的专业能力，为有效推进网络安全教育提供一支水平高、专业强、能力过硬的师资队伍。高校还应该重视思想政治理论课教师、辅导员和其他课程的专业教师在大学生网络安全教育中的作用，有效整合包括专业网络安全教师、思想政治课程教师、辅导员、其他专业教师在内的整个教师队伍的教育合力，推动高校网络安全教育工作高质量发展。

（二）研发精品课程

网络素养基本理论知识与操作技能是网络素养培育的基础，高校应充分发挥课程育人主渠道作用，将网络素养的知识普及、技能培训、伦理道德、法律

① 中共中央 国务院印发《中长期青年发展规划（2016-2025年）》［EB/OL］.（2017-04-13）［2023-05-28］. https://www.gov.cn/zhengce/2017-04/13/content_5185555.html.

法规等有机融入课程，构建符合大学生需求和时代发展的课程内容。例如，将大学生网络素养相关知识和内容融入《思想道德与法治》教材，将其涵盖的基础内容、课程特点和经典案例单独成章；以“大学生网络素养”为主题，组织相关思想政治教育工作专家团队和计算机专业团队共同研发编撰一门全新课程，充实相关教材。另外，高校应充分把握大学生的知识能力、道德心理等层面的网络素养发展规律和特点，推动大学生网络素养“思政课程”与“课程思政”一体化，将网络素养培育贯穿大学生素质教育和全面发展的全过程。

高校要重视对新生的网络安全教育。在给新生寄送录取通知书时，即可告知新生学校的迎新系统网址、学校学院官方微信公众号和学院官方 QQ 群等信息，确保新生从接到录取通知书的那一刻起，就有途径获取学校学院准确的网络信息。同时，高校可以在迎新系统、微信公众号、QQ 群等网络阵地上面向新生积极开展宣传教育。在新生入学教育阶段，高校可以邀请校内外网络安全教育专家开设讲座，重点宣传如何预防网络诈骗等知识，通过入学教育将网络安全教育融入爱国荣校教育当中。高校要多措并举加大思想引导力度，让学生认真学习思想道德与法治等课程，积极参与网络安全教育相关实践活动，最大程度地提升大学生网络安全素养。①

（三）创新课堂氛围

校园网络环境是大学生学习生活的重要场域。一方面，高校应有目的地在校园网络使用环境上“花心思”，通过开展“大学生网络文化节”“网络文明校园行”等活动，引导广大大学生科学合理地开展高质量的网络学习与研究。另一方面，高校应充分发挥校园新媒体中心、学生社团组织、学生党团支部等阵地作用，广泛推进“线上+线下”专业精品讲座、网络技能比赛、网络实践体验等活动，将“第二课堂”与“第一课堂”进行深度融合，将网络知识与技能、思想道德的价值引领与个人网络实践有机结合，引导大学生走出原有的网络行为“舒适圈”和有限的网络社交“朋友圈”，不断拓宽其认识世界、把握世界的视野和能力。另外，高校应使用技术手段有效限制大学生网络使用时间及平台，设置网络学业预警“防火墙”，及时发现并疏导学生因网络沉迷而出现的精神萎靡、学业荒废等问题。

第四节 移动互联网时代高校网络安全教育机制创新

移动互联网时代，高校要想更高质量地提高网络安全教育效果，一方面，

---

① 王训兵．“三全育人”视域下大学生网络安全素养提升研究［J］．科教导刊，2023（16）：17-19.

需要将高校网络安全教育融入“三全育人”体系，使网络安全教育贯穿教育教学全过程、融入人才培养各环节，让高校大学生充分认识到维护网络安全的重要意义，在主观上产生警惕与防备心理，提升维护网络安全的意识与能力；另一方面，需要加强组织协同机制建设，发挥高校、家庭和社会在高校网络安全教育中的协同效应，形成全员全过程全方位育人格局。

一、构建完善高校网络安全教育的管理机制

移动互联网时代网络安全事件频发，给国家安全和个人利益带来了巨大危害。技术对抗无疑是网络安全中一个非常重要的方面，但现实中利用人性的弱点进行非技术层面的网络安全攻击也是不能忽视的一个方面。在网络安全形势愈发严峻的情况下，一方面要通过技术筑牢网络安全防线，另一方面要最大限度降低人为原因产生的漏洞而导致的网络安全风险。因此，构建完善高校网络安全教育的管理机制变得愈发重要。

（一）建立党委领导下的统筹规划体系

高校应当在大学生网络安全教育方面加强顶层设计，意识到思想是行动的先导。为此，学校党委应该带头深入学习习近平总书记有关网络安全和网络强国的重要论述，弘扬主旋律，传播正能量。目前，许多高校尚未设立专门的网络安全教育管理部门，而是将网络安全职责分散给学工处、保卫处、信息化处等部门。这显然并不妥当。高校应根据自身情况和实际需求，成立网络安全教育工作领导小组，由党委书记牵头，党委各部门及学工处、保卫处、校团委、信息化处等部门共同参与。领导小组要以社会主义核心价值观为引领，积极响应党中央就网络安全问题作出的重大决策和号召，树立以学生为本的教育理念和管理理念，进行统筹规划。这包括对大学生网络安全教育工作的职能划分和任务分配，确保每个相关部门都能正确履行其职责。同时，还需加强上下级部门，以及同级部门之间的沟通与协作，解决相关部门之间的工作衔接问题。要定期召开领导小组会议，及时了解大学生网络安全教育出现的新情况和新问题，积极讨论并提出有针对性的解决方案，同时构建党委领导下的专任教师、校外网络安全专家、党员学生干部三位一体的教育模式，形成网络安全教育师生“双主体”。高校要在党委领导的统筹下激发师生和校外网络安全专家的教育责任意识、主体意识和担当意识，通过开设校本课程和专题教育培养一批党员学生干部成为高校网络安全教育的主体力量，与专任教师形成网络安全教育合力。①

① 王训兵．“三全育人”视域下大学生网络安全素养提升研究［J］．科教导刊，2023（16）：17-19.

（二）健全网络安全教育的管理体系

当前高校对于网络安全教育虽然有了更多的重视，但网络安全教育管理体系的管理质量仍有待提高。为了建立健全网络安全教育管理体系，高校需要对其进行长期持续地投入和系统性的全面策划。高校网络安全教育是各部门共同承担的责任，而不仅是专职教师、辅导员或保卫部门的职责。从管理的角度出发，各相关部门要共同努力，落实网络安全责任，确保各部门都能承担起自己的职责，形成各司其职、责任明确的有序局面。高校要根据自身实际情况，合理分配网络安全教育方面的资金投入，定期培训技术人员，实现网络安全教育的科学化、规范化和精细化管理，培养一支高水平的网络安全队伍。此外，高校还需要加强网络安全学科和专业的示范引领作用，为建设网络强国培养高素质的网络安全人才。这包括提供优质的网络安全课程和实践机会，鼓励大学生参与网络安全竞赛和项目，培养他们的创新能力和实践能力。

（三）制定校园内网络管理相关制度

随着网络社会的发展，高校网络安全教育的质量受到了越来越多的关注。为了提高网络安全教育的管理水平，高校需要进一步完善信息化管理体系。具体而言，高校应该构建信息化管理平台，直接对接校园网，发布管理章程并通过新媒体手段解读该章程，同时设置相关反馈制度，接受大学生的质疑与建议，构建一个互通有无的信息化管理平台，从而维护高校网络安全有序的秩序。此外，高校应该加强“文明上网”的管理力度，定期检查依托校园网创建的贴吧、论坛、公众号、视频号等，及时清理垃圾软件、不良信息、网络病毒，找出问题的根源并寻求修复漏洞的方法；对发布不良信息的相关人员，按照不同的危害程度采取批评教育、保留追责、严肃处理等方式。最后，高校信息化管理也要讲究管理的艺术，注重人文关怀，倾听大学生的内心世界和诉求。管理是指“管理者通过实施组织、领导、协调、控制等职能来协调他人的活动，使别人同自己一起实现既定目标的活动过程”①。

（四）建立网络安全教育工作的考核评价体系

高校网络安全教育是当代大学生思想道德和身心健康发展的重要方面，因此高校应该坚持在《普通高等学校学生管理规定》的统一指导下，明确设置网络安全教育的考核标准。不仅是大学生，教师、辅导员、高校行政人员也应成为网络安全教育的考核对象。为了确保网络安全教育的有效开展，高校需要建立相应的考核评价体系并定期进行督导工作，及时发现并解决问题。考核评

① 杨文士，焦叔斌，张雁，等．管理学［M］．2版．北京：中国人民大学出版社，2004：4.

价可以通过随机抽查、学生反馈情况、其他部门评价等方式进行。对于在网络安全教育工作中表现突出、取得优异成效的部门和工作人员，高校应当给予表彰和奖励，并推广其优秀经验做法。对于表现不积极、效果不明显的部门和相关人员，高校应对其进行批评教育，可采取谈话、通报、批评、撤职等不同级别的处理。高校应充分重视网络安全教育的考核评价结果，将其纳入日常工作量化考核中，使考核结果与个人绩效挂钩，确保责任得到落实，避免责任推诿现象的出现。这样可以确保网络安全教育工作得到各部门及个人的有效推进。

（五）营造优质的校园网络舆论环境

网络的强交互性和超链接性，赋予了大学生网络信息接收者、信息制造者和传播者等多重身份，这要求高校必须直面时代浪潮，利用好新型媒介平台，构建精准有效、精良有益、寓教于乐的校园网络舆论环境。高校要灵活运用大数据思维，进行强势的正面信息引导，逐步建立大学生真正需要的、备受大学生信任喜爱的、富有精神内涵的网络平台；要积极培育网络主流意见代言人，能够在网络出现虚假信息和极端讨论时答疑解惑，在大学生群体中形成威信和影响力；要积极开展正向的意见领袖培育，营造形象健康、表达理性、传达知识、开拓视野的“代言人”，把握热点话题先机，抢占网络舆论主阵地，增强网络话语权；要积极建立面向学生群体的开放式、参与式的表达平台，给予大学生更有公信力的互动平台，让大学生能够积极参与学校管理、社会话题、公众热议等讨论，通过官方渠道合理解读、回应学生诉求，用公开透明的态度化解矛盾，协助学生疏解情绪、深入思考、解决问题，教育引导学生理性客观看待问题，及时寻求帮助。

二、发挥高校网络安全教育的家校联动作用

“家庭是一个人产生原始的自我感觉以及形成基本的身份、动机、价值和信念的地方，其作用的深刻性还表现在对大学生思想品德形成提供的心理上必需的安全感、依恋感和归属感。”① “学校是大学生学习、实践的主要场合，家庭亦是大学生身心良性发展的关键场合，所以高校网络安全教育万不可忽略家庭教育的重要作用，高校网络安全教育需要寻求家长的协助。”因此，对大学生网络安全教育要用好“家合力”，需要家长积极配合学校在家对学生进行网络安全教育。

（一）高校联动家庭层面

高校要及时与学生的监护人沟通，及时处理大学生用网不当行为，使大学

① 杨建义．大学生思想政治教育路径研究［D］．福州：福建师范大学，2008.

生在成长中形成自主使用网络、正确看待网络、合理安排用网的良好习惯。首先，高校应积极建立交流平台，如微信群、QQ 群等，邀请大学生的家长参与其中。遵循“一切为了学生，为了学生的一切，为了一切学生”的原则，构建高校与家长之间直接交流沟通的平台，是开展网络安全合作教育的基础。其次，高校需要定期向家长传达网络安全知识，并使用简单明了、通俗易懂的语言，帮助家长认识到网络安全教育的重要性，增强他们的网络安全意识。家长通过家庭教育，可潜移默化地加强大学生的网络安全意识。同时，家长需要与学校保持良好的互动，建立长期的合作机制。最后，一旦发现大学生在网络安全方面存在问题，教师或家长应在保护大学生隐私和自尊心的前提下，及时寻求专业人士的指导，减少对大学生的伤害。以上措施旨在增强高校、家长和学生之间的合作，共同关注和应对网络安全问题，以保障大学生的安全和健康成长。

（二）家庭承担教育责任层面

家长不能再认为网络安全教育只是学校的责任，而是要积极与学校交流，主动承担起属于家长的网络安全教育责任。家长应该始终重视提高学生的网络素养，与学生进行关于“提高个人网络素养”的亲密对话。同时，家长应以身作则，给学生树立良好的榜样，督促学生在网络上保持理性并共同努力提高网络素养，共同消除网络的负面影响。这种转变将帮助家长发挥导向和示范作用，引导大学生更好地使用网络，从而达到提高网络素养和减少网络负面影响的目标。

总体而言，家长需要进行自我训练，有针对性地提高自身的网络素养水平，同时融入、引导学生的媒介生活。父母可以通过与学生共同参与网络活动，发挥陪伴引导作用。家长要主动搭建亲子沟通渠道，与学生协商讨论上网规则。家长要多观察学生使用网络的时间和状态，适度干预学生的网络行为，采取多种形式和方法，多维度地介入。

首先，家长应该帮助大学生增强他们的是非观念，并着重培养他们的自我控制能力。由于大学生的心智尚未完全成熟，他们在面对纷繁复杂的网络信息时可能会感到困惑，因此需要家长的帮助来加强他们的是非观念，培养他们辨别消息真伪的能力。家长还应该注重道德法制教育，让子女能够坚决抵制网络中的不良诱惑。例如，家长可以通过向子女介绍各种真实的网络欺凌和网络诈骗案例，教育学生要保持警惕，学会辩证思考，看清事物的本质，成为有思想、有判断力的高素质网民。同时，家长需要强化大学生的自我控制能力。青春期的学生往往容易受到情绪和冲动的驱使，因此家长要培养学生的自我约束意识，使学生养成良好的行为习惯，让学生知道什么是可行之事、什么是不可行之事，不盲目跟风，不参与网络欺凌和网络诈骗等行为，帮助学生养成健康的网络行为习惯和正确的价值观。

其次，为了提高大学生的网络素养，家长应该进一步完善家庭网络监督工作，并不断提高自身的网络素养，履行好对学生的监督指导义务。在进行监督时，家长应该以事明理、寓理于事，而不能简单粗暴地控制学生。同时，家长应该积极引导学生坚决抵制网络暴力，远离网络欺凌。家长可关注学生在网络社交平台上发布的内容，尝试理解并融入“00后”学生特有的网络交往方式，引导其健康绿色上网。此外，家长还可以利用技术手段避免学生遭受不良信息侵扰，例如，在App中设置青少年模式、共同约定上网时间、设置上网主题，等等。还要多方面观察学生的情绪状态、日常行为，积极回应学生在网上遇到的问题和困难。监督工作要在保证学生安全的前提下，注重与学生的互动沟通，尽量避免让学生觉得被强制性地限制自由。通过这样的监督和引导，家长可以帮助大学生更好地掌握网络技能，养成文明合理、科学安全使用网络的行为规范。

最后，为了筑牢大学生的心灵防护墙，需要加强亲子沟通。家长应及时掌握学生在网络上的表现和思想动态，特别要关注学生的网络交友情况。同时，家长也需要掌握必要的沟通技巧，避免使用暴力沟通和打压式教育，要以平等和温和的方式与学生进行沟通，让他们感受到父母是可以寻求帮助和庇护的心灵港湾。当学生愿意与父母沟通，并释放出与网络欺凌、网络诈骗等困扰有关的“求助信号”时，家长需要及时关注他们的诉求，立即采取行动来解决问题，避免因事小而不为或者随意为之，给学生的身心健康埋下隐患。加强亲子沟通，建立良好的家庭关系，可以有效地提高大学生的心理素质和抵御网络侵害的能力。

三、发动社会力量参与高校网络安全教育

高校是我国社会主义现代化建设培养人才的主阵地，社会主义现代化建设所需要的人才是品德为上、能力为重、全面发展的复合型人才。随着“互联网+”时代的到来，为更好地履行人才培养的职责使命，高校需要寻求与政府、社会、家庭的合作，共建全面合理、广泛高效的网络安全教育联动机制，推动网络安全教育高质量内涵式发展。网络空间治理是一项系统性工程，营造风清气正的网络空间需要党委领导、政府管理、企业履责、社会监督、网民自律等多主体合力。但我国目前对社会在大学生网络安全教育中的地位及角色的承担还不够明确，对社会力量的支持发掘还不足。因此社会应该承担一定的网

络安全教育责任，努力创造社会、企业、高校三方协同的网络育人新模式，形成多元治理新格局。

（一）建立健全网络安全防护体系

总体而言，加强网络文明建设是加快建设网络强国、全面建设社会主义现代化国家的重要任务，大学生网络安全教育、网络素养提高离不开政府部门的有效监管和网络文明建设。政府部门要把网络文明建设摆在网信工作和精神文明建设的重要位置，深入净化网络信息使用环境，持续加强网络综合治理相关立法，以此为导向规范大学生的网络言行，积极维护网络社会秩序；主流媒体和宣传部门应聚焦主题主线，持续加强社会主义核心价值观宣传，不断推出符合大学生认知规律、兴趣爱好的网络产品和活动，满足广大大学生对良好网络生活秩序和精品内容向往的迫切需要；中央网络安全和信息化委员会办公室应积极加强网络视听领域思想引领，严格落实文娱领域综合治理，坚持发展和治理相统一，营造清朗网络视听空间；各级部门要团结和引领全体网民共同参与网络文明建设，为大学生营造天朗气清的网络社会环境，促进大学生网络素养的综合提升。

为了提高网络安全教育效率，保障大学生的网络安全，高校应与政府相关部门加强合作，建立健全网络安全防护体系。首先，高校应与公安网监部门合作，邀请他们的工作人员到高校课堂与大学生进行面对面的交流。通过公安网监部门提供的经典案例，有效增强大学生的网络安全意识，提高网络安全教育的效果。其次，高校的监管部门应与公安部门联手合作，有效借鉴公安部门全面的监管模式。在公安部门的协助下，高校的监督部门可对高校校园网络进行有效监管，并加大对校园周边环境的管控力度。监管部门应定期对校园网和校园周边环境进行排查，净化网络安全教育的校园环境和社会环境。最后，高校对违反网络道德和网络法律的行为要具体问题具体分析。对于轻微违反网络道德的行为，高校应给予批评教育，及时纠正不良网络行为，体现出网络安全教育的关怀和温度。而对于产生恶劣影响的网络犯罪行为，应加大惩处力度，维护我国网络安全法律法规的权威。① 以上措施有助于培养具备良好网络素养和安全意识的大学生群体，为建设网络强国和社会主义现代化国家作出贡献。

（二）健全完善网络安全制度保障

互联网不是法外之地，网络社会和现实社会一样，需要通过相应的法律法规来规范人们的网络行为。2016 年 11 月 7 日，经第十二届全国人民代表大会

① 陈慧铭．大学生网络安全教育存在的问题及对策研究［D］．武汉：华中师范大学，2019.

常务委员会第二十四次会议通过的《中华人民共和国网络安全法》，自 2017 年 6 月 1 日起施行。这是我国第一部全面规范网络空间安全管理方面问题的基础性法律，是我国网络空间法治建设的重要里程碑，是让互联网在法治轨道上健康运行的重要保障。2021 年 4 月 27 日，经国务院第 133 次常务会议通过的《关键信息基础设施安全保护条例》，自 2021 年 9 月 1 日起施行。这是我国首部专门针对关键信息基础设施安全保护工作的行政法规。2021 年 6 月 10 日，经第十三届全国人民代表大会常务委员会第二十九次会议通过的《中华人民共和国数据安全法》，自 2021 年 9 月 1 日起施行。这是我国数据领域的基础性法律，也是国家安全领域的一部重要法律。2021 年 8 月 20 日，经第十三届全国人大常委会第三十次会议通过的《中华人民共和国个人信息保护法》，自 2021 年 11 月 1 日起施行。这是为了保护个人信息权益，规范个人信息处理活动，促进个人信息合理利用而制定的法律。2021 年 11 月 16 日，国家互联网信息办公室 2021 年第 20 次室务会议审议通过新修订的《网络安全审查办法》，自 2022 年 2 月 15 日起施行。这是为了进一步保障网络安全和数据安全，维护国家安全而制定的部门规章。2023 年 5 月 23 日，经国家互联网信息办公室 2023 年第 12 次室务会会议审议通过的《生成式人工智能服务管理暂行办法》，经国家发展和改革委员会、教育部、科学技术部、工业和信息化部、公安部、国家广播电视总局同意，自 2023 年 8 月 15 日起施行。这是我国首个针对生成式人工智能服务的规范性政策，用于促进生成式人工智能健康发展和规范应用，维护国家安全和社会公共利益，保护公民、法人和其他组织的合法权益。我国网络安全法律法规体系已基本形成。不过，随着自媒体平台、网络直播平台等新生事物的出现，从长远来看，必须进一步加强和创新网络安全的制度保障。①

首先，需要完善网络信息安全的法律制度。虽然一些政府部门或企业等单位已经制定了网络安全制度，但这些制度仅停留在对信息监控的技术层面，并没有对普通网民进行专门的行为约束。因此，依据《中华人民共和国网络安全法》，我们要及时更新立法观念，树立超前的眼光，对潜在的网络隐患做出适当的预测和分析。同时，我们还应积极学习发达国家的先进立法经验，针对大学生这一群体设立相应的网络安全法律法规并进行有针对性地建设，重视网络成瘾预防与干预，对家长、学校、企业平台的法律责任等问题作出相关细化规定。

① 闫新科．大学生网络安全教育存在的问题及对策研究［D］．长沙：湖南师范大学，2020.

其次，加强网络安全相关法律知识的普及。《中华人民共和国网络安全法》等法律法规对保障网络安全起到了积极的推动作用，但普通民众，特别是大学生，对这些法律法规还不够了解。高校可以利用学校宣传栏等场所，邀请专家进行网络安全法律知识的讲解和宣传活动，向大学生群体传递相关法律、法规的信息，并解答他们可能遇到的问题。高校定期开展此类活动可以确保大学生持续关注网络安全法律知识。相关部门和组织还可利用学校、企事业单位等平台，组织网络安全知识竞赛，吸引大学生参与。通过竞赛的形式，大学生会主动学习相关法律法规，并在竞赛中检验自己的学习成果，增强对网络安全法律知识的理解和应用能力。国家可鼓励学校、企事业单位等组织形成基层网络安全教育景观带。在校园、企事业单位等场所悬挂宣传标语、张贴宣传海报等方式，可向大学生传递网络安全法律知识，增强他们的法治意识和法律素养。社会与高校要长期协作与配合，共同推动网络安全法治宣传教育。只有通过不断普及网络安全法律知识，增强大学生的法治意识和法律素养，才能更好地保障大学生的网络安全。

（三）加强对网络行为的引导监督

互联网的特性催生了多种网络行为，这些行为既有积极的，也有消极的。在大学生群体中，一些不道德或违反法律的网络行为时有发生。为了构建一个良好的网络空间，加强社会对大学生网络行为的引导和监督至关重要。政府和社会组织都需要参与其中，因为单方面的力量是不够的。为了有效引导和监督大学生的网络行为，我们需要整合各种社会资源，调动多方力量参与教育过程。其中，政府起到主导作用。然而，我们不能仅依赖政府的权力和力量。各社会组织之间还需要建立密切的关系，通过一系列制度和措施来引导、约束和规范人们的网络行为。总之，只有政府和社会各方共同努力，整合资源，才能有效引导和监督大学生的网络言行，构建一个良好的网络空间。

首先，确立相关的网络监管体系，做好各社会组织和团体的分工协作。为了有效监管网络行为，需要建立相应的监管体系，以保证网络空间的安全和健康发展。在建立监管体系的过程中，各社会组织和团体需要分工协作，共同完成任务。在不同地理区域中，需要将网络进行分区、分片管理，以便更精细化地进行监管。在管理的尺度方面，政府部门需要把握好分寸，不能过大也不能过小，以确保管理的效果最佳。各社会组织和团体需对人们日常网络中的信息传播、运营管理加以管控，对危害人们正常生活的网络行为给予坚决打击，此外还需关注民意，吸取民众意见和建议。各社会组织共同为制定政策建言献策，完善大学生网络注册准入标准，增强实名制注册和匿名制监管，对网络空间安全、网络信息筛选、网络平台分级等提供高效方案，构建更加广泛而有力的网络监管体系。

其次，在网络监管方面，采取一定的政策和技术手段来监管网络失德失范行为是十分必要的。这些“刚性手段”可以及时对违规行为进行反馈，促使人们自觉地遵守网络法律，并形成一定的约束作用。目前，尽管已经有了许多网络防护产品，但黑客入侵等网络安全事件仍有发生。我们需要进一步完善网络信息技术，以提供更坚实的网络信息安全保障。因此，积极运用各类技术，采取政策和技术手段来监管网络行为是必要的。及时反馈并完善网络信息技术，可以更好地维护网络安全并约束人们的行为，使网络信息安全得到更坚实的保障。

再其次，采用道德培育和舆论引导等柔性管理方法对大学生进行潜移默化的影响也是十分重要的。将“刚性手段”与“柔性管理”相结合，可以实现更长效、更深远的效果。各社会组织可以充分利用节假日、网络安全宣传周等机会，对大学生进行网络道德素养教育。开展相关教育活动，可以引导大学生积极参与其中，并使大学生在参与监管过程中增强社会责任意识。这样的柔性管理方法可以在潜移默化中影响大学生的行为和价值观，让他们自觉遵守法律、法规，形成良好的网络行为习惯。通过道德培育和舆论引导，我们可以从根本上塑造良好的网络文化，为网络空间的发展提供更加健康、安全的环境。

最后，加强高校从事网络管理人员的素质建设至关重要。当前，我国高校网络管理领域的从业人员数量不足，且在构成方面存在不均衡的问题，高端人才更是稀缺。我们要着重对高校网络编辑、网络主持人、网络管理者等主要从事网络工作的人员进行岗位培训，具体措施包括增强他们的主体意识、政治意识、责任意识，使他们能够胜任自己的工作。在人才引进方面，高校应该开放视野，面向社会招聘有经验的人才，打造一支具有创新精神的网络教师队伍。教育者应鼓励当代大学生学习网络相关的管理和技术专业，为未来的网络发展培养更多的专业人才。同时，高校需要通过各种手段和途径，激发网络管理从业人员的竞争意识，推动网络文化建设和管理水平的不断提高。只有这样，我们才能够开创网络建设和管理的新局面，为我国网络安全和发展作出更大的贡献。

（四）营造积极健康的网络文化环境

良好的网络文化环境对人们在网络生活中的幸福感和舒适感至关重要，并且有助于提升人们的思想道德素质和网络文化素养。对于大学生而言，能否拥有一个舒适的网络文化环境直接影响他们的网络生活品质。虽然网络给大学生带来了很多便利，但同时也造成了一些负面影响。在当前的大学生网络安全教育中，社会力量的作用非常重要。我们需要努力营造积极健康的网络氛围，创造对大学生身心发展有益的网络文化环境。优化网络文化环境的方法包括提供多层次的内容，如创作更多、更优秀的网络文化作品，培育高质量的网络文化行业风尚等。在社会层面，应该强调正确价值观的引领作用和风向标作用。通过这些努力，我们可以为大学生创造一个积极向上、健康向善的网络文化环境，为他们的网络生活提供良好的支持和引导，促进他们的全面发展和成长。发动社会力量优化网络文化环境，可以从以下几个方面入手。

首先，树立正确的网络文化导向。在实际工作中，我们应坚持正确的政治方向，始终遵循党性原则，确保网络空间传播内容的积极性，积极响应时代号召，积极传播时代的主旋律。同时，我们应积极宣传中国特色社会主义文化，用社会主义核心价值观来引导人们的网络行为，提升自我修养。此外，我们还应将网络文化与中华民族优秀的传统文化相结合，致力于在网络空间营造一个良好的文化氛围。

其次，注重网络文化内容建设，提高网络文化的内涵质量。政府应该着力培养网络文化的积极向善面，采取积极的政策措施，在网络软件、网络组织、网络企业等方面鼓励传播具有正能量的作品，以激励网络自媒体、网络平台、网络软件、网络工作者更好地把握大学生需求，创造面向大学生群体的优质媒介产品。同时，为了净化网络环境，相关部门也需要开展专项行动，以遏制网络犯罪和网络违法行为的发生，保障网络空间的良好秩序。

再其次，发挥社会舆论对约束网络行为方面的重要作用。社会舆论能够监督人们的网络言行，约束不良的网络行为。我们可以充分利用校园网等媒体开展舆论监督，对一些网络热点问题进行讨论，用主流价值观引导人们，批评违背网络道德的言行，引领网络议题设置。在移动互联网时代，建设网络文化、治理网络空间，需要结合我国的实际国情，积极主动增设与网络相关的议题，倾听人民心声，真实反映问题。只有当媒体议题与当代大学生的兴趣相契合时，大学生参与网络空间传播的能力才能提升。通过限制不良网络行为，加强舆论监督，引导网络议题，我们可以共同营造一个积极健康的网络环境。

最后，加强对网络文化环境的监管力度。我们需要完善网络空间监督举报制度，让每个公民都能够行使自己的监管权力，对网络中出现的不正当、消极内容进行举报，积极参与营造健康的网络空间。对于大学生的不良网络行为，要及时制止并进行批评教育，倡导积极向上的网络文化，引导他们自觉增强维护网络安全的道德觉悟，承担起参与网络空间治理的责任。只有强化监管措施，对不良网络行为进行打击和惩罚，才能保障网络空间的健康发展。

参考文献

［1］本书编写组．国家网络安全知识百问［M］．北京：人民出版社，2020.

［2］本书编写组．思想道德与法治［M］．北京：高等教育出版社，2023.

［3］安静．网络安全意识的内涵变化和应对策略［J］．人民论坛，2018（9）：122-123.

［4］《信息安全与通信保密》采编部．国际全民网络安全意识宣传普及经验［J］．信息安全与通信保密，2016（10）：14-16.

［5］曾德华．中国高等教育网络安全报告：2021［M］．北京：北京邮电大学出版社，2023.

［6］曾令辉．网络思想政治教育概论［M］．南宁：广西民族出版社，2002.

［7］曾令辉．网络思想政治教育的提出及其特征探析［J］．教育与职业，2004（15）：80-82.

［8］陈慧铭．大学生网络安全教育存在的问题及对策研究［D］．武汉：华中师范大学，2019.

［9］埃里克·麦克卢汉，弗兰克·秦格龙．麦克卢汉精粹［M］．2版．何道宽，译．北京：中国大百科全书出版社，2021.

［10］麦库姆斯．议程设置：大众媒介与舆论［M］．郭镇之，徐培喜，译．北京：北京大学出版社，2008.

［11］曼纽尔·卡斯特．网络社会的崛起［M］．夏铸九，王志弘，等译．北京：社会科学文献出版社，2001.

［12］托斯．人工智能时代［M］．赵俐，译．北京：人民邮电出版社，2017.

［13］维克托·迈尔-舍恩伯格，肯尼斯·库克耶．大数据时代：生活、工作与思维的大变革［M］．盛杨燕，周涛，译．杭州：浙江人民出版社，2013.

[14] 单玉. 思想政治工作“教育与自我教育相结合”断想三题 [J]. 探索，2003 (6)：96-98.

[15] 邓晖. 谈大学生网络安全教育 [J]. 教育探索，2014 (7)：79-80.

[16] 董天策. “云报纸”热的理性思考 [J]. 中国报业，2012 (17)：9-12.

[17] 董兴彬，吴满意. 网络思想政治教育视域下的网络空间治理思考 [J]. 学术论坛，2018，41 (5)：168-173.

[18] 方灿莹. 移动互联网时代高校网络安全教育的策略研究 [J]. 闽南师范大学学报（哲学社会科学版），2022，36 (4)：154-159.

[19] 顾巧论，蔡振山，贾春福. 计算机网络安全 [M]. 北京：科学出版社，2003.

[20] 韩臻，王星，黄学臻，等. 美国 NICE 网络空间安全人才队伍框架探析 [J]. 保密科学技术，2012 (9)：53-57.

[21] 何二春. 高校网络安全面临的问题及对策研究 [J]. 数字化用户，2020 (43)：37-39.

[22] 胡侃. 以优化内部资源配置为导向的高校财务预算管理路径探讨 [J]. 湖北经济学院学报（人文社会科学版），2018，15 (8)：68-70.

[23] 黄美娟. 构建高校网络意识形态安全机制的思考 [J]. 学校党建与思想教育，2017 (12)：14-17.

[24] 蒋燕玲. 新时代高校网络安全教育的意义、困境与路径 [J]. 中国高等教育，2020 (20)：59-61.

[25] 金建萍. 人的全面发展：新时代中国特色社会主义的核心要义 [J]. 郑州轻工业学院学报（社会科学版），2018 (6)：10-16.

[26] 李彬. 传播学引论 [M]. 3 版. 北京：高等教育出版社，2013.

[27] 李才红. 网络信息碎片化时代提升高校思想政治教育工作路径研究 [J]. 湖北函授大学学报，2018，31 (10)：46-47.

[28] 李海春，李娟. 移动网络时代高校思想政治理论课面临的挑战与回应 [J]. 思想教育研究，2014 (4)：41-45.

[29] 李剑光，王艳春，朱惠华. 移动互联网环境下基础力学移动学习模式研究 [J]. 高教学刊，2019 (19)：76-79.

[30] 李梦莹. 大学生网络素养及其提升路径研究 [J]. 江苏高教，2019 (12)：134-137.

[31] 李爽，何歆怡. 大学生网络素养现状调查与思考 [J]. 开放教育研

究，2022，28（1）：62-74.

［32］梁海娜，李红亮．媒体融合发展对大学校园文化的迭代影响及其应对［J］．江苏高教，2020（2）：66-71.

［33］梁丽．大学生网络素养教育的融合式课程探索［J］．学校党建与思想教育，2021（1）：79-81.

［34］梁丽．大学生网络素养提升的课程实验［J］．教育评论，2014（5）：84-86.

［35］梁晓涛，汪文斌．移动互联网［M］．武汉：武汉大学出版社，2013.

［36］林浩，施铭嘉，杨建芳．新时代大学生网络安全教育的问题与对策［J］．杭州电子科技大学学报（社会科学版），2018，14（4）：73-78.

［37］林阳，祝智庭．中国网络信息安全教育研究［J］．开放教育研究，2003，9（6）：37-40.

［38］刘梅．试论网络思想政治教育［J］．福建论坛（经济社会版），2000（3）：50-52.

［39］刘庆庆，何燕君，杨守鸿．移动互联网新时代高校网络安全教育的困境与策略［J］．重庆大学学报（社会科学版），2018（5）：218-226.

［40］刘献君．迎难而上推进思想政治教育进网络［J］．中国高等教育，2001（3）：34-35.

［41］刘岳涛．把脉“微时代”的不良心理［J］．政工导刊，2015（12）：52.

［42］卢春宇，刘磊，曹仁朋．欧盟青少年网络安全教育措施及对我国的启示［J］．吉林省教育学院学报（下旬），2013，29（8）：104-105.

［43］栾慧．2009年移动互联网用户行为调研数据分析（续）［J］．互联网周刊，2009（20）：74.

［44］中共中央马克思恩格斯列宁斯大林著作编译局．马克思恩格斯全集：第2卷［M］．北京：人民出版社，1960.

［45］中共中央马克思恩格斯列宁斯大林著作编译局．马克思恩格斯全集：第42卷［M］．北京：人民出版社，1979.

［46］马瑞映，杨松．新时代高校国家安全教育通论［M］．北京：高等教育出版社，2022.

［47］聂多均，许涧．高校网络安全教育问题与对策探究［J］．教育与职业，2009（30）：180-181.

[48] 蒲清平，向往．生成式人工智能：ChatGPT 的变革影响、风险挑战及应对策略［J］．重庆大学学报（社会科学版），2023，29（3）：1-13.

[49] 钱云光，张凤寒．推进高校网络思想政治教育的三重向度［J］．思想政治教育研究，2019，35（2）：152-155.

[50] 邱伟光，张耀灿．思想政治教育学原理［M］．北京：高等教育出版社，1999.

[51] 阙凤仪．大数据时代高校学生网络安全素养评价指标体系及应用研究［D］．武汉：武汉工程大学，2023.

[52] 宋克勤，徐炜．管理学［M］．北京：首都经济贸易大学出版社，2009.

[53] 谭玉，张涛，吕维霞．大学生网络安全教育的国际比较及启示［J］．电子政务，2017（2）：117-125.

[54] 唐金权．网络时代高校国家安全教育面临的新挑战与对策研究［J］．中国成人教育，2013（11）：79-80.

[55] 唐妮霞．移动互联网环境下高校思想政治教育新路径研究［D］．重庆：重庆邮电大学，2017.

[56] 王建敏．新时代思想政治教育的特征及实现路径［J］．马克思主义与现实，2018（5）：165-170.

[57] 王佩．移动互联网时代高校意识形态建设研究［D］．武汉：中国地质大学，2020.

[58] 王晓霞．当代大学生网络运用状况的调查分析［J］．思想理论教育，2018（2）：106-111.

[59] 王欣磊．自媒体时代大学生网络责任意识培育研究［D］．哈尔滨：哈尔滨理工大学，2021.

[60] 王训兵．“三全育人”视域下大学生网络安全素养提升研究［J］．科教导刊，2023（16）：17-19.

[61] 王长潇．新媒体论纲［M］．广州：中山大学出版社，2009.

[62] 吴吉义，李文娟，黄剑平，等．移动互联网研究综述［J］．中国科学：信息科学，2015（1）：45-69.

[63] 谢玉进．新时代网络思想政治教育概念再界定与研究深化［J］．思想教育研究，2022（5）：56-61.

[64] 许畅，高金虎．美国公民国家网络安全意识培养问题研究［J］．情报杂志，2018，37（12）：135-139.

［65］许志远. 移动互联网：模式创新的力量［M］. 北京：电子工业出版社，2014.

［66］闫新科. 大学生网络安全教育存在的问题及对策研究［D］. 长沙：湖南师范大学，2020.

［67］杨建义. 大学生思想政治教育路径研究［D］. 福州：福建师范大学，2008.

［68］杨军. 互联网已成意识形态交锋的主战场［N］. 中国社会科学报，2014-04-18（A7）.

［69］杨立英. 网络化境遇与思想政治教育创新［J］. 思想教育研究，2003（11）：24-26.

［70］杨露. 移动互联网时代大学生网络安全教育研究［D］. 西安：西安理工大学，2022.

［71］姚莹. 新时代青年网络安全教育研究［D］. 成都：西南财经大学，2021.

［72］殷晓蓉. 议程设置理论的产生、发展和内在矛盾：美国传播学效果研究的一个重要视野［J］. 厦门大学学报（哲学社会科学版），1999（2）：108-113.

［73］余晓晖. 移动互联网的发展与思考［J］. 电信网技术，2008（12）：21-27.

［74］余晓辉，许志远. 技术业务发展催生移动互联网［J］. 世界电信，2008（2）：62-66.

［75］张本青，李红革. 网络意识形态安全教育融入高校思想政治理论课的有效路径［J］. 思想理论教育导刊，2019（7）：97-100.

［76］张波. 网络文化下大学生价值观教育研究［D］. 北京：中共中央党校，2020.

［77］张春生. 移动互联网时代高校网络安全教育有效策略研究［J］. 现代职业教育，2023（5）：76-79.

［78］张建松. 发挥校园网络思想政治工作的作用［J］. 空军政治学院学报，1999（6）：70-71.

［79］张俊. 强化新形势下的大学生网络安全教育［J］. 思想理论教育导刊，2013（11）：116-118.

［80］张立彬，李大伟，单耀军. 大学生网络社交安全教育问题初探［J］. 河北大学学报（哲学社会科学版），2003，28（3）：121-125.

[81] 张明仓. 虚拟实践的本质探析 [J]. 华中科技大学学报（社会科学版），2006，20（1）：34-38.

[82] 张树启. 移动互联网时代大学生网络安全教育的策略研究 [J]. 学校党建与思想教育，2022（24）：63-65.

[83] 张晓菲，李斌，王星. 美国网络安全人才队伍建设状况 [J]. 中国信息安全，2015（9）：84-86.

[84] 张再兴. 我国高校网络思想教育的十年历程与发展 [J]. 思想教育研究，2005（7）：2-6.

[85] 张珍瑜. 高校思想政治教育视域下家校联动价值初探 [J]. 长春教育学院学报，2018，34（2）：18-20.

[86] 赵东阳. 信息碎片化传播对高校网络思想政治教育的挑战及其对策研究 [J]. 文教资料，2022（24）：61-66.

[87] 赵林. 中国移动互联网：机遇、挑战与策略 [J]. 无线电工程，2002（2）：30-33，47.

[88] 郑行之. “三全育人”视角下大学生安全教育工作机制研究 [J]. 产业与科技论坛，2023，22（2）：283-284.

[89] 中共中央党史和文献研究院. 习近平关于总体国家安全观论述摘编 [M]. 北京：中央文献出版社，2018.

[90] 中共中央马克思恩格斯列宁斯大林著作编译局. 马克思恩格斯选集：第2卷 [M]. 北京：人民出版社，2012.

[91] 中共中央文献研究室. 习近平关于社会主义文化建设论述摘编 [M]. 北京：中央文献出版社，2017.

[92] 周爱平. 移动互联网时代高校网络安全教育策略研究 [J]. 信息系统工程，2022（8）：173-176.

[93] 周恒洋，邹浩. “三全育人”视域下大学生网络安全教育探析 [J]. 学校党建与思想教育，2022（2）：73-75.

[94] 周小李，王方舟. 数字公民教育：亚太地区的政策与实践 [J]. 比较教育研究，2019（8）：3-10.

[95] 朱琳. 大学生网络行为与教育引导的实证研究 [M]. 芜湖：安徽师范大学出版社，2022.

[96] 方兵. 新媒体时代高校网络安全教育实效性提升策略 [J]. 软件导刊（教育技术），2017，16（10）：80-82.

[97] 李君智. 辅导员视角下的大学生网络安全教育探析 [J]. 湖南科技

学院学报，2020，41（6）：81-84.

［98］李新凤. 关于如何有效开展大学生安全教育的几点思考［J］. 科技展望，2015，25（27）：292.

［99］赵小梅. 运用共情理论培育高中生政治认同素养研究［D］. 济南：山东师范大学，2020.

［100］任春雨. 社会主义核心价值观在网络空间治理中的恰切之道［J］. 思想政治教育研究，2018，34（2）：17-21.

附录一　大学生网络安全教育调查问卷

亲爱的同学：

您好！非常感谢您抽出宝贵的时间参与本次大学生网络安全教育调查活动，本问卷旨在了解高校大学生网络安全教育的现状，您的回答将作为改善网络安全教育的重要参考。本次调查所获得的资料和数据只用于课题研究。本问卷采取匿名方式进行，不涉及您的个人隐私，您提供的信息都将得到严格保密。您给出的选择均无优劣之分，请您根据自己实际情况真实回答相关问题。“安全”才心安，“满意”才幸福，感谢您的支持和参与！

1. 您所在学院？[单选题]

☐ 材料科学与工程学院

☐ 财经学院

☐ 电气信息工程学院

☐ 法学院

☐ 管理学院

☐ 计算机科学与通信工程学院

☐ 马克思主义学院

☐ 能源与动力工程学院

☐ 农业工程学院

☐ 汽车与交通工程学院

☐ 数学科学学院

☐ 土木工程与力学学院

☐ 外国语学院

☐ 物理与电子工程学院

☐ 医学院

☐ 艺术学院

2. 您的性别？[单选题]

□ 男　□ 女

3. 您的年龄？[单选题]

□ 17 岁（含）及以下　□ 18　□ 19　□ 20

□ 21　□ 22　□ 23　□ 24 岁（含）及以上

4. 您所处的年级？[单选题]

□ 大一　□ 大二　□ 大三　□ 大四

5. 您的专业所属学科类别？[单选题]

□ 工学　□ 农学　□ 理学　□ 医学

□ 管理学　□ 经济学　□ 哲学　□ 法学

□ 文学　□ 教育学　□ 历史学　□ 艺术学

6. 您一般每天上网多长时间？[单选题]

□ 1~2 小时　□ 3~4 小时　□ 5~6 小时　□ 6 个小时以上

7. 您经常使用的网络应用服务有哪些？[多选题]

□ 社交应用（即时通信、博客、短视频等）

□ 网络媒体（新闻资讯、网上阅读、视频直播等）

□ 数字娱乐（网络游戏、网络音乐、网络视频等）

□ 电子商务（网络购物、网上支付、网上银行等）

□ 健康医疗（运动、医疗、卫生等）

□ 生活服务（搜索引擎、出行、导航、网约车、外卖、旅游预订、美图等）

□ 办公业务（远程办公、网上会议、线上打卡、招聘等）

□ 教育培训（在线教育、网上作业、网上考试）

□ 电子政务（公共服务、办证、缴费等）

□ 其他

8. 您在过去一年里做过以下哪些行为？[多选题]

□ 网络购物时向卖家发送个人银行账号、密码

□ 打开来源不明的电子邮件或网站链接等信息

□ 使用有安全隐患的手机或电脑上网

□ 注册网络账户时使用手机号码、身份证件号码等个人信息

□ 在公共场所登录 Wi-Fi

□ 注册网络服务账号时使用相同的用户名和密码

□ 使用盗版软件

□ 卸载网络防火墙或杀毒软件

□ 为提高浏览速度，降低浏览器的安全等级，下载并安装不明来源的软件

□ 长期不进行文件备份

□ 将计算机中的文件都设为网络共享

□ 对网络安全提示弃之不顾，仍浏览有安全隐患的网站

□ 没有做过以上行为

9. 您日常使用网络时总体感觉安全吗？[单选题]

□ 非常安全

□ 安全

□ 一般

□ 不安全

□ 非常不安全

10. 您经常遇到哪些网络安全问题？[多选题]

□ 违法有害信息（淫秽色情、网络赌博、网络谣言、侮辱诽谤、违禁物品信息、暴恐音视频、虚假广告）

□ 网络入侵攻击（病毒和恶意软件攻击、钓鱼网站、拒绝服务攻击）

□ 危害数据安全（采集规则不规范、过度采集、个人信息泄露、个人信息滥用、个人信息被盗、个人信息被非法售卖）

□ 利用网络实施违法犯罪（金融网络诈骗、电信网络诈骗、网络支付诈骗、数据违法交易、账号违法交易、侵犯知识产权、套路贷、网络传销、网络招嫖）

□ 网络骚扰行为（垃圾邮件、垃圾短信、骚扰电话、弹窗广告、捆绑下载）

□ 其他

11. 您遇到网络安全问题后一般会怎么做？[多选题]

□ 向网信办“12377”举报中心举报

□ 向互联网服务提供者投诉

□ 向工信部通管局“12300”投诉

□ 向公安部“网络违法犯罪举报网站”举报

□ 向网络产品服务提供机构求助

□ 向网络安全相关社会组织反映

□ 自救或向朋友求助

□ 拨打 110 或 96110（反诈）报警

□ 诉诸法律诉讼

☐ 咨询律师
☐ 不再使用该服务
☐ 不采取任何措施

12. 在网络世界里了解到的西方思想观点，哪个对您影响较大？[单选题]
☐ 自由主义
☐ 消费主义
☐ 个人主义
☐ 享乐主义
☐ 功利主义
☐ 没有影响

13. 您会主动了解网络安全这方面的知识吗？[单选题]
☐ 经常有
☐ 比较少
☐ 偶尔有一两次
☐ 从来不会

14. 您是否浏览过不安全（有风险提示）的网站？[单选题]
☐ 经常
☐ 偶尔
☐ 从不

15. 您会在网上有意或者无意透露自己的信息吗？[单选题]
☐ 会
☐ 不会

16. 注册新的网络账号时，您会透露或填写以下哪些信息？[多选题]
☐ 姓名、出生年月
☐ QQ、微信、手机号码
☐ 性别、民族、家庭地址
☐ 照片
☐ 学生证、身份证、毕业证等证件的编号

17. 您在注册新用户时是否会仔细阅读隐私条款？[单选题]
☐ 不会仔细阅读，认为没有必要
☐ 不会仔细阅读，只是大概看一下
☐ 会仔细阅读

18. 您使用网络账号时是否会设置密保手段？[单选题]

□ 会全部设置
□ 会，但只部分设置
□ 不会设置

19. 对于电脑安全，您的做法是？[多选题]
□ 安装杀毒软件，并定期升级
□ 及时升级系统和修复安全漏洞
□ 使用外接储存器时先杀毒
□ 尽量不浏览陌生网站和下载陌生软件
□ 其他____________

20. 您懂得如何使用防火墙、杀毒软件吗？[单选题]
□ 能熟练操作
□ 不太懂
□ 不懂

21. 路遇打折活动，需要您扫描二维码，您会怎么做？[单选题]
□ 经常扫描
□ 偶尔扫描，会担心安全问题
□ 从不扫描

22. 当收到垃圾邮件时您一般会怎么处理？[单选题]
□ 为防病毒不打开邮件，立即删除邮件
□ 看完删除
□ 随意处理
□ 设置垃圾邮件过滤，并删除邮件

23. 收到短信，为了正常使用银行卡，要求登录对方提供的网站，您会如何选择？[单选题]
□ 认真核实再登录
□ 是钓鱼网站，要提高警惕
□ 见机行事，看是否报警
□ 不理会

24. 当遇到网络诈骗时您或您的同学会如何处理？[单选题]
□ 向公安机关报案运用相关的法律维护自身权益
□ 告诉老师、辅导员
□ 如果数额不大，就自认倒霉不处理
□ 没有遇到过网络诈骗

25. 您认为有必要加强大学生网络安全教育吗？［单选题］

□ 十分有必要

□ 有必要

□ 一般

□ 不必要

□ 完全不必要

26. 您认为在高校开展网络安全教育的重要性如何？［单选题］

□ 非常重要

□ 重要

□ 一般

□ 不重要

□ 完全不重要

27. 您希望开展哪方面的网络安全教育？［多选题］

□ 网络安全基础知识

□ 网络安全道德、法律教育

□ 网络心理健康教育

□ 主流意识形态教育

□ 其他____________

28. 您认为可以采取哪些方式在学校开展网络安全教育？［多选题］

□ 课堂学习

□ 专家讲座

□ 社团活动

□ 橱窗宣传

□ 官方微信、微博、网站

□ 社会实践参观调研等

□ 其他____________

本问卷到此结束，请检查是否遗漏了题目。再次感谢您的参与和支持！

附录二　中华人民共和国国家安全法

《中华人民共和国国家安全法》是为了维护国家安全，保卫人民民主专政的政权和中国特色社会主义制度，保护人民的根本利益，保障改革开放和社会主义现代化建设的顺利进行，实现中华民族伟大复兴，根据《中华人民共和国宪法》制定的法律。

2015 年 7 月 1 日，第十二届全国人民代表大会常务委员会第十五次会议通过新的国家安全法。国家主席习近平签署第 29 号主席令予以公布。法律对政治安全、国土安全、军事安全、文化安全、科技安全等 11 个领域的国家安全任务进行了明确，共 7 章 84 条，自 2015 年 7 月 1 日起施行。

第一章　总　则

第一条　为了维护国家安全，保卫人民民主专政的政权和中国特色社会主义制度，保护人民的根本利益，保障改革开放和社会主义现代化建设的顺利进行，实现中华民族伟大复兴，根据宪法，制定本法。

第二条　国家安全是指国家政权、主权、统一和领土完整、人民福祉、经济社会可持续发展和国家其他重大利益相对处于没有危险和不受内外威胁的状态，以及保障持续安全状态的能力。

第三条　国家安全工作应当坚持总体国家安全观，以人民安全为宗旨，以政治安全为根本，以经济安全为基础，以军事、文化、社会安全为保障，以促进国际安全为依托，维护各领域国家安全，构建国家安全体系，走中国特色国家安全道路。

第四条　坚持中国共产党对国家安全工作的领导，建立集中统一、高效权威的国家安全领导体制。

第五条　中央国家安全领导机构负责国家安全工作的决策和议事协调，研究制定、指导实施国家安全战略和有关重大方针政策，统筹协调国家安全重大事项和重要工作，推动国家安全法治建设。

第六条　国家制定并不断完善国家安全战略，全面评估国际、国内安全形势，明确国家安全战略的指导方针、中长期目标、重点领域的国家安全政策、工作任务和措施。

第七条　维护国家安全，应当遵守宪法和法律，坚持社会主义法治原则，尊重和保障人权，依法保护公民的权利和自由。

第八条　维护国家安全，应当与经济社会发展相协调。

国家安全工作应当统筹内部安全和外部安全、国土安全和国民安全、传统安全和非传统安全、自身安全和共同安全。

第九条　维护国家安全，应当坚持预防为主、标本兼治，专门工作与群众路线相结合，充分发挥专门机关和其他有关机关维护国家安全的职能作用，广泛动员公民和组织，防范、制止和依法惩治危害国家安全的行为。

第十条　维护国家安全，应当坚持互信、互利、平等、协作，积极同外国政府和国际组织开展安全交流合作，履行国际安全义务，促进共同安全，维护世界和平。

第十一条　中华人民共和国公民、一切国家机关和武装力量、各政党和各人民团体、企业事业组织和其他社会组织，都有维护国家安全的责任和义务。

中国的主权和领土完整不容侵犯和分割。维护国家主权、统一和领土完整是包括港澳同胞和台湾同胞在内的全中国人民的共同义务。

第十二条　国家对在维护国家安全工作中作出突出贡献的个人和组织给予表彰和奖励。

第十三条　国家机关工作人员在国家安全工作和涉及国家安全活动中，滥用职权、玩忽职守、徇私舞弊的，依法追究法律责任。

任何个人和组织违反本法和有关法律，不履行维护国家安全义务或者从事危害国家安全活动的，依法追究法律责任。

第十四条　每年 4 月 15 日为全民国家安全教育日。

第二章　维护国家安全的任务

第十五条　国家坚持中国共产党的领导，维护中国特色社会主义制度，发展社会主义民主政治，健全社会主义法治，强化权力运行制约和监督机制，保障人民当家作主的各项权利。

国家防范、制止和依法惩治任何叛国、分裂国家、煽动叛乱、颠覆或者煽动颠覆人民民主专政政权的行为；防范、制止和依法惩治窃取、泄露国家秘密等危害国家安全的行为；防范、制止和依法惩治境外势力的渗透、破坏、颠覆、分裂活动。

第十六条 国家维护和发展最广大人民的根本利益，保卫人民安全，创造良好生存发展条件和安定工作生活环境，保障公民的生命财产安全和其他合法权益。

第十七条 国家加强边防、海防和空防建设，采取一切必要的防卫和管控措施，保卫领陆、内水、领海和领空安全，维护国家领土主权和海洋权益。

第十八条 国家加强武装力量革命化、现代化、正规化建设，建设与保卫国家安全和发展利益需要相适应的武装力量；实施积极防御军事战略方针，防备和抵御侵略，制止武装颠覆和分裂；开展国际军事安全合作，实施联合国维和、国际救援、海上护航和维护国家海外利益的军事行动，维护国家主权、安全、领土完整、发展利益和世界和平。

第十九条 国家维护国家基本经济制度和社会主义市场经济秩序，健全预防和化解经济安全风险的制度机制，保障关系国民经济命脉的重要行业和关键领域、重点产业、重大基础设施和重大建设项目以及其他重大经济利益安全。

第二十条 国家健全金融宏观审慎管理和金融风险防范、处置机制，加强金融基础设施和基础能力建设，防范和化解系统性、区域性金融风险，防范和抵御外部金融风险的冲击。

第二十一条 国家合理利用和保护资源能源，有效管控战略资源能源的开发，加强战略资源能源储备，完善资源能源运输战略通道建设和安全保护措施，加强国际资源能源合作，全面提升应急保障能力，保障经济社会发展所需的资源能源持续、可靠和有效供给。

第二十二条 国家健全粮食安全保障体系，保护和提高粮食综合生产能力，完善粮食储备制度、流通体系和市场调控机制，健全粮食安全预警制度，保障粮食供给和质量安全。

第二十三条 国家坚持社会主义先进文化前进方向，继承和弘扬中华民族优秀传统文化，培育和践行社会主义核心价值观，防范和抵制不良文化的影响，掌握意识形态领域主导权，增强文化整体实力和竞争力。

第二十四条 国家加强自主创新能力建设，加快发展自主可控的战略高新技术和重要领域核心关键技术，加强知识产权的运用、保护和科技保密能力建设，保障重大技术和工程的安全。

第二十五条 国家建设网络与信息安全保障体系，提升网络与信息安全保护能力，加强网络和信息技术的创新研究和开发应用，实现网络和信息核心技术、关键基础设施和重要领域信息系统及数据的安全可控；加强网络管理，防范、制止和依法惩治网络攻击、网络入侵、网络窃密、散布违法有害信息等网络违法犯罪行为，维护国家网络空间主权、安全和发展利益。

第二十六条 国家坚持和完善民族区域自治制度，巩固和发展平等团结互助和谐的社会主义民族关系。坚持各民族一律平等，加强民族交往、交流、交融，防范、制止和依法惩治民族分裂活动，维护国家统一、民族团结和社会和谐，实现各民族共同团结奋斗、共同繁荣发展。

第二十七条 国家依法保护公民宗教信仰自由和正常宗教活动，坚持宗教独立自主自办的原则，防范、制止和依法惩治利用宗教名义进行危害国家安全的违法犯罪活动，反对境外势力干涉境内宗教事务，维护正常宗教活动秩序。

国家依法取缔邪教组织，防范、制止和依法惩治邪教违法犯罪活动。

第二十八条 国家反对一切形式的恐怖主义和极端主义，加强防范和处置恐怖主义的能力建设，依法开展情报、调查、防范、处置以及资金监管等工作，依法取缔恐怖活动组织和严厉惩治暴力恐怖活动。

第二十九条 国家健全有效预防和化解社会矛盾的体制机制，健全公共安全体系，积极预防、减少和化解社会矛盾，妥善处置公共卫生、社会安全等影响国家安全和社会稳定的突发事件，促进社会和谐，维护公共安全和社会安定。

第三十条 国家完善生态环境保护制度体系，加大生态建设和环境保护力度，划定生态保护红线，强化生态风险的预警和防控，妥善处置突发环境事件，保障人民赖以生存发展的大气、水、土壤等自然环境和条件不受威胁和破坏，促进人与自然和谐发展。

第三十一条 国家坚持和平利用核能和核技术，加强国际合作，防止核扩散，完善防扩散机制，加强对核设施、核材料、核活动和核废料处置的安全管理、监管和保护，加强核事故应急体系和应急能力建设，防止、控制和消除核事故对公民生命健康和生态环境的危害，不断增强有效应对和防范核威胁、核攻击的能力。

第三十二条 国家坚持和平探索和利用外层空间、国际海底区域和极地，增强安全进出、科学考察、开发利用的能力，加强国际合作，维护我国在外层空间、国际海底区域和极地的活动、资产和其他利益的安全。

第三十三条 国家依法采取必要措施，保护海外中国公民、组织和机构的安全和正当权益，保护国家的海外利益不受威胁和侵害。

第三十四条 国家根据经济社会发展和国家发展利益的需要，不断完善维护国家安全的任务。

第三章　维护国家安全的职责

第三十五条　全国人民代表大会依照宪法规定，决定战争和和平的问题，行使宪法规定的涉及国家安全的其他职权。

全国人民代表大会常务委员会依照宪法规定，决定战争状态的宣布，决定全国总动员或者局部动员，决定全国或者个别省、自治区、直辖市进入紧急状态，行使宪法规定的和全国人民代表大会授予的涉及国家安全的其他职权。

第三十六条　中华人民共和国主席根据全国人民代表大会的决定和全国人民代表大会常务委员会的决定，宣布进入紧急状态，宣布战争状态，发布动员令，行使宪法规定的涉及国家安全的其他职权。

第三十七条　国务院根据宪法和法律，制定涉及国家安全的行政法规，规定有关行政措施，发布有关决定和命令；实施国家安全法律法规和政策；依照法律规定决定省、自治区、直辖市的范围内部分地区进入紧急状态；行使宪法法律规定的和全国人民代表大会及其常务委员会授予的涉及国家安全的其他职权。

第三十八条　中央军事委员会领导全国武装力量，决定军事战略和武装力量的作战方针，统一指挥维护国家安全的军事行动，制定涉及国家安全的军事法规，发布有关决定和命令。

第三十九条　中央国家机关各部门按照职责分工，贯彻执行国家安全方针政策和法律法规，管理指导本系统、本领域国家安全工作。

第四十条　地方各级人民代表大会和县级以上地方各级人民代表大会常务委员会在本行政区域内，保证国家安全法律法规的遵守和执行。

地方各级人民政府依照法律法规规定管理本行政区域内的国家安全工作。

香港特别行政区、澳门特别行政区应当履行维护国家安全的责任。

第四十一条　人民法院依照法律规定行使审判权，人民检察院依照法律规定行使检察权，惩治危害国家安全的犯罪。

第四十二条　国家安全机关、公安机关依法搜集涉及国家安全的情报信息，在国家安全工作中依法行使侦查、拘留、预审和执行逮捕以及法律规定的其他职权。

有关军事机关在国家安全工作中依法行使相关职权。

第四十三条　国家机关及其工作人员在履行职责时，应当贯彻维护国家安全的原则。

国家机关及其工作人员在国家安全工作和涉及国家安全活动中，应当严格依法履行职责，不得超越职权、滥用职权，不得侵犯个人和组织的合法权益。

第四章　国家安全制度

第一节　一般规定

第四十四条　中央国家安全领导机构实行统分结合、协调高效的国家安全制度与工作机制。

第四十五条　国家建立国家安全重点领域工作协调机制，统筹协调中央有关职能部门推进相关工作。

第四十六条　国家建立国家安全工作督促检查和责任追究机制，确保国家安全战略和重大部署贯彻落实。

第四十七条　各部门、各地区应当采取有效措施，贯彻实施国家安全战略。

第四十八条　国家根据维护国家安全工作需要，建立跨部门会商工作机制，就维护国家安全工作的重大事项进行会商研判，提出意见和建议。

第四十九条　国家建立中央与地方之间、部门之间、军地之间以及地区之间关于国家安全的协同联动机制。

第五十条　国家建立国家安全决策咨询机制，组织专家和有关方面开展对国家安全形势的分析研判，推进国家安全的科学决策。

第二节　情报信息

第五十一条　国家健全统一归口、反应灵敏、准确高效、运转顺畅的情报信息收集、研判和使用制度，建立情报信息工作协调机制，实现情报信息的及时收集、准确研判、有效使用和共享。

第五十二条　国家安全机关、公安机关、有关军事机关根据职责分工，依法搜集涉及国家安全的情报信息。

国家机关各部门在履行职责过程中，对于获取的涉及国家安全的有关信息应当及时上报。

第五十三条　开展情报信息工作，应当充分运用现代科学技术手段，加强对情报信息的鉴别、筛选、综合和研判分析。

第五十四条　情报信息的报送应当及时、准确、客观，不得迟报、漏报、瞒报和谎报。

第三节　风险预防、评估和预警

第五十五条　国家制定完善应对各领域国家安全风险预案。

第五十六条　国家建立国家安全风险评估机制，定期开展各领域国家安全风险调查评估。

有关部门应当定期向中央国家安全领导机构提交国家安全风险评估报告。

第五十七条 国家健全国家安全风险监测预警制度，根据国家安全风险程度，及时发布相应风险预警。

第五十八条 对可能即将发生或者已经发生的危害国家安全的事件，县级以上地方人民政府及其有关主管部门应当立即按照规定向上一级人民政府及其有关主管部门报告，必要时可以越级上报。

第四节　审查监管

第五十九条 国家建立国家安全审查和监管的制度和机制，对影响或者可能影响国家安全的外商投资、特定物项和关键技术、网络信息技术产品和服务、涉及国家安全事项的建设项目，以及其他重大事项和活动，进行国家安全审查，有效预防和化解国家安全风险。

第六十条 中央国家机关各部门依照法律、行政法规行使国家安全审查职责，依法作出国家安全审查决定或者提出安全审查意见并监督执行。

第六十一条 省、自治区、直辖市依法负责本行政区域内有关国家安全审查和监管工作。

第五节　危机管控

第六十二条 国家建立统一领导、协同联动、有序高效的国家安全危机管控制度。

第六十三条 发生危及国家安全的重大事件，中央有关部门和有关地方根据中央国家安全领导机构的统一部署，依法启动应急预案，采取管控处置措施。

第六十四条 发生危及国家安全的特别重大事件，需要进入紧急状态、战争状态或者进行全国总动员、局部动员的，由全国人民代表大会、全国人民代表大会常务委员会或者国务院依照宪法和有关法律规定的权限和程序决定。

第六十五条 国家决定进入紧急状态、战争状态或者实施国防动员后，履行国家安全危机管控职责的有关机关依照法律规定或者全国人民代表大会常务委员会规定，有权采取限制公民和组织权利、增加公民和组织义务的特别措施。

第六十六条 履行国家安全危机管控职责的有关机关依法采取处置国家安全危机的管控措施，应当与国家安全危机可能造成的危害的性质、程度和范围相适应；有多种措施可供选择的，应当选择有利于最大程度保护公民、组织权益的措施。

第六十七条　国家健全国家安全危机的信息报告和发布机制。

国家安全危机事件发生后，履行国家安全危机管控职责的有关机关，应当按照规定准确、及时报告，并依法将有关国家安全危机事件发生、发展、管控处置及善后情况统一向社会发布。

第六十八条　国家安全威胁和危害得到控制或者消除后，应当及时解除管控处置措施，做好善后工作。

第五章　国家安全保障

第六十九条　国家健全国家安全保障体系，增强维护国家安全的能力。

第七十条　国家健全国家安全法律制度体系，推动国家安全法治建设。

第七十一条　国家加大对国家安全各项建设的投入，保障国家安全工作所需经费和装备。

第七十二条　承担国家安全战略物资储备任务的单位，应当按照国家有关规定和标准对国家安全物资进行收储、保管和维护，定期调整更换，保证储备物资的使用效能和安全。

第七十三条　鼓励国家安全领域科技创新，发挥科技在维护国家安全中的作用。

第七十四条　国家采取必要措施，招录、培养和管理国家安全工作专门人才和特殊人才。

根据维护国家安全工作的需要，国家依法保护有关机关专门从事国家安全工作人员的身份和合法权益，加大人身保护和安置保障力度。

第七十五条　国家安全机关、公安机关、有关军事机关开展国家安全专门工作，可以依法采取必要手段和方式，有关部门和地方应当在职责范围内提供支持和配合。

第七十六条　国家加强国家安全新闻宣传和舆论引导，通过多种形式开展国家安全宣传教育活动，将国家安全教育纳入国民教育体系和公务员教育培训体系，增强全民国家安全意识。

第六章　公民、组织的义务和权利

第七十七条　公民和组织应当履行下列维护国家安全的义务：

（一）遵守宪法、法律法规关于国家安全的有关规定；

（二）及时报告危害国家安全活动的线索；

（三）如实提供所知悉的涉及危害国家安全活动的证据；

（四）为国家安全工作提供便利条件或者其他协助；

（五）向国家安全机关、公安机关和有关军事机关提供必要的支持和协助；

（六）保守所知悉的国家秘密；

（七）法律、行政法规规定的其他义务。

任何个人和组织不得有危害国家安全的行为，不得向危害国家安全的个人或者组织提供任何资助或者协助。

第七十八条 机关、人民团体、企业事业组织和其他社会组织应当对本单位的人员进行维护国家安全的教育，动员、组织本单位的人员防范、制止危害国家安全的行为。

第七十九条 企业事业组织根据国家安全工作的要求，应当配合有关部门采取相关安全措施。

第八十条 公民和组织支持、协助国家安全工作的行为受法律保护。

因支持、协助国家安全工作，本人或者其近亲属的人身安全面临危险的，可以向公安机关、国家安全机关请求予以保护。公安机关、国家安全机关应当会同有关部门依法采取保护措施。

第八十一条 公民和组织因支持、协助国家安全工作导致财产损失的，按照国家有关规定给予补偿；造成人身伤害或者死亡的，按照国家有关规定给予抚恤优待。

第八十二条 公民和组织对国家安全工作有向国家机关提出批评建议的权利，对国家机关及其工作人员在国家安全工作中的违法失职行为有提出申诉、控告和检举的权利。

第八十三条 在国家安全工作中，需要采取限制公民权利和自由的特别措施时，应当依法进行，并以维护国家安全的实际需要为限度。

第七章 附 则

第八十四条 本法自公布之日起施行。

附录三　中华人民共和国网络安全法

《中华人民共和国网络安全法》是为了保障网络安全，维护网络空间主权和国家安全、社会公共利益，保护公民、法人和其他组织的合法权益，促进经济社会信息化健康发展制定的法律，对中国网络空间法治化建设具有重要意义。

2016 年 11 月 7 日，第十二届全国人民代表大会常务委员第二十四次会议通过《中华人民共和国网络安全法》。本法共 7 章第 79 条，自 2017 年 6 月 1 日起施行。

第一章　总　则

第一条　为了保障网络安全，维护网络空间主权和国家安全、社会公共利益，保护公民、法人和其他组织的合法权益，促进经济社会信息化健康发展，制定本法。

第二条　在中华人民共和国境内建设、运营、维护和使用网络，以及网络安全的监督管理，适用本法。

第三条　国家坚持网络安全与信息化发展并重，遵循积极利用、科学发展、依法管理、确保安全的方针，推进网络基础设施建设和互联互通，鼓励网络技术创新和应用，支持培养网络安全人才，建立健全网络安全保障体系，提高网络安全保护能力。

第四条　国家制定并不断完善网络安全战略，明确保障网络安全的基本要求和主要目标，提出重点领域的网络安全政策、工作任务和措施。

第五条　国家采取措施，监测、防御、处置来源于中华人民共和国境内外的网络安全风险和威胁，保护关键信息基础设施免受攻击、侵入、干扰和破坏，依法惩治网络违法犯罪活动，维护网络空间安全和秩序。

第六条　国家倡导诚实守信、健康文明的网络行为，推动传播社会主义核心价值观，采取措施提高全社会的网络安全意识和水平，形成全社会共同参与促进网络安全的良好环境。

第七条 国家积极开展网络空间治理、网络技术研发和标准制定、打击网络违法犯罪等方面的国际交流与合作，推动构建和平、安全、开放、合作的网络空间，建立多边、民主、透明的网络治理体系。

第八条 国家网信部门负责统筹协调网络安全工作和相关监督管理工作。国务院电信主管部门、公安部门和其他有关机关依照本法和有关法律、行政法规的规定，在各自职责范围内负责网络安全保护和监督管理工作。

县级以上地方人民政府有关部门的网络安全保护和监督管理职责，按照国家有关规定确定。

第九条 网络运营者开展经营和服务活动，必须遵守法律、行政法规，尊重社会公德，遵守商业道德，诚实信用，履行网络安全保护义务，接受政府和社会的监督，承担社会责任。

第十条 建设、运营网络或者通过网络提供服务，应当依照法律、行政法规的规定和国家标准的强制性要求，采取技术措施和其他必要措施，保障网络安全、稳定运行，有效应对网络安全事件，防范网络违法犯罪活动，维护网络数据的完整性、保密性和可用性。

第十一条 网络相关行业组织按照章程，加强行业自律，制定网络安全行为规范，指导会员加强网络安全保护，提高网络安全保护水平，促进行业健康发展。

第十二条 国家保护公民、法人和其他组织依法使用网络的权利，促进网络接入普及，提升网络服务水平，为社会提供安全、便利的网络服务，保障网络信息依法有序自由流动。

任何个人和组织使用网络应当遵守宪法法律，遵守公共秩序，尊重社会公德，不得危害网络安全，不得利用网络从事危害国家安全、荣誉和利益，煽动颠覆国家政权、推翻社会主义制度，煽动分裂国家、破坏国家统一，宣扬恐怖主义、极端主义，宣扬民族仇恨、民族歧视，传播暴力、淫秽色情信息，编造、传播虚假信息扰乱经济秩序和社会秩序，以及侵害他人名誉、隐私、知识产权和其他合法权益等活动。

第十三条 国家支持研究开发有利于未成年人健康成长的网络产品和服务，依法惩治利用网络从事危害未成年人身心健康的活动，为未成年人提供安全、健康的网络环境。

第十四条 任何个人和组织有权对危害网络安全的行为向网信、电信、公安等部门举报。收到举报的部门应当及时依法作出处理；不属于本部门职责的，应当及时移送有权处理的部门。

有关部门应当对举报人的相关信息予以保密，保护举报人的合法权益。

第二章　网络安全支持与促进

第十五条　国家建立和完善网络安全标准体系。国务院标准化行政主管部门和国务院其他有关部门根据各自的职责，组织制定并适时修订有关网络安全管理以及网络产品、服务和运行安全的国家标准、行业标准。

国家支持企业、研究机构、高等学校、网络相关行业组织参与网络安全国家标准、行业标准的制定。

第十六条　国务院和省、自治区、直辖市人民政府应当统筹规划，加大投入，扶持重点网络安全技术产业和项目，支持网络安全技术的研究开发和应用，推广安全可信的网络产品和服务，保护网络技术知识产权，支持企业、研究机构和高等学校等参与国家网络安全技术创新项目。

第十七条　国家推进网络安全社会化服务体系建设，鼓励有关企业、机构开展网络安全认证、检测和风险评估等安全服务。

第十八条　国家鼓励开发网络数据安全保护和利用技术，促进公共数据资源开放，推动技术创新和经济社会发展。

国家支持创新网络安全管理方式，运用网络新技术，提升网络安全保护水平。

第十九条　各级人民政府及其有关部门应当组织开展经常性的网络安全宣传教育，并指导、督促有关单位做好网络安全宣传教育工作。

大众传播媒介应当有针对性地面向社会进行网络安全宣传教育。

第二十条　国家支持企业和高等学校、职业学校等教育培训机构开展网络安全相关教育与培训，采取多种方式培养网络安全人才，促进网络安全人才交流。

第三章　网络运行安全

第一节　一般规定

第二十一条　国家实行网络安全等级保护制度。网络运营者应当按照网络安全等级保护制度的要求，履行下列安全保护义务，保障网络免受干扰、破坏或者未经授权的访问，防止网络数据泄露或者被窃取、篡改：

（一）制定内部安全管理制度和操作规程，确定网络安全负责人，落实网络安全保护责任；

（二）采取防范计算机病毒和网络攻击、网络侵入等危害网络安全行为的技术措施；

（三）采取监测、记录网络运行状态、网络安全事件的技术措施，并按照规定留存相关的网络日志不少于六个月；

（四）采取数据分类、重要数据备份和加密等措施；

（五）法律、行政法规规定的其他义务。

第二十二条 网络产品、服务应当符合相关国家标准的强制性要求。网络产品、服务的提供者不得设置恶意程序；发现其网络产品、服务存在安全缺陷、漏洞等风险时，应当立即采取补救措施，按照规定及时告知用户并向有关主管部门报告。

网络产品、服务的提供者应当为其产品、服务持续提供安全维护；在规定或者当事人约定的期限内，不得终止提供安全维护。

网络产品、服务具有收集用户信息功能的，其提供者应当向用户明示并取得同意；涉及用户个人信息的，还应当遵守本法和有关法律、行政法规关于个人信息保护的规定。

第二十三条 网络关键设备和网络安全专用产品应当按照相关国家标准的强制性要求，由具备资格的机构安全认证合格或者安全检测符合要求后，方可销售或者提供。国家网信部门会同国务院有关部门制定、公布网络关键设备和网络安全专用产品目录，并推动安全认证和安全检测结果互认，避免重复认证、检测。

第二十四条 网络运营者为用户办理网络接入、域名注册服务，办理固定电话、移动电话等入网手续，或者为用户提供信息发布、即时通讯等服务，在与用户签订协议或者确认提供服务时，应当要求用户提供真实身份信息。用户不提供真实身份信息的，网络运营者不得为其提供相关服务。

国家实施网络可信身份战略，支持研究开发安全、方便的电子身份认证技术，推动不同电子身份认证之间的互认。

第二十五条 网络运营者应当制定网络安全事件应急预案，及时处置系统漏洞、计算机病毒、网络攻击、网络侵入等安全风险；在发生危害网络安全的事件时，立即启动应急预案，采取相应的补救措施，并按照规定向有关主管部门报告。

第二十六条 开展网络安全认证、检测、风险评估等活动，向社会发布系统漏洞、计算机病毒、网络攻击、网络侵入等网络安全信息，应当遵守国家有关规定。

第二十七条 任何个人和组织不得从事非法侵入他人网络、干扰他人网络正常功能、窃取网络数据等危害网络安全的活动；不得提供专门用于从事侵入网络、干扰网络正常功能及防护措施、窃取网络数据等危害网络安全活动的程序、工具；明知他人从事危害网络安全的活动的，不得为其提供技术支持、广告推广、支付结算等帮助。

第二十八条 网络运营者应当为公安机关、国家安全机关依法维护国家安全和侦查犯罪的活动提供技术支持和协助。

第二十九条 国家支持网络运营者之间在网络安全信息收集、分析、通报和应急处置等方面进行合作，提高网络运营者的安全保障能力。

有关行业组织建立健全本行业的网络安全保护规范和协作机制，加强对网络安全风险的分析评估，定期向会员进行风险警示，支持、协助会员应对网络安全风险。

第三十条 网信部门和有关部门在履行网络安全保护职责中获取的信息，只能用于维护网络安全的需要，不得用于其他用途。

第二节　关键信息基础设施的运行安全

第三十一条 国家对公共通信和信息服务、能源、交通、水利、金融、公共服务、电子政务等重要行业和领域，以及其他一旦遭到破坏、丧失功能或者数据泄露，可能严重危害国家安全、国计民生、公共利益的关键信息基础设施，在网络安全等级保护制度的基础上，实行重点保护。关键信息基础设施的具体范围和安全保护办法由国务院制定。

国家鼓励关键信息基础设施以外的网络运营者自愿参与关键信息基础设施保护体系。

第三十二条 按照国务院规定的职责分工，负责关键信息基础设施安全保护工作的部门分别编制并组织实施本行业、本领域的关键信息基础设施安全规划，指导和监督关键信息基础设施运行安全保护工作。

第三十三条 建设关键信息基础设施应当确保其具有支持业务稳定、持续运行的性能，并保证安全技术措施同步规划、同步建设、同步使用。

第三十四条 除本法第二十一条的规定外，关键信息基础设施的运营者还应当履行下列安全保护义务：

（一）设置专门安全管理机构和安全管理负责人，并对该负责人和关键岗位的人员进行安全背景审查；

（二）定期对从业人员进行网络安全教育、技术培训和技能考核；

（三）对重要系统和数据库进行容灾备份；

（四）制定网络安全事件应急预案，并定期进行演练；

（五）法律、行政法规规定的其他义务。

第三十五条 关键信息基础设施的运营者采购网络产品和服务，可能影响国家安全的，应当通过国家网信部门会同国务院有关部门组织的国家安全审查。

第三十六条 关键信息基础设施的运营者采购网络产品和服务，应当按照规定与提供者签订安全保密协议，明确安全和保密义务与责任。

第三十七条 关键信息基础设施的运营者在中华人民共和国境内运营中收集和产生的个人信息和重要数据应当在境内存储。因业务需要，确需向境外提供的，应当按照国家网信部门会同国务院有关部门制定的办法进行安全评估；法律、行政法规另有规定的，依照其规定。

第三十八条 关键信息基础设施的运营者应当自行或者委托网络安全服务机构对其网络的安全性和可能存在的风险每年至少进行一次检测评估，并将检测评估情况和改进措施报送相关负责关键信息基础设施安全保护工作的部门。

第三十九条 国家网信部门应当统筹协调有关部门对关键信息基础设施的安全保护采取下列措施：

（一）对关键信息基础设施的安全风险进行抽查检测，提出改进措施，必要时可以委托网络安全服务机构对网络存在的安全风险进行检测评估；

（二）定期组织关键信息基础设施的运营者进行网络安全应急演练，提高应对网络安全事件的水平和协同配合能力；

（三）促进有关部门、关键信息基础设施的运营者以及有关研究机构、网络安全服务机构等之间的网络安全信息共享；

（四）对网络安全事件的应急处置与网络功能的恢复等，提供技术支持和协助。

第四章 网络信息安全

第四十条 网络运营者应当对其收集的用户信息严格保密，并建立健全用户信息保护制度。

第四十一条 网络运营者收集、使用个人信息，应当遵循合法、正当、必要的原则，公开收集、使用规则，明示收集、使用信息的目的、方式和范围，并经被收集者同意。

网络运营者不得收集与其提供的服务无关的个人信息，不得违反法律、行政法规的规定和双方的约定收集、使用个人信息，并应当依照法律、行政法规的规定和与用户的约定，处理其保存的个人信息。

第四十二条 网络运营者不得泄露、篡改、毁损其收集的个人信息；未经被收集者同意，不得向他人提供个人信息。但是，经过处理无法识别特定个人且不能复原的除外。

网络运营者应当采取技术措施和其他必要措施，确保其收集的个人信息安全，防止信息泄露、毁损、丢失。在发生或者可能发生个人信息泄露、毁损、丢失的情况时，应当立即采取补救措施，按照规定及时告知用户并向有关主管部门报告。

第四十三条 个人发现网络运营者违反法律、行政法规的规定或者双方的约定收集、使用其个人信息的，有权要求网络运营者删除其个人信息；发现网络运营者收集、存储的其个人信息有错误的，有权要求网络运营者予以更正。网络运营者应当采取措施予以删除或者更正。

第四十四条 任何个人和组织不得窃取或者以其他非法方式获取个人信息，不得非法出售或者非法向他人提供个人信息。

第四十五条 依法负有网络安全监督管理职责的部门及其工作人员，必须对在履行职责中知悉的个人信息、隐私和商业秘密严格保密，不得泄露、出售或者非法向他人提供。

第四十六条 任何个人和组织应当对其使用网络的行为负责，不得设立用于实施诈骗，传授犯罪方法，制作或者销售违禁物品、管制物品等违法犯罪活动的网站、通讯群组，不得利用网络发布涉及实施诈骗，制作或者销售违禁物品、管制物品以及其他违法犯罪活动的信息。

第四十七条 网络运营者应当加强对其用户发布的信息的管理，发现法律、行政法规禁止发布或者传输的信息的，应当立即停止传输该信息，采取消除等处置措施，防止信息扩散，保存有关记录，并向有关主管部门报告。

第四十八条 任何个人和组织发送的电子信息、提供的应用软件，不得设置恶意程序，不得含有法律、行政法规禁止发布或者传输的信息。

电子信息发送服务提供者和应用软件下载服务提供者，应当履行安全管理义务，知道其用户有前款规定行为的，应当停止提供服务，采取消除等处置措施，保存有关记录，并向有关主管部门报告。

第四十九条 网络运营者应当建立网络信息安全投诉、举报制度，公布投诉、举报方式等信息，及时受理并处理有关网络信息安全的投诉和举报。

网络运营者对网信部门和有关部门依法实施的监督检查，应当予以配合。

第五十条 国家网信部门和有关部门依法履行网络信息安全监督管理职责，发现法律、行政法规禁止发布或者传输的信息的，应当要求网络运营者停止传输，采取消除等处置措施，保存有关记录；对来源于中华人民共和国境外的上述信息，应当通知有关机构采取技术措施和其他必要措施阻断传播。

第五章　监测预警与应急处置

第五十一条　国家建立网络安全监测预警和信息通报制度。国家网信部门应当统筹协调有关部门加强网络安全信息收集、分析和通报工作，按照规定统一发布网络安全监测预警信息。

第五十二条　负责关键信息基础设施安全保护工作的部门，应当建立健全本行业、本领域的网络安全监测预警和信息通报制度，并按照规定报送网络安全监测预警信息。

第五十三条　国家网信部门协调有关部门建立健全网络安全风险评估和应急工作机制，制定网络安全事件应急预案，并定期组织演练。

负责关键信息基础设施安全保护工作的部门应当制定本行业、本领域的网络安全事件应急预案，并定期组织演练。

网络安全事件应急预案应当按照事件发生后的危害程度、影响范围等因素对网络安全事件进行分级，并规定相应的应急处置措施。

第五十四条　网络安全事件发生的风险增大时，省级以上人民政府有关部门应当按照规定的权限和程序，并根据网络安全风险的特点和可能造成的危害，采取下列措施：

（一）要求有关部门、机构和人员及时收集、报告有关信息，加强对网络安全风险的监测；

（二）组织有关部门、机构和专业人员，对网络安全风险信息进行分析评估，预测事件发生的可能性、影响范围和危害程度；

（三）向社会发布网络安全风险预警，发布避免、减轻危害的措施。

第五十五条　发生网络安全事件，应当立即启动网络安全事件应急预案，对网络安全事件进行调查和评估，要求网络运营者采取技术措施和其他必要措施，消除安全隐患，防止危害扩大，并及时向社会发布与公众有关的警示信息。

第五十六条　省级以上人民政府有关部门在履行网络安全监督管理职责中，发现网络存在较大安全风险或者发生安全事件的，可以按照规定的权限和程序对该网络的运营者的法定代表人或者主要负责人进行约谈。网络运营者应当按照要求采取措施，进行整改，消除隐患。

第五十七条　因网络安全事件，发生突发事件或者生产安全事故的，应当依照《中华人民共和国突发事件应对法》、《中华人民共和国安全生产法》等有关法律、行政法规的规定处置。

第五十八条 因维护国家安全和社会公共秩序，处置重大突发社会安全事件的需要，经国务院决定或者批准，可以在特定区域对网络通信采取限制等临时措施。

第六章 法律责任

第五十九条 网络运营者不履行本法第二十一条、第二十五条规定的网络安全保护义务的，由有关主管部门责令改正，给予警告；拒不改正或者导致危害网络安全等后果的，处一万元以上十万元以下罚款，对直接负责的主管人员处五千元以上五万元以下罚款。

关键信息基础设施的运营者不履行本法第三十三条、第三十四条、第三十六条、第三十八条规定的网络安全保护义务的，由有关主管部门责令改正，给予警告；拒不改正或者导致危害网络安全等后果的，处十万元以上一百万元以下罚款，对直接负责的主管人员处一万元以上十万元以下罚款。

第六十条 违反本法第二十二条第一款、第二款和第四十八条第一款规定，有下列行为之一的，由有关主管部门责令改正，给予警告；拒不改正或者导致危害网络安全等后果的，处五万元以上五十万元以下罚款，对直接负责的主管人员处一万元以上十万元以下罚款：

（一）设置恶意程序的；

（二）对其产品、服务存在的安全缺陷、漏洞等风险未立即采取补救措施，或者未按照规定及时告知用户并向有关主管部门报告的；

（三）擅自终止为其产品、服务提供安全维护的。

第六十一条 网络运营者违反本法第二十四条第一款规定，未要求用户提供真实身份信息，或者对不提供真实身份信息的用户提供相关服务的，由有关主管部门责令改正；拒不改正或者情节严重的，处五万元以上五十万元以下罚款，并可以由有关主管部门责令暂停相关业务、停业整顿、关闭网站、吊销相关业务许可证或者吊销营业执照，对直接负责的主管人员和其他直接责任人员处一万元以上十万元以下罚款。

第六十二条 违反本法第二十六条规定，开展网络安全认证、检测、风险评估等活动，或者向社会发布系统漏洞、计算机病毒、网络攻击、网络侵入等网络安全信息的，由有关主管部门责令改正，给予警告；拒不改正或者情节严重的，处一万元以上十万元以下罚款，并可以由有关主管部门责令暂停相关业务、停业整顿、关闭网站、吊销相关业务许可证或者吊销营业执照，对直接负责的主管人员和其他直接责任人员处五千元以上五万元以下罚款。

第六十三条 违反本法第二十七条规定，从事危害网络安全的活动，或者提供专门用于从事危害网络安全活动的程序、工具，或者为他人从事危害网络安全的活动提供技术支持、广告推广、支付结算等帮助，尚不构成犯罪的，由公安机关没收违法所得，处五日以下拘留，可以并处五万元以上五十万元以下罚款；情节较重的，处五日以上十五日以下拘留，可以并处十万元以上一百万元以下罚款。

单位有前款行为的，由公安机关没收违法所得，处十万元以上一百万元以下罚款，并对直接负责的主管人员和其他直接责任人员依照前款规定处罚。

违反本法第二十七条规定，受到治安管理处罚的人员，五年内不得从事网络安全管理和网络运营关键岗位的工作；受到刑事处罚的人员，终身不得从事网络安全管理和网络运营关键岗位的工作。

第六十四条 网络运营者、网络产品或者服务的提供者违反本法第二十二条第三款、第四十一条至第四十三条规定，侵害个人信息依法得到保护的权利的，由有关主管部门责令改正，可以根据情节单处或者并处警告、没收违法所得、处违法所得一倍以上十倍以下罚款，没有违法所得的，处一百万元以下罚款，对直接负责的主管人员和其他直接责任人员处一万元以上十万元以下罚款；情节严重的，并可以责令暂停相关业务、停业整顿、关闭网站、吊销相关业务许可证或者吊销营业执照。

违反本法第四十四条规定，窃取或者以其他非法方式获取、非法出售或者非法向他人提供个人信息，尚不构成犯罪的，由公安机关没收违法所得，并处违法所得一倍以上十倍以下罚款，没有违法所得的，处一百万元以下罚款。

第六十五条 关键信息基础设施的运营者违反本法第三十五条规定，使用未经安全审查或者安全审查未通过的网络产品或者服务的，由有关主管部门责令停止使用，处采购金额一倍以上十倍以下罚款；对直接负责的主管人员和其他直接责任人员处一万元以上十万元以下罚款。

第六十六条 关键信息基础设施的运营者违反本法第三十七条规定，在境外存储网络数据，或者向境外提供网络数据的，由有关主管部门责令改正，给予警告，没收违法所得，处五万元以上五十万元以下罚款，并可以责令暂停相关业务、停业整顿、关闭网站、吊销相关业务许可证或者吊销营业执照；对直接负责的主管人员和其他直接责任人员处一万元以上十万元以下罚款。

第六十七条 违反本法第四十六条规定，设立用于实施违法犯罪活动的网站、通讯群组，或者利用网络发布涉及实施违法犯罪活动的信息，尚不构成犯罪的，由公安机关处五日以下拘留，可以并处一万元以上十万元以下罚款；情节较重的，处五日以上十五日以下拘留，可以并处五万元以上五十万元以下罚款。关闭用于实施违法犯罪活动的网站、通讯群组。

单位有前款行为的，由公安机关处十万元以上五十万元以下罚款，并对直接负责的主管人员和其他直接责任人员依照前款规定处罚。

第六十八条　网络运营者违反本法第四十七条规定，对法律、行政法规禁止发布或者传输的信息未停止传输、采取消除等处置措施、保存有关记录的，由有关主管部门责令改正，给予警告，没收违法所得；拒不改正或者情节严重的，处十万元以上五十万元以下罚款，并可以责令暂停相关业务、停业整顿、关闭网站、吊销相关业务许可证或者吊销营业执照，对直接负责的主管人员和其他直接责任人员处一万元以上十万元以下罚款。

电子信息发送服务提供者、应用软件下载服务提供者，不履行本法第四十八条第二款规定的安全管理义务的，依照前款规定处罚。

第六十九条　网络运营者违反本法规定，有下列行为之一的，由有关主管部门责令改正；拒不改正或者情节严重的，处五万元以上五十万元以下罚款，对直接负责的主管人员和其他直接责任人员，处一万元以上十万元以下罚款：

（一）不按照有关部门的要求对法律、行政法规禁止发布或者传输的信息，采取停止传输、消除等处置措施的；

（二）拒绝、阻碍有关部门依法实施的监督检查的；

（三）拒不向公安机关、国家安全机关提供技术支持和协助的。

第七十条　发布或者传输本法第十二条第二款和其他法律、行政法规禁止发布或者传输的信息的，依照有关法律、行政法规的规定处罚。

第七十一条　有本法规定的违法行为的，依照有关法律、行政法规的规定记入信用档案，并予以公示。

第七十二条　国家机关政务网络的运营者不履行本法规定的网络安全保护义务的，由其上级机关或者有关机关责令改正；对直接负责的主管人员和其他直接责任人员依法给予处分。

第七十三条　网信部门和有关部门违反本法第三十条规定，将在履行网络安全保护职责中获取的信息用于其他用途的，对直接负责的主管人员和其他直接责任人员依法给予处分。

网信部门和有关部门的工作人员玩忽职守、滥用职权、徇私舞弊，尚不构成犯罪的，依法给予处分。

第七十四条 违反本法规定，给他人造成损害的，依法承担民事责任。

违反本法规定，构成违反治安管理行为的，依法给予治安管理处罚；构成犯罪的，依法追究刑事责任。

第七十五条 境外的机构、组织、个人从事攻击、侵入、干扰、破坏等危害中华人民共和国的关键信息基础设施的活动，造成严重后果的，依法追究法律责任；国务院公安部门和有关部门并可以决定对该机构、组织、个人采取冻结财产或者其他必要的制裁措施。

第七章 附 则

第七十六条 本法下列用语的含义：

（一）网络，是指由计算机或者其他信息终端及相关设备组成的按照一定的规则和程序对信息进行收集、存储、传输、交换、处理的系统。

（二）网络安全，是指通过采取必要措施，防范对网络的攻击、侵入、干扰、破坏和非法使用以及意外事故，使网络处于稳定可靠运行的状态，以及保障网络数据的完整性、保密性、可用性的能力。

（三）网络运营者，是指网络的所有者、管理者和网络服务提供者。

（四）网络数据，是指通过网络收集、存储、传输、处理和产生的各种电子数据。

（五）个人信息，是指以电子或者其他方式记录的能够单独或者与其他信息结合识别自然人个人身份的各种信息，包括但不限于自然人的姓名、出生日期、身份证件号码、个人生物识别信息、住址、电话号码等。

第七十七条 存储、处理涉及国家秘密信息的网络的运行安全保护，除应当遵守本法外，还应当遵守保密法律、行政法规的规定。

第七十八条 军事网络的安全保护，由中央军事委员会另行规定。

第七十九条 本法自 2017 年 6 月 1 日起施行。

附录四　关键信息基础设施安全保护条例

《关键信息基础设施安全保护条例》旨在建立专门保护制度，明确各方责任，提出保障促进措施，保障关键信息基础设施安全及维护网络安全，是根据《中华人民共和国网络安全法》制定的条例。此条例共 6 章 51 条，自 2021 年 9 月 1 日起施行。

第一章　总　则

第一条　为了保障关键信息基础设施安全，维护网络安全，根据《中华人民共和国网络安全法》，制定本条例。

第二条　本条例所称关键信息基础设施，是指公共通信和信息服务、能源、交通、水利、金融、公共服务、电子政务、国防科技工业等重要行业和领域的，以及其他一旦遭到破坏、丧失功能或者数据泄露，可能严重危害国家安全、国计民生、公共利益的重要网络设施、信息系统等。

第三条　在国家网信部门统筹协调下，国务院公安部门负责指导监督关键信息基础设施安全保护工作。国务院电信主管部门和其他有关部门依照本条例和有关法律、行政法规的规定，在各自职责范围内负责关键信息基础设施安全保护和监督管理工作。

省级人民政府有关部门依据各自职责对关键信息基础设施实施安全保护和监督管理。

第四条　关键信息基础设施安全保护坚持综合协调、分工负责、依法保护，强化和落实关键信息基础设施运营者（以下简称运营者）主体责任，充分发挥政府及社会各方面的作用，共同保护关键信息基础设施安全。

第五条　国家对关键信息基础设施实行重点保护，采取措施，监测、防御、处置来源于中华人民共和国境内外的网络安全风险和威胁，保护关键信息基础设施免受攻击、侵入、干扰和破坏，依法惩治危害关键信息基础设施安全的违法犯罪活动。

任何个人和组织不得实施非法侵入、干扰、破坏关键信息基础设施的活动，不得危害关键信息基础设施安全。

第六条 运营者依照本条例和有关法律、行政法规的规定以及国家标准的强制性要求，在网络安全等级保护的基础上，采取技术保护措施和其他必要措施，应对网络安全事件，防范网络攻击和违法犯罪活动，保障关键信息基础设施安全稳定运行，维护数据的完整性、保密性和可用性。

第七条 对在关键信息基础设施安全保护工作中取得显著成绩或者作出突出贡献的单位和个人，按照国家有关规定给予表彰。

第二章 关键信息基础设施认定

第八条 本条例第二条涉及的重要行业和领域的主管部门、监督管理部门是负责关键信息基础设施安全保护工作的部门（以下简称保护工作部门）。

第九条 保护工作部门结合本行业、本领域实际，制定关键信息基础设施认定规则，并报国务院公安部门备案。

制定认定规则应当主要考虑下列因素：

（一）网络设施、信息系统等对于本行业、本领域关键核心业务的重要程度；

（二）网络设施、信息系统等一旦遭到破坏、丧失功能或者数据泄露可能带来的危害程度；

（三）对其他行业和领域的关联性影响。

第十条 保护工作部门根据认定规则负责组织认定本行业、本领域的关键信息基础设施，及时将认定结果通知运营者，并通报国务院公安部门。

第十一条 关键信息基础设施发生较大变化，可能影响其认定结果的，运营者应当及时将相关情况报告保护工作部门。保护工作部门自收到报告之日起3个月内完成重新认定，将认定结果通知运营者，并通报国务院公安部门。

第三章 运营者责任义务

第十二条 安全保护措施应当与关键信息基础设施同步规划、同步建设、同步使用。

第十三条 运营者应当建立健全网络安全保护制度和责任制，保障人力、财力、物力投入。运营者的主要负责人对关键信息基础设施安全保护负总责，领导关键信息基础设施安全保护和重大网络安全事件处置工作，组织研究解决重大网络安全问题。

第十四条 运营者应当设置专门安全管理机构，并对专门安全管理机构负责人和关键岗位人员进行安全背景审查。审查时，公安机关、国家安全机关应当予以协助。

第十五条 专门安全管理机构具体负责本单位的关键信息基础设施安全保护工作，履行下列职责：

（一）建立健全网络安全管理、评价考核制度，拟订关键信息基础设施安全保护计划；

（二）组织推动网络安全防护能力建设，开展网络安全监测、检测和风险评估；

（三）按照国家及行业网络安全事件应急预案，制定本单位应急预案，定期开展应急演练，处置网络安全事件；

（四）认定网络安全关键岗位，组织开展网络安全工作考核，提出奖励和惩处建议；

（五）组织网络安全教育、培训；

（六）履行个人信息和数据安全保护责任，建立健全个人信息和数据安全保护制度；

（七）对关键信息基础设施设计、建设、运行、维护等服务实施安全管理；

（八）按照规定报告网络安全事件和重要事项。

第十六条 运营者应当保障专门安全管理机构的运行经费、配备相应的人员，开展与网络安全和信息化有关的决策应当有专门安全管理机构人员参与。

第十七条 运营者应当自行或者委托网络安全服务机构对关键信息基础设施每年至少进行一次网络安全检测和风险评估，对发现的安全问题及时整改，并按照保护工作部门要求报送情况。

第十八条 关键信息基础设施发生重大网络安全事件或者发现重大网络安全威胁时，运营者应当按照有关规定向保护工作部门、公安机关报告。

发生关键信息基础设施整体中断运行或者主要功能故障、国家基础信息以及其他重要数据泄露、较大规模个人信息泄露、造成较大经济损失、违法信息较大范围传播等特别重大网络安全事件或者发现特别重大网络安全威胁时，保护工作部门应当在收到报告后，及时向国家网信部门、国务院公安部门报告。

第十九条 运营者应当优先采购安全可信的网络产品和服务；采购网络产品和服务可能影响国家安全的，应当按照国家网络安全规定通过安全审查。

第二十条 运营者采购网络产品和服务，应当按照国家有关规定与网络产品和服务提供者签订安全保密协议，明确提供者的技术支持和安全保密义务与责任，并对义务与责任履行情况进行监督。

第二十一条 运营者发生合并、分立、解散等情况，应当及时报告保护工作部门，并按照保护工作部门的要求对关键信息基础设施进行处置，确保安全。

第四章 保障和促进

第二十二条 保护工作部门应当制定本行业、本领域关键信息基础设施安全规划，明确保护目标、基本要求、工作任务、具体措施。

第二十三条 国家网信部门统筹协调有关部门建立网络安全信息共享机制，及时汇总、研判、共享、发布网络安全威胁、漏洞、事件等信息，促进有关部门、保护工作部门、运营者以及网络安全服务机构等之间的网络安全信息共享。

第二十四条 保护工作部门应当建立健全本行业、本领域的关键信息基础设施网络安全监测预警制度，及时掌握本行业、本领域关键信息基础设施运行状况、安全态势，预警通报网络安全威胁和隐患，指导做好安全防范工作。

第二十五条 保护工作部门应当按照国家网络安全事件应急预案的要求，建立健全本行业、本领域的网络安全事件应急预案，定期组织应急演练；指导运营者做好网络安全事件应对处置，并根据需要组织提供技术支持与协助。

第二十六条 保护工作部门应当定期组织开展本行业、本领域关键信息基础设施网络安全检查检测，指导监督运营者及时整改安全隐患、完善安全措施。

第二十七条 国家网信部门统筹协调国务院公安部门、保护工作部门对关键信息基础设施进行网络安全检查检测，提出改进措施。

有关部门在开展关键信息基础设施网络安全检查时，应当加强协同配合、信息沟通，避免不必要的检查和交叉重复检查。检查工作不得收取费用，不得要求被检查单位购买指定品牌或者指定生产、销售单位的产品和服务。

第二十八条 运营者对保护工作部门开展的关键信息基础设施网络安全检查检测工作，以及公安、国家安全、保密行政管理、密码管理等有关部门依法开展的关键信息基础设施网络安全检查工作应当予以配合。

第二十九条 在关键信息基础设施安全保护工作中，国家网信部门和国务院电信主管部门、国务院公安部门等应当根据保护工作部门的需要，及时提供技术支持和协助。

第三十条 网信部门、公安机关、保护工作部门等有关部门，网络安全服务机构及其工作人员对于在关键信息基础设施安全保护工作中获取的信息，只能用于维护网络安全，并严格按照有关法律、行政法规的要求确保信息安全，不得泄露、出售或者非法向他人提供。

第三十一条 未经国家网信部门、国务院公安部门批准或者保护工作部门、运营者授权，任何个人和组织不得对关键信息基础设施实施漏洞探测、渗透性测试等可能影响或者危害关键信息基础设施安全的活动。对基础电信网络实施漏洞探测、渗透性测试等活动，应当事先向国务院电信主管部门报告。

第三十二条 国家采取措施，优先保障能源、电信等关键信息基础设施安全运行。

能源、电信行业应当采取措施，为其他行业和领域的关键信息基础设施安全运行提供重点保障。

第三十三条 公安机关、国家安全机关依据各自职责依法加强关键信息基础设施安全保卫，防范打击针对和利用关键信息基础设施实施的违法犯罪活动。

第三十四条 国家制定和完善关键信息基础设施安全标准，指导、规范关键信息基础设施安全保护工作。

第三十五条 国家采取措施，鼓励网络安全专门人才从事关键信息基础设施安全保护工作；将运营者安全管理人员、安全技术人员培训纳入国家继续教育体系。

第三十六条 国家支持关键信息基础设施安全防护技术创新和产业发展，组织力量实施关键信息基础设施安全技术攻关。

第三十七条 国家加强网络安全服务机构建设和管理，制定管理要求并加强监督指导，不断提升服务机构能力水平，充分发挥其在关键信息基础设施安全保护中的作用。

第三十八条 国家加强网络安全军民融合，军地协同保护关键信息基础设施安全。

第五章 法律责任

第三十九条 运营者有下列情形之一的，由有关主管部门依据职责责令改正，给予警告；拒不改正或者导致危害网络安全等后果的，处 10 万元以上 100 万元以下罚款，对直接负责的主管人员处 1 万元以上 10 万元以下罚款：

（一）在关键信息基础设施发生较大变化，可能影响其认定结果时未及时将相关情况报告保护工作部门的；

（二）安全保护措施未与关键信息基础设施同步规划、同步建设、同步使用的；

（三）未建立健全网络安全保护制度和责任制的；

（四）未设置专门安全管理机构的；

（五）未对专门安全管理机构负责人和关键岗位人员进行安全背景审查的；

（六）开展与网络安全和信息化有关的决策没有专门安全管理机构人员参与的；

（七）专门安全管理机构未履行本条例第十五条规定的职责的；

（八）未对关键信息基础设施每年至少进行一次网络安全检测和风险评估，未对发现的安全问题及时整改，或者未按照保护工作部门要求报送情况的；

（九）采购网络产品和服务，未按照国家有关规定与网络产品和服务提供者签订安全保密协议的；

（十）发生合并、分立、解散等情况，未及时报告保护工作部门，或者未按照保护工作部门的要求对关键信息基础设施进行处置的。

第四十条 运营者在关键信息基础设施发生重大网络安全事件或者发现重大网络安全威胁时，未按照有关规定向保护工作部门、公安机关报告的，由保护工作部门、公安机关依据职责责令改正，给予警告；拒不改正或者导致危害网络安全等后果的，处10万元以上100万元以下罚款，对直接负责的主管人员处1万元以上10万元以下罚款。

第四十一条 运营者采购可能影响国家安全的网络产品和服务，未按照国家网络安全规定进行安全审查的，由国家网信部门等有关主管部门依据职责责令改正，处采购金额1倍以上10倍以下罚款，对直接负责的主管人员和其他直接责任人员处1万元以上10万元以下罚款。

第四十二条 运营者对保护工作部门开展的关键信息基础设施网络安全检查检测工作，以及公安、国家安全、保密行政管理、密码管理等有关部门依法开展的关键信息基础设施网络安全检查工作不予配合的，由有关主管部门责令改正；拒不改正的，处5万元以上50万元以下罚款，对直接负责的主管人员和其他直接责任人员处1万元以上10万元以下罚款；情节严重的，依法追究相应法律责任。

第四十三条 实施非法侵入、干扰、破坏关键信息基础设施，危害其安全的活动尚不构成犯罪的，依照《中华人民共和国网络安全法》有关规定，由公安机关没收违法所得，处5日以下拘留，可以并处5万元以上50万元以下罚款；情节较重的，处5日以上15日以下拘留，可以并处10万元以上100万元以下罚款。

单位有前款行为的，由公安机关没收违法所得，处10万元以上100万元以下罚款，并对直接负责的主管人员和其他直接责任人员依照前款规定处罚。

违反本条例第五条第二款和第三十一条规定，受到治安管理处罚的人员，5年内不得从事网络安全管理和网络运营关键岗位的工作；受到刑事处罚的人员，终身不得从事网络安全管理和网络运营关键岗位的工作。

第四十四条 网信部门、公安机关、保护工作部门和其他有关部门及其工作人员未履行关键信息基础设施安全保护和监督管理职责或者玩忽职守、滥用职权、徇私舞弊的，依法对直接负责的主管人员和其他直接责任人员给予处分。

第四十五条 公安机关、保护工作部门和其他有关部门在开展关键信息基础设施网络安全检查工作中收取费用，或者要求被检查单位购买指定品牌或者指定生产、销售单位的产品和服务的，由其上级机关责令改正，退还收取的费用；情节严重的，依法对直接负责的主管人员和其他直接责任人员给予处分。

第四十六条 网信部门、公安机关、保护工作部门等有关部门、网络安全服务机构及其工作人员将在关键信息基础设施安全保护工作中获取的信息用于其他用途，或者泄露、出售、非法向他人提供的，依法对直接负责的主管人员和其他直接责任人员给予处分。

第四十七条 关键信息基础设施发生重大和特别重大网络安全事件，经调查确定为责任事故的，除应当查明运营者责任并依法予以追究外，还应查明相关网络安全服务机构及有关部门的责任，对有失职、渎职及其他违法行为的，依法追究责任。

第四十八条 电子政务关键信息基础设施的运营者不履行本条例规定的网络安全保护义务的，依照《中华人民共和国网络安全法》有关规定予以处理。

第四十九条 违反本条例规定，给他人造成损害的，依法承担民事责任。

违反本条例规定，构成违反治安管理行为的，依法给予治安管理处罚；构成犯罪的，依法追究刑事责任。

第六章 附 则

第五十条 存储、处理涉及国家秘密信息的关键信息基础设施的安全保护，还应当遵守保密法律、行政法规的规定。

关键信息基础设施中的密码使用和管理，还应当遵守相关法律、行政法规的规定。

第五十一条 本条例自2021年9月1日起施行。

附录五　中华人民共和国数据安全法

《中华人民共和国数据安全法》由中华人民共和国第十三届全国人民代表大会常务委员会第二十九次会议于2021年6月10日通过，自2021年9月1日起施行，共7章55条。

第一章　总　则

第一条　为了规范数据处理活动，保障数据安全，促进数据开发利用，保护个人、组织的合法权益，维护国家主权、安全和发展利益，制定本法。

第二条　在中华人民共和国境内开展数据处理活动及其安全监管，适用本法。

在中华人民共和国境外开展数据处理活动，损害中华人民共和国国家安全、公共利益或者公民、组织合法权益的，依法追究法律责任。

第三条　本法所称数据，是指任何以电子或者其他方式对信息的记录。

数据处理，包括数据的收集、存储、使用、加工、传输、提供、公开等。

数据安全，是指通过采取必要措施，确保数据处于有效保护和合法利用的状态，以及具备保障持续安全状态的能力。

第四条　维护数据安全，应当坚持总体国家安全观，建立健全数据安全治理体系，提高数据安全保障能力。

第五条　中央国家安全领导机构负责国家数据安全工作的决策和议事协调，研究制定、指导实施国家数据安全战略和有关重大方针政策，统筹协调国家数据安全的重大事项和重要工作，建立国家数据安全工作协调机制。

第六条　各地区、各部门对本地区、本部门工作中收集和产生的数据及数据安全负责。

工业、电信、交通、金融、自然资源、卫生健康、教育、科技等主管部门承担本行业、本领域数据安全监管职责。

公安机关、国家安全机关等依照本法和有关法律、行政法规的规定，在各自职责范围内承担数据安全监管职责。

国家网信部门依照本法和有关法律、行政法规的规定，负责统筹协调网络数据安全和相关监管工作。

第七条 国家保护个人、组织与数据有关的权益，鼓励数据依法合理有效利用，保障数据依法有序自由流动，促进以数据为关键要素的数字经济发展。

第八条 开展数据处理活动，应当遵守法律、法规，尊重社会公德和伦理，遵守商业道德和职业道德，诚实守信，履行数据安全保护义务，承担社会责任，不得危害国家安全、公共利益，不得损害个人、组织的合法权益。

第九条 国家支持开展数据安全知识宣传普及，提高全社会的数据安全保护意识和水平，推动有关部门、行业组织、科研机构、企业、个人等共同参与数据安全保护工作，形成全社会共同维护数据安全和促进发展的良好环境。

第十条 相关行业组织按照章程，依法制定数据安全行为规范和团体标准，加强行业自律，指导会员加强数据安全保护，提高数据安全保护水平，促进行业健康发展。

第十一条 国家积极开展数据安全治理、数据开发利用等领域的国际交流与合作，参与数据安全相关国际规则和标准的制定，促进数据跨境安全、自由流动。

第十二条 任何个人、组织都有权对违反本法规定的行为向有关主管部门投诉、举报。收到投诉、举报的部门应当及时依法处理。

有关主管部门应当对投诉、举报人的相关信息予以保密，保护投诉、举报人的合法权益。

第二章 数据安全与发展

第十三条 国家统筹发展和安全，坚持以数据开发利用和产业发展促进数据安全，以数据安全保障数据开发利用和产业发展。

第十四条 国家实施大数据战略，推进数据基础设施建设，鼓励和支持数据在各行业、各领域的创新应用。

省级以上人民政府应当将数字经济发展纳入本级国民经济和社会发展规划，并根据需要制定数字经济发展规划。

第十五条 国家支持开发利用数据提升公共服务的智能化水平。提供智能化公共服务，应当充分考虑老年人、残疾人的需求，避免对老年人、残疾人的日常生活造成障碍。

第十六条 国家支持数据开发利用和数据安全技术研究，鼓励数据开发利用和数据安全等领域的技术推广和商业创新，培育、发展数据开发利用和数据安全产品、产业体系。

第十七条 国家推进数据开发利用技术和数据安全标准体系建设。国务院标准化行政主管部门和国务院有关部门根据各自的职责，组织制定并适时修订有关数据开发利用技术、产品和数据安全相关标准。国家支持企业、社会团体和教育、科研机构等参与标准制定。

第十八条 国家促进数据安全检测评估、认证等服务的发展，支持数据安全检测评估、认证等专业机构依法开展服务活动。

国家支持有关部门、行业组织、企业、教育和科研机构、有关专业机构等在数据安全风险评估、防范、处置等方面开展协作。

第十九条 国家建立健全数据交易管理制度，规范数据交易行为，培育数据交易市场。

第二十条 国家支持教育、科研机构和企业等开展数据开发利用技术和数据安全相关教育和培训，采取多种方式培养数据开发利用技术和数据安全专业人才，促进人才交流。

第三章 数据安全制度

第二十一条 国家建立数据分类分级保护制度，根据数据在经济社会发展中的重要程度，以及一旦遭到篡改、破坏、泄露或者非法获取、非法利用，对国家安全、公共利益或者个人、组织合法权益造成的危害程度，对数据实行分类分级保护。国家数据安全工作协调机制统筹协调有关部门制定重要数据目录，加强对重要数据的保护。

关系国家安全、国民经济命脉、重要民生、重大公共利益等数据属于国家核心数据，实行更加严格的管理制度。

各地区、各部门应当按照数据分类分级保护制度，确定本地区、本部门以及相关行业、领域的重要数据具体目录，对列入目录的数据进行重点保护。

第二十二条 国家建立集中统一、高效权威的数据安全风险评估、报告、信息共享、监测预警机制。国家数据安全工作协调机制统筹协调有关部门加强数据安全风险信息的获取、分析、研判、预警工作。

第二十三条 国家建立数据安全应急处置机制。发生数据安全事件，有关主管部门应当依法启动应急预案，采取相应的应急处置措施，防止危害扩大，消除安全隐患，并及时向社会发布与公众有关的警示信息。

第二十四条 国家建立数据安全审查制度，对影响或者可能影响国家安全的数据处理活动进行国家安全审查。

依法作出的安全审查决定为最终决定。

第二十五条 国家对与维护国家安全和利益、履行国际义务相关的属于管制物项的数据依法实施出口管制。

第二十六条 任何国家或者地区在与数据和数据开发利用技术等有关的投资、贸易等方面对中华人民共和国采取歧视性的禁止、限制或者其他类似措施的，中华人民共和国可以根据实际情况对该国家或者地区对等采取措施。

第四章 数据安全保护义务

第二十七条 开展数据处理活动应当依照法律、法规的规定，建立健全全流程数据安全管理制度，组织开展数据安全教育培训，采取相应的技术措施和其他必要措施，保障数据安全。利用互联网等信息网络开展数据处理活动，应当在网络安全等级保护制度的基础上，履行上述数据安全保护义务。

重要数据的处理者应当明确数据安全负责人和管理机构，落实数据安全保护责任。

第二十八条 开展数据处理活动以及研究开发数据新技术，应当有利于促进经济社会发展，增进人民福祉，符合社会公德和伦理。

第二十九条 开展数据处理活动应当加强风险监测，发现数据安全缺陷、漏洞等风险时，应当立即采取补救措施；发生数据安全事件时，应当立即采取处置措施，按照规定及时告知用户并向有关主管部门报告。

第三十条 重要数据的处理者应当按照规定对其数据处理活动定期开展风险评估，并向有关主管部门报送风险评估报告。

风险评估报告应当包括处理的重要数据的种类、数量，开展数据处理活动的情况，面临的数据安全风险及其应对措施等。

第三十一条 关键信息基础设施的运营者在中华人民共和国境内运营中收集和产生的重要数据的出境安全管理，适用《中华人民共和国网络安全法》的规定；其他数据处理者在中华人民共和国境内运营中收集和产生的重要数据的出境安全管理办法，由国家网信部门会同国务院有关部门制定。

第三十二条 任何组织、个人收集数据，应当采取合法、正当的方式，不得窃取或者以其他非法方式获取数据。

法律、行政法规对收集、使用数据的目的、范围有规定的，应当在法律、行政法规规定的目的和范围内收集、使用数据。

第三十三条 从事数据交易中介服务的机构提供服务，应当要求数据提供方说明数据来源，审核交易双方的身份，并留存审核、交易记录。

第三十四条　法律、行政法规规定提供数据处理相关服务应当取得行政许可的，服务提供者应当依法取得许可。

第三十五条　公安机关、国家安全机关因依法维护国家安全或者侦查犯罪的需要调取数据，应当按照国家有关规定，经过严格的批准手续，依法进行，有关组织、个人应当予以配合。

第三十六条　中华人民共和国主管机关根据有关法律和中华人民共和国缔结或者参加的国际条约、协定，或者按照平等互惠原则，处理外国司法或者执法机构关于提供数据的请求。非经中华人民共和国主管机关批准，境内的组织、个人不得向外国司法或者执法机构提供存储于中华人民共和国境内的数据。

第五章　政务数据安全与开放

第三十七条　国家大力推进电子政务建设，提高政务数据的科学性、准确性、时效性，提升运用数据服务经济社会发展的能力。

第三十八条　国家机关为履行法定职责的需要收集、使用数据，应当在其履行法定职责的范围内依照法律、行政法规规定的条件和程序进行；对在履行职责中知悉的个人隐私、个人信息、商业秘密、保密商务信息等数据应当依法予以保密，不得泄露或者非法向他人提供。

第三十九条　国家机关应当依照法律、行政法规的规定，建立健全数据安全管理制度，落实数据安全保护责任，保障政务数据安全。

第四十条　国家机关委托他人建设、维护电子政务系统，存储、加工政务数据，应当经过严格的批准程序，并应当监督受托方履行相应的数据安全保护义务。受托方应当依照法律、法规的规定和合同约定履行数据安全保护义务，不得擅自留存、使用、泄露或者向他人提供政务数据。

第四十一条　国家机关应当遵循公正、公平、便民的原则，按照规定及时、准确地公开政务数据。依法不予公开的除外。

第四十二条　国家制定政务数据开放目录，构建统一规范、互联互通、安全可控的政务数据开放平台，推动政务数据开放利用。

第四十三条　法律、法规授权的具有管理公共事务职能的组织为履行法定职责开展数据处理活动，适用本章规定。

第六章　法律责任

第四十四条　有关主管部门在履行数据安全监管职责中，发现数据处理活动存在较大安全风险的，可以按照规定的权限和程序对有关组织、个人进行约谈，并要求有关组织、个人采取措施进行整改，消除隐患。

第四十五条 开展数据处理活动的组织、个人不履行本法第二十七条、第二十九条、第三十条规定的数据安全保护义务的，由有关主管部门责令改正，给予警告，可以并处五万元以上五十万元以下罚款，对直接负责的主管人员和其他直接责任人员可以处一万元以上十万元以下罚款；拒不改正或者造成大量数据泄露等严重后果的，处五十万元以上二百万元以下罚款，并可以责令暂停相关业务、停业整顿、吊销相关业务许可证或者吊销营业执照，对直接负责的主管人员和其他直接责任人员处五万元以上二十万元以下罚款。

违反国家核心数据管理制度，危害国家主权、安全和发展利益的，由有关主管部门处二百万元以上一千万元以下罚款，并根据情况责令暂停相关业务、停业整顿、吊销相关业务许可证或者吊销营业执照；构成犯罪的，依法追究刑事责任。

第四十六条 违反本法第三十一条规定，向境外提供重要数据的，由有关主管部门责令改正，给予警告，可以并处十万元以上一百万元以下罚款，对直接负责的主管人员和其他直接责任人员可以处一万元以上十万元以下罚款；情节严重的，处一百万元以上一千万元以下罚款，并可以责令暂停相关业务、停业整顿、吊销相关业务许可证或者吊销营业执照，对直接负责的主管人员和其他直接责任人员处十万元以上一百万元以下罚款。

第四十七条 从事数据交易中介服务的机构未履行本法第三十三条规定的义务的，由有关主管部门责令改正，没收违法所得，处违法所得一倍以上十倍以下罚款，没有违法所得或者违法所得不足十万元的，处十万元以上一百万元以下罚款，并可以责令暂停相关业务、停业整顿、吊销相关业务许可证或者吊销营业执照；对直接负责的主管人员和其他直接责任人员处一万元以上十万元以下罚款。

第四十八条 违反本法第三十五条规定，拒不配合数据调取的，由有关主管部门责令改正，给予警告，并处五万元以上五十万元以下罚款，对直接负责的主管人员和其他直接责任人员处一万元以上十万元以下罚款。

违反本法第三十六条规定，未经主管机关批准向外国司法或者执法机构提供数据的，由有关主管部门给予警告，可以并处十万元以上一百万元以下罚款，对直接负责的主管人员和其他直接责任人员可以处一万元以上十万元以下罚款；造成严重后果的，处一百万元以上五百万元以下罚款，并可以责令暂停相关业务、停业整顿、吊销相关业务许可证或者吊销营业执照，对直接负责的主管人员和其他直接责任人员处五万元以上五十万元以下罚款。

第四十九条 国家机关不履行本法规定的数据安全保护义务的，对直接负责的主管人员和其他直接责任人员依法给予处分。

第五十条 履行数据安全监管职责的国家工作人员玩忽职守、滥用职权、徇私舞弊的，依法给予处分。

第五十一条 窃取或者以其他非法方式获取数据，开展数据处理活动排除、限制竞争，或者损害个人、组织合法权益的，依照有关法律、行政法规的规定处罚。

第五十二条 违反本法规定，给他人造成损害的，依法承担民事责任。

违反本法规定，构成违反治安管理行为的，依法给予治安管理处罚；构成犯罪的，依法追究刑事责任。

第七章 附 则

第五十三条 开展涉及国家秘密的数据处理活动，适用《中华人民共和国保守国家秘密法》等法律、行政法规的规定。

在统计、档案工作中开展数据处理活动，开展涉及个人信息的数据处理活动，还应当遵守有关法律、行政法规的规定。

第五十四条 军事数据安全保护的办法，由中央军事委员会依据本法另行制定。

第五十五条 本法自 2021 年 9 月 1 日起施行。

附录六　中华人民共和国个人信息保护法

《中华人民共和国个人信息保护法》是为了保护个人信息权益，规范个人信息处理活动，促进个人信息合理利用，根据《中华人民共和国宪法》制定的法律，共 8 章 74 条，自 2021 年 11 月 1 日起施行。

第一章　总　则

第一条　为了保护个人信息权益，规范个人信息处理活动，促进个人信息合理利用，根据宪法，制定本法。

第二条　自然人的个人信息受法律保护，任何组织、个人不得侵害自然人的个人信息权益。

第三条　在中华人民共和国境内处理自然人个人信息的活动，适用本法。

在中华人民共和国境外处理中华人民共和国境内自然人个人信息的活动，有下列情形之一的，也适用本法：

（一）以向境内自然人提供产品或者服务为目的；

（二）分析、评估境内自然人的行为；

（三）法律、行政法规规定的其他情形。

第四条　个人信息是以电子或者其他方式记录的与已识别或者可识别的自然人有关的各种信息，不包括匿名化处理后的信息。

个人信息的处理包括个人信息的收集、存储、使用、加工、传输、提供、公开、删除等。

第五条　处理个人信息应当遵循合法、正当、必要和诚信原则，不得通过误导、欺诈、胁迫等方式处理个人信息。

第六条　处理个人信息应当具有明确、合理的目的，并应当与处理目的直接相关，采取对个人权益影响最小的方式。

收集个人信息，应当限于实现处理目的的最小范围，不得过度收集个人信息。

第七条　处理个人信息应当遵循公开、透明原则，公开个人信息处理规则，明示处理的目的、方式和范围。

第八条 处理个人信息应当保证个人信息的质量，避免因个人信息不准确、不完整对个人权益造成不利影响。

第九条 个人信息处理者应当对其个人信息处理活动负责，并采取必要措施保障所处理的个人信息的安全。

第十条 任何组织、个人不得非法收集、使用、加工、传输他人个人信息，不得非法买卖、提供或者公开他人个人信息；不得从事危害国家安全、公共利益的个人信息处理活动。

第十一条 国家建立健全个人信息保护制度，预防和惩治侵害个人信息权益的行为，加强个人信息保护宣传教育，推动形成政府、企业、相关社会组织、公众共同参与个人信息保护的良好环境。

第十二条 国家积极参与个人信息保护国际规则的制定，促进个人信息保护方面的国际交流与合作，推动与其他国家、地区、国际组织之间的个人信息保护规则、标准等互认。

第二章 个人信息处理规则

第一节 一般规定

第十三条 符合下列情形之一的，个人信息处理者方可处理个人信息：

（一）取得个人的同意；

（二）为订立、履行个人作为一方当事人的合同所必需，或者按照依法制定的劳动规章制度和依法签订的集体合同实施人力资源管理所必需；

（三）为履行法定职责或者法定义务所必需；

（四）为应对突发公共卫生事件，或者紧急情况下为保护自然人的生命健康和财产安全所必需；

（五）为公共利益实施新闻报道、舆论监督等行为，在合理的范围内处理个人信息；

（六）依照本法规定在合理的范围内处理个人自行公开或者其他已经合法公开的个人信息；

（七）法律、行政法规规定的其他情形。

依照本法其他有关规定，处理个人信息应当取得个人同意，但是有前款第二项至第七项规定情形的，不需取得个人同意。

第十四条 基于个人同意处理个人信息的，该同意应当由个人在充分知情的前提下自愿、明确作出。法律、行政法规规定处理个人信息应当取得个人单独同意或者书面同意的，从其规定。

个人信息的处理目的、处理方式和处理的个人信息种类发生变更的，应当重新取得个人同意。

第十五条 基于个人同意处理个人信息的，个人有权撤回其同意。个人信息处理者应当提供便捷的撤回同意的方式。

个人撤回同意，不影响撤回前基于个人同意已进行的个人信息处理活动的效力。

第十六条 个人信息处理者不得以个人不同意处理其个人信息或者撤回同意为由，拒绝提供产品或者服务；处理个人信息属于提供产品或者服务所必需的除外。

第十七条 个人信息处理者在处理个人信息前，应当以显著方式、清晰易懂的语言真实、准确、完整地向个人告知下列事项：

（一）个人信息处理者的名称或者姓名和联系方式；

（二）个人信息的处理目的、处理方式，处理的个人信息种类、保存期限；

（三）个人行使本法规定权利的方式和程序；

（四）法律、行政法规规定应当告知的其他事项。

前款规定事项发生变更的，应当将变更部分告知个人。

个人信息处理者通过制定个人信息处理规则的方式告知第一款规定事项的，处理规则应当公开，并且便于查阅和保存。

第十八条 个人信息处理者处理个人信息，有法律、行政法规规定应当保密或者不需要告知的情形的，可以不向个人告知前条第一款规定的事项。

紧急情况下为保护自然人的生命健康和财产安全无法及时向个人告知的，个人信息处理者应当在紧急情况消除后及时告知。

第十九条 除法律、行政法规另有规定外，个人信息的保存期限应当为实现处理目的所必要的最短时间。

第二十条 两个以上的个人信息处理者共同决定个人信息的处理目的和处理方式的，应当约定各自的权利和义务。但是，该约定不影响个人向其中任何一个个人信息处理者要求行使本法规定的权利。

个人信息处理者共同处理个人信息，侵害个人信息权益造成损害的，应当依法承担连带责任。

第二十一条 个人信息处理者委托处理个人信息的，应当与受托人约定委托处理的目的、期限、处理方式、个人信息的种类、保护措施以及双方的权利和义务等，并对受托人的个人信息处理活动进行监督。

受托人应当按照约定处理个人信息，不得超出约定的处理目的、处理方式等处理个人信息；委托合同不生效、无效、被撤销或者终止的，受托人应当将个人信息返还个人信息处理者或者予以删除，不得保留。

未经个人信息处理者同意，受托人不得转委托他人处理个人信息。

第二十二条 个人信息处理者因合并、分立、解散、被宣告破产等原因需要转移个人信息的，应当向个人告知接收方的名称或者姓名和联系方式。接收方应当继续履行个人信息处理者的义务。接收方变更原先的处理目的、处理方式的，应当依照本法规定重新取得个人同意。

第二十三条 个人信息处理者向其他个人信息处理者提供其处理的个人信息的，应当向个人告知接收方的名称或者姓名、联系方式、处理目的、处理方式和个人信息的种类，并取得个人的单独同意。接收方应当在上述处理目的、处理方式和个人信息的种类等范围内处理个人信息。接收方变更原先的处理目的、处理方式的，应当依照本法规定重新取得个人同意。

第二十四条 个人信息处理者利用个人信息进行自动化决策，应当保证决策的透明度和结果公平、公正，不得对个人在交易价格等交易条件上实行不合理的差别待遇。

通过自动化决策方式向个人进行信息推送、商业营销，应当同时提供不针对其个人特征的选项，或者向个人提供便捷的拒绝方式。

通过自动化决策方式作出对个人权益有重大影响的决定，个人有权要求个人信息处理者予以说明，并有权拒绝个人信息处理者仅通过自动化决策的方式作出决定。

第二十五条 个人信息处理者不得公开其处理的个人信息，取得个人单独同意的除外。

第二十六条 在公共场所安装图像采集、个人身份识别设备，应当为维护公共安全所必需，遵守国家有关规定，并设置显著的提示标识。所收集的个人图像、身份识别信息只能用于维护公共安全的目的，不得用于其他目的；取得个人单独同意的除外。

第二十七条 个人信息处理者可以在合理的范围内处理个人自行公开或者其他已经合法公开的个人信息；个人明确拒绝的除外。个人信息处理者处理已公开的个人信息，对个人权益有重大影响的，应当依照本法规定取得个人同意。

第二节　敏感个人信息的处理规则

第二十八条　敏感个人信息是一旦泄露或者非法使用，容易导致自然人的人格尊严受到侵害或者人身、财产安全受到危害的个人信息，包括生物识别、宗教信仰、特定身份、医疗健康、金融账户、行踪轨迹等信息，以及不满十四周岁未成年人的个人信息。

只有在具有特定的目的和充分的必要性，并采取严格保护措施的情形下，个人信息处理者方可处理敏感个人信息。

第二十九条　处理敏感个人信息应当取得个人的单独同意；法律、行政法规规定处理敏感个人信息应当取得书面同意的，从其规定。

第三十条　个人信息处理者处理敏感个人信息的，除本法第十七条第一款规定的事项外，还应当向个人告知处理敏感个人信息的必要性以及对个人权益的影响；依照本法规定可以不向个人告知的除外。

第三十一条　个人信息处理者处理不满十四周岁未成年人个人信息的，应当取得未成年人的父母或者其他监护人的同意。

个人信息处理者处理不满十四周岁未成年人个人信息的，应当制定专门的个人信息处理规则。

第三十二条　法律、行政法规对处理敏感个人信息规定应当取得相关行政许可或者作出其他限制的，从其规定。

第三节　国家机关处理个人信息的特别规定

第三十三条　国家机关处理个人信息的活动，适用本法；本节有特别规定的，适用本节规定。

第三十四条　国家机关为履行法定职责处理个人信息，应当依照法律、行政法规规定的权限、程序进行，不得超出履行法定职责所必需的范围和限度。

第三十五条　国家机关为履行法定职责处理个人信息，应当依照本法规定履行告知义务；有本法第十八条第一款规定的情形，或者告知将妨碍国家机关履行法定职责的除外。

第三十六条　国家机关处理的个人信息应当在中华人民共和国境内存储；确需向境外提供的，应当进行安全评估。安全评估可以要求有关部门提供支持与协助。

第三十七条　法律、法规授权的具有管理公共事务职能的组织为履行法定职责处理个人信息，适用本法关于国家机关处理个人信息的规定。

第三章　个人信息跨境提供的规则

第三十八条　个人信息处理者因业务等需要，确需向中华人民共和国境外提供个人信息的，应当具备下列条件之一：

（一）依照本法第四十条的规定通过国家网信部门组织的安全评估；

（二）按照国家网信部门的规定经专业机构进行个人信息保护认证；

（三）按照国家网信部门制定的标准合同与境外接收方订立合同，约定双方的权利和义务；

（四）法律、行政法规或者国家网信部门规定的其他条件。

中华人民共和国缔结或者参加的国际条约、协定对向中华人民共和国境外提供个人信息的条件等有规定的，可以按照其规定执行。

个人信息处理者应当采取必要措施，保障境外接收方处理个人信息的活动达到本法规定的个人信息保护标准。

第三十九条 个人信息处理者向中华人民共和国境外提供个人信息的，应当向个人告知境外接收方的名称或者姓名、联系方式、处理目的、处理方式、个人信息的种类以及个人向境外接收方行使本法规定权利的方式和程序等事项，并取得个人的单独同意。

第四十条 关键信息基础设施运营者和处理个人信息达到国家网信部门规定数量的个人信息处理者，应当将在中华人民共和国境内收集和产生的个人信息存储在境内。确需向境外提供的，应当通过国家网信部门组织的安全评估；法律、行政法规和国家网信部门规定可以不进行安全评估的，从其规定。

第四十一条 中华人民共和国主管机关根据有关法律和中华人民共和国缔结或者参加的国际条约、协定，或者按照平等互惠原则，处理外国司法或者执法机构关于提供存储于境内个人信息的请求。非经中华人民共和国主管机关批准，个人信息处理者不得向外国司法或者执法机构提供存储于中华人民共和国境内的个人信息。

第四十二条 境外的组织、个人从事侵害中华人民共和国公民的个人信息权益，或者危害中华人民共和国国家安全、公共利益的个人信息处理活动的，国家网信部门可以将其列入限制或者禁止个人信息提供清单，予以公告，并采取限制或者禁止向其提供个人信息等措施。

第四十三条 任何国家或者地区在个人信息保护方面对中华人民共和国采取歧视性的禁止、限制或者其他类似措施的，中华人民共和国可以根据实际情况对该国家或者地区对等采取措施。

第四章 个人在个人信息处理活动中的权利

第四十四条 个人对其个人信息的处理享有知情权、决定权，有权限制或者拒绝他人对其个人信息进行处理；法律、行政法规另有规定的除外。

第四十五条 个人有权向个人信息处理者查阅、复制其个人信息；有本法第十八条第一款、第三十五条规定情形的除外。

个人请求查阅、复制其个人信息的，个人信息处理者应当及时提供。

个人请求将个人信息转移至其指定的个人信息处理者，符合国家网信部门规定条件的，个人信息处理者应当提供转移的途径。

第四十六条 个人发现其个人信息不准确或者不完整的，有权请求个人信息处理者更正、补充。

个人请求更正、补充其个人信息的，个人信息处理者应当对其个人信息予以核实，并及时更正、补充。

第四十七条 有下列情形之一的，个人信息处理者应当主动删除个人信息；个人信息处理者未删除的，个人有权请求删除：

（一）处理目的已实现、无法实现或者为实现处理目的不再必要；

（二）个人信息处理者停止提供产品或者服务，或者保存期限已届满；

（三）个人撤回同意；

（四）个人信息处理者违反法律、行政法规或者违反约定处理个人信息；

（五）法律、行政法规规定的其他情形。

法律、行政法规规定的保存期限未届满，或者删除个人信息从技术上难以实现的，个人信息处理者应当停止除存储和采取必要的安全保护措施之外的处理。

第四十八条 个人有权要求个人信息处理者对其个人信息处理规则进行解释说明。

第四十九条 自然人死亡的，其近亲属为了自身的合法、正当利益，可以对死者的相关个人信息行使本章规定的查阅、复制、更正、删除等权利；死者生前另有安排的除外。

第五十条 个人信息处理者应当建立便捷的个人行使权利的申请受理和处理机制。拒绝个人行使权利的请求的，应当说明理由。

个人信息处理者拒绝个人行使权利的请求的，个人可以依法向人民法院提起诉讼。

第五章 个人信息处理者的义务

第五十一条 个人信息处理者应当根据个人信息的处理目的、处理方式、个人信息的种类以及对个人权益的影响、可能存在的安全风险等，采取下列措施确保个人信息处理活动符合法律、行政法规的规定，并防止未经授权的访问以及个人信息泄露、篡改、丢失：

（一）制定内部管理制度和操作规程；

（二）对个人信息实行分类管理；

（三）采取相应的加密、去标识化等安全技术措施；

（四）合理确定个人信息处理的操作权限，并定期对从业人员进行安全教育和培训；

（五）制定并组织实施个人信息安全事件应急预案；

（六）法律、行政法规规定的其他措施。

第五十二条 处理个人信息达到国家网信部门规定数量的个人信息处理者应当指定个人信息保护负责人，负责对个人信息处理活动以及采取的保护措施等进行监督。

个人信息处理者应当公开个人信息保护负责人的联系方式，并将个人信息保护负责人的姓名、联系方式等报送履行个人信息保护职责的部门。

第五十三条 本法第三条第二款规定的中华人民共和国境外的个人信息处理者，应当在中华人民共和国境内设立专门机构或者指定代表，负责处理个人信息保护相关事务，并将有关机构的名称或者代表的姓名、联系方式等报送履行个人信息保护职责的部门。

第五十四条 个人信息处理者应当定期对其处理个人信息遵守法律、行政法规的情况进行合规审计。

第五十五条 有下列情形之一的，个人信息处理者应当事前进行个人信息保护影响评估，并对处理情况进行记录：

（一）处理敏感个人信息；

（二）利用个人信息进行自动化决策；

（三）委托处理个人信息、向其他个人信息处理者提供个人信息、公开个人信息；

（四）向境外提供个人信息；

（五）其他对个人权益有重大影响的个人信息处理活动。

第五十六条 个人信息保护影响评估应当包括下列内容：

（一）个人信息的处理目的、处理方式等是否合法、正当、必要；

（二）对个人权益的影响及安全风险；

（三）所采取的保护措施是否合法、有效并与风险程度相适应。

个人信息保护影响评估报告和处理情况记录应当至少保存三年。

第五十七条 发生或者可能发生个人信息泄露、篡改、丢失的，个人信息处理者应当立即采取补救措施，并通知履行个人信息保护职责的部门和个人。通知应当包括下列事项：

（一）发生或者可能发生个人信息泄露、篡改、丢失的信息种类、原因和可能造成的危害；

（二）个人信息处理者采取的补救措施和个人可以采取的减轻危害的措施；

（三）个人信息处理者的联系方式。

个人信息处理者采取措施能够有效避免信息泄露、篡改、丢失造成危害的，个人信息处理者可以不通知个人；履行个人信息保护职责的部门认为可能造成危害的，有权要求个人信息处理者通知个人。

第五十八条 提供重要互联网平台服务、用户数量巨大、业务类型复杂的个人信息处理者，应当履行下列义务：

（一）按照国家规定建立健全个人信息保护合规制度体系，成立主要由外部成员组成的独立机构对个人信息保护情况进行监督；

（二）遵循公开、公平、公正的原则，制定平台规则，明确平台内产品或者服务提供者处理个人信息的规范和保护个人信息的义务；

（三）对严重违反法律、行政法规处理个人信息的平台内的产品或者服务提供者，停止提供服务；

（四）定期发布个人信息保护社会责任报告，接受社会监督。

第五十九条 接受委托处理个人信息的受托人，应当依照本法和有关法律、行政法规的规定，采取必要措施保障所处理的个人信息的安全，并协助个人信息处理者履行本法规定的义务。

第六章 履行个人信息保护职责的部门

第六十条 国家网信部门负责统筹协调个人信息保护工作和相关监督管理工作。国务院有关部门依照本法和有关法律、行政法规的规定，在各自职责范围内负责个人信息保护和监督管理工作。

县级以上地方人民政府有关部门的个人信息保护和监督管理职责，按照国家有关规定确定。

前两款规定的部门统称为履行个人信息保护职责的部门。

第六十一条 履行个人信息保护职责的部门履行下列个人信息保护职责：

（一）开展个人信息保护宣传教育，指导、监督个人信息处理者开展个人信息保护工作；

（二）接受、处理与个人信息保护有关的投诉、举报；

（三）组织对应用程序等个人信息保护情况进行测评，并公布测评结果；

（四）调查、处理违法个人信息处理活动；

（五）法律、行政法规规定的其他职责。

第六十二条 国家网信部门统筹协调有关部门依据本法推进下列个人信息保护工作：

（一）制定个人信息保护具体规则、标准；

（二）针对小型个人信息处理者、处理敏感个人信息以及人脸识别、人工智能等新技术、新应用，制定专门的个人信息保护规则、标准；

（三）支持研究开发和推广应用安全、方便的电子身份认证技术，推进网络身份认证公共服务建设；

（四）推进个人信息保护社会化服务体系建设，支持有关机构开展个人信息保护评估、认证服务；

（五）完善个人信息保护投诉、举报工作机制。

第六十三条 履行个人信息保护职责的部门履行个人信息保护职责，可以采取下列措施：

（一）询问有关当事人，调查与个人信息处理活动有关的情况；

（二）查阅、复制当事人与个人信息处理活动有关的合同、记录、账簿以及其他有关资料；

（三）实施现场检查，对涉嫌违法的个人信息处理活动进行调查；

（四）检查与个人信息处理活动有关的设备、物品；对有证据证明是用于违法个人信息处理活动的设备、物品，向本部门主要负责人书面报告并经批准，可以查封或者扣押。

履行个人信息保护职责的部门依法履行职责，当事人应当予以协助、配合，不得拒绝、阻挠。

第六十四条 履行个人信息保护职责的部门在履行职责中，发现个人信息处理活动存在较大风险或者发生个人信息安全事件的，可以按照规定的权限和程序对该个人信息处理者的法定代表人或者主要负责人进行约谈，或者要求个人信息处理者委托专业机构对其个人信息处理活动进行合规审计。个人信息处理者应当按照要求采取措施，进行整改，消除隐患。

履行个人信息保护职责的部门在履行职责中，发现违法处理个人信息涉嫌犯罪的，应当及时移送公安机关依法处理。

第六十五条 任何组织、个人有权对违法个人信息处理活动向履行个人信息保护职责的部门进行投诉、举报。收到投诉、举报的部门应当依法及时处理，并将处理结果告知投诉、举报人。

履行个人信息保护职责的部门应当公布接受投诉、举报的联系方式。

第七章 法律责任

第六十六条 违反本法规定处理个人信息，或者处理个人信息未履行本法规定的个人信息保护义务的，由履行个人信息保护职责的部门责令改正，给予警告，没收违法所得，对违法处理个人信息的应用程序，责令暂停或者终止提供服务；拒不改正的，并处一百万元以下罚款；对直接负责的主管人员和其他直接责任人员处一万元以上十万元以下罚款。

有前款规定的违法行为，情节严重的，由省级以上履行个人信息保护职责的部门责令改正，没收违法所得，并处五千万元以下或者上一年度营业额百分之五以下罚款，并可以责令暂停相关业务或者停业整顿、通报有关主管部门吊销相关业务许可或者吊销营业执照；对直接负责的主管人员和其他直接责任人员处十万元以上一百万元以下罚款，并可以决定禁止其在一定期限内担任相关企业的董事、监事、高级管理人员和个人信息保护负责人。

第六十七条 有本法规定的违法行为的，依照有关法律、行政法规的规定记入信用档案，并予以公示。

第六十八条 国家机关不履行本法规定的个人信息保护义务的，由其上级机关或者履行个人信息保护职责的部门责令改正；对直接负责的主管人员和其他直接责任人员依法给予处分。

履行个人信息保护职责的部门的工作人员玩忽职守、滥用职权、徇私舞弊，尚不构成犯罪的，依法给予处分。

第六十九条 处理个人信息侵害个人信息权益造成损害，个人信息处理者不能证明自己没有过错的，应当承担损害赔偿等侵权责任。

前款规定的损害赔偿责任按照个人因此受到的损失或者个人信息处理者因此获得的利益确定；个人因此受到的损失和个人信息处理者因此获得的利益难以确定的，根据实际情况确定赔偿数额。

第七十条 个人信息处理者违反本法规定处理个人信息，侵害众多个人的权益的，人民检察院、法律规定的消费者组织和由国家网信部门确定的组织可以依法向人民法院提起诉讼。

第七十一条 违反本法规定，构成违反治安管理行为的，依法给予治安管理处罚；构成犯罪的，依法追究刑事责任。

第八章　附　则

第七十二条　自然人因个人或者家庭事务处理个人信息的，不适用本法。

法律对各级人民政府及其有关部门组织实施的统计、档案管理活动中的个人信息处理有规定的，适用其规定。

第七十三条　本法下列用语的含义：

（一）个人信息处理者，是指在个人信息处理活动中自主决定处理目的、处理方式的组织、个人。

（二）自动化决策，是指通过计算机程序自动分析、评估个人的行为习惯、兴趣爱好或者经济、健康、信用状况等，并进行决策的活动。

（三）去标识化，是指个人信息经过处理，使其在不借助额外信息的情况下无法识别特定自然人的过程。

（四）匿名化，是指个人信息经过处理无法识别特定自然人且不能复原的过程。

第七十四条　本法自 2021 年 11 月 1 日起施行。

附录七 网络安全审查办法

《网络安全审查办法》2021 年 11 月 16 日由国家互联网信息办公室 2021 年第 20 次室务会议审议通过，共 23 条，自 2022 年 2 月 15 日起施行。

第一条 为了确保关键信息基础设施供应链安全，保障网络安全和数据安全，维护国家安全，根据《中华人民共和国国家安全法》、《中华人民共和国网络安全法》、《中华人民共和国数据安全法》、《关键信息基础设施安全保护条例》，制定本办法。

第二条 关键信息基础设施运营者采购网络产品和服务，网络平台运营者开展数据处理活动，影响或者可能影响国家安全的，应当按照本办法进行网络安全审查。

前款规定的关键信息基础设施运营者、网络平台运营者统称为当事人。

第三条 网络安全审查坚持防范网络安全风险与促进先进技术应用相结合、过程公正透明与知识产权保护相结合、事前审查与持续监管相结合、企业承诺与社会监督相结合，从产品和服务以及数据处理活动安全性、可能带来的国家安全风险等方面进行审查。

第四条 在中央网络安全和信息化委员会领导下，国家互联网信息办公室会同中华人民共和国国家发展和改革委员会、中华人民共和国工业和信息化部、中华人民共和国公安部、中华人民共和国国家安全部、中华人民共和国财政部、中华人民共和国商务部、中国人民银行、国家市场监督管理总局、国家广播电视总局、中国证券监督管理委员会、国家保密局、国家密码管理局建立国家网络安全审查工作机制。

网络安全审查办公室设在国家互联网信息办公室，负责制定网络安全审查相关制度规范，组织网络安全审查。

第五条 关键信息基础设施运营者采购网络产品和服务的，应当预判该产品和服务投入使用后可能带来的国家安全风险。影响或者可能影响国家安全的，应当向网络安全审查办公室申报网络安全审查。

关键信息基础设施安全保护工作部门可以制定本行业、本领域预判指南。

第六条 对于申报网络安全审查的采购活动，关键信息基础设施运营者应当通过采购文件、协议等要求产品和服务提供者配合网络安全审查，包括承诺不利用提供产品和服务的便利条件非法获取用户数据、非法控制和操纵用户设备，无正当理由不中断产品供应或者必要的技术支持服务等。

第七条 掌握超过100万用户个人信息的网络平台运营者赴国外上市，必须向网络安全审查办公室申报网络安全审查。

第八条 当事人申报网络安全审查，应当提交以下材料：

（一）申报书；

（二）关于影响或者可能影响国家安全的分析报告；

（三）采购文件、协议、拟签订的合同或者拟提交的首次公开募股（IPO）等上市申请文件；

（四）网络安全审查工作需要的其他材料。

第九条 网络安全审查办公室应当自收到符合本办法第八条规定的审查申报材料起10个工作日内，确定是否需要审查并书面通知当事人。

第十条 网络安全审查重点评估相关对象或者情形的以下国家安全风险因素：

（一）产品和服务使用后带来的关键信息基础设施被非法控制、遭受干扰或者破坏的风险；

（二）产品和服务供应中断对关键信息基础设施业务连续性的危害；

（三）产品和服务的安全性、开放性、透明性、来源的多样性，供应渠道的可靠性以及因为政治、外交、贸易等因素导致供应中断的风险；

（四）产品和服务提供者遵守中国法律、行政法规、部门规章情况；

（五）核心数据、重要数据或者大量个人信息被窃取、泄露、毁损以及非法利用、非法出境的风险；

（六）上市存在关键信息基础设施、核心数据、重要数据或者大量个人信息被外国政府影响、控制、恶意利用的风险，以及网络信息安全风险；

（七）其他可能危害关键信息基础设施安全、网络安全和数据安全的因素。

第十一条 网络安全审查办公室认为需要开展网络安全审查的，应当自向当事人发出书面通知之日起30个工作日内完成初步审查，包括形成审查结论建议和将审查结论建议发送网络安全审查工作机制成员单位、相关部门征求意见；情况复杂的，可以延长15个工作日。

第十二条 网络安全审查工作机制成员单位和相关部门应当自收到审查结论建议之日起15个工作日内书面回复意见。

网络安全审查工作机制成员单位、相关部门意见一致的，网络安全审查办公室以书面形式将审查结论通知当事人；意见不一致的，按照特别审查程序处理，并通知当事人。

第十三条 按照特别审查程序处理的，网络安全审查办公室应当听取相关单位和部门意见，进行深入分析评估，再次形成审查结论建议，并征求网络安全审查工作机制成员单位和相关部门意见，按程序报中央网络安全和信息化委员会批准后，形成审查结论并书面通知当事人。

第十四条 特别审查程序一般应当在90个工作日内完成，情况复杂的可以延长。

第十五条 网络安全审查办公室要求提供补充材料的，当事人、产品和服务提供者应当予以配合。提交补充材料的时间不计入审查时间。

第十六条 网络安全审查工作机制成员单位认为影响或者可能影响国家安全的网络产品和服务以及数据处理活动，由网络安全审查办公室按程序报中央网络安全和信息化委员会批准后，依照本办法的规定进行审查。

为了防范风险，当事人应当在审查期间按照网络安全审查要求采取预防和消减风险的措施。

第十七条 参与网络安全审查的相关机构和人员应当严格保护知识产权，对在审查工作中知悉的商业秘密、个人信息，当事人、产品和服务提供者提交的未公开材料，以及其他未公开信息承担保密义务；未经信息提供方同意，不得向无关方披露或者用于审查以外的目的。

第十八条 当事人或者网络产品和服务提供者认为审查人员有失客观公正，或者未能对审查工作中知悉的信息承担保密义务的，可以向网络安全审查办公室或者有关部门举报。

第十九条 当事人应当督促产品和服务提供者履行网络安全审查中作出的承诺。

网络安全审查办公室通过接受举报等形式加强事前事中事后监督。

第二十条 当事人违反本办法规定的，依照《中华人民共和国网络安全法》、《中华人民共和国数据安全法》的规定处理。

第二十一条 本办法所称网络产品和服务主要指核心网络设备、重要通信产品、高性能计算机和服务器、大容量存储设备、大型数据库和应用软件、网络安全设备、云计算服务，以及其他对关键信息基础设施安全、网络安全和数据安全有重要影响的网络产品和服务。

第二十二条 涉及国家秘密信息的，依照国家有关保密规定执行。

国家对数据安全审查、外商投资安全审查另有规定的，应当同时符合其规定。

第二十三条 本办法自2022年2月15日起施行。2020年4月13日公布的《网络安全审查办法》（国家互联网信息办公室、国家发展和改革委员会、工业和信息化部、公安部、国家安全部、财政部、商务部、中国人民银行、国家市场监督管理总局、国家广播电视总局、国家保密局、国家密码管理局令第6号）同时废止。

附录八　生成式人工智能服务管理暂行办法

《生成式人工智能服务管理暂行办法》2023 年 5 月 23 日由国家互联网信息办公室 2023 年第 12 次室务会议审议通过，共 24 条，自 2023 年 8 月 15 日起施行。

第一章　总　则

第一条　为了促进生成式人工智能健康发展和规范应用，维护国家安全和社会公共利益，保护公民、法人和其他组织的合法权益，根据《中华人民共和国网络安全法》、《中华人民共和国数据安全法》、《中华人民共和国个人信息保护法》、《中华人民共和国科学技术进步法》等法律、行政法规，制定本办法。

第二条　利用生成式人工智能技术向中华人民共和国境内公众提供生成文本、图片、音频、视频等内容的服务（以下称生成式人工智能服务），适用本办法。

国家对利用生成式人工智能服务从事新闻出版、影视制作、文艺创作等活动另有规定的，从其规定。

行业组织、企业、教育和科研机构、公共文化机构、有关专业机构等研发、应用生成式人工智能技术，未向境内公众提供生成式人工智能服务的，不适用本办法的规定。

第三条　国家坚持发展和安全并重、促进创新和依法治理相结合的原则，采取有效措施鼓励生成式人工智能创新发展，对生成式人工智能服务实行包容审慎和分类分级监管。

第四条　提供和使用生成式人工智能服务，应当遵守法律、行政法规，尊重社会公德和伦理道德，遵守以下规定：

（一）坚持社会主义核心价值观，不得生成煽动颠覆国家政权、推翻社会主义制度，危害国家安全和利益、损害国家形象，煽动分裂国家、破坏国家统一和社会稳定，宣扬恐怖主义、极端主义，宣扬民族仇恨、民族歧视，暴力、淫秽色情，以及虚假有害信息等法律、行政法规禁止的内容；

（二）在算法设计、训练数据选择、模型生成和优化、提供服务等过程中，采取有效措施防止产生民族、信仰、国别、地域、性别、年龄、职业、健康等歧视；

（三）尊重知识产权、商业道德，保守商业秘密，不得利用算法、数据、平台等优势，实施垄断和不正当竞争行为；

（四）尊重他人合法权益，不得危害他人身心健康，不得侵害他人肖像权、名誉权、荣誉权、隐私权和个人信息权益；

（五）基于服务类型特点，采取有效措施，提升生成式人工智能服务的透明度，提高生成内容的准确性和可靠性。

第二章　技术发展与治理

第五条　鼓励生成式人工智能技术在各行业、各领域的创新应用，生成积极健康、向上向善的优质内容，探索优化应用场景，构建应用生态体系。

支持行业组织、企业、教育和科研机构、公共文化机构、有关专业机构等在生成式人工智能技术创新、数据资源建设、转化应用、风险防范等方面开展协作。

第六条　鼓励生成式人工智能算法、框架、芯片及配套软件平台等基础技术的自主创新，平等互利开展国际交流与合作，参与生成式人工智能相关国际规则制定。

推动生成式人工智能基础设施和公共训练数据资源平台建设。促进算力资源协同共享，提升算力资源利用效能。推动公共数据分类分级有序开放，扩展高质量的公共训练数据资源。鼓励采用安全可信的芯片、软件、工具、算力和数据资源。

第七条　生成式人工智能服务提供者（以下称提供者）应当依法开展预训练、优化训练等训练数据处理活动，遵守以下规定：

（一）使用具有合法来源的数据和基础模型；

（二）涉及知识产权的，不得侵害他人依法享有的知识产权；

（三）涉及个人信息的，应当取得个人同意或者符合法律、行政法规规定的其他情形；

（四）采取有效措施提高训练数据质量，增强训练数据的真实性、准确性、客观性、多样性；

（五）《中华人民共和国网络安全法》、《中华人民共和国数据安全法》、

《中华人民共和国个人信息保护法》等法律、行政法规的其他有关规定和有关主管部门的相关监管要求。

第八条 在生成式人工智能技术研发过程中进行数据标注的，提供者应当制定符合本办法要求的清晰、具体、可操作的标注规则；开展数据标注质量评估，抽样核验标注内容的准确性；对标注人员进行必要培训，提升尊法守法意识，监督指导标注人员规范开展标注工作。

第三章 服务规范

第九条 提供者应当依法承担网络信息内容生产者责任，履行网络信息安全义务。涉及个人信息的，依法承担个人信息处理者责任，履行个人信息保护义务。

提供者应当与注册其服务的生成式人工智能服务使用者（以下称使用者）签订服务协议，明确双方权利义务。

第十条 提供者应当明确并公开其服务的适用人群、场合、用途，指导使用者科学理性认识和依法使用生成式人工智能技术，采取有效措施防范未成年人用户过度依赖或者沉迷生成式人工智能服务。

第十一条 提供者对使用者的输入信息和使用记录应当依法履行保护义务，不得收集非必要个人信息，不得非法留存能够识别使用者身份的输入信息和使用记录，不得非法向他人提供使用者的输入信息和使用记录。

提供者应当依法及时受理和处理个人关于查阅、复制、更正、补充、删除其个人信息等的请求。

第十二条 提供者应当按照《互联网信息服务深度合成管理规定》对图片、视频等生成内容进行标识。

第十三条 提供者应当在其服务过程中，提供安全、稳定、持续的服务，保障用户正常使用。

第十四条 提供者发现违法内容的，应当及时采取停止生成、停止传输、消除等处置措施，采取模型优化训练等措施进行整改，并向有关主管部门报告。

提供者发现使用者利用生成式人工智能服务从事违法活动的，应当依法依约采取警示、限制功能、暂停或者终止向其提供服务等处置措施，保存有关记录，并向有关主管部门报告。

第十五条 提供者应当建立健全投诉、举报机制，设置便捷的投诉、举报入口，公布处理流程和反馈时限，及时受理、处理公众投诉举报并反馈处理结果。

第四章　监督检查和法律责任

第十六条　网信、发展改革、教育、科技、工业和信息化、公安、广播电视、新闻出版等部门，依据各自职责依法加强对生成式人工智能服务的管理。

国家有关主管部门针对生成式人工智能技术特点及其在有关行业和领域的服务应用，完善与创新发展相适应的科学监管方式，制定相应的分类分级监管规则或者指引。

第十七条　提供具有舆论属性或者社会动员能力的生成式人工智能服务的，应当按照国家有关规定开展安全评估，并按照《互联网信息服务算法推荐管理规定》履行算法备案和变更、注销备案手续。

第十八条　使用者发现生成式人工智能服务不符合法律、行政法规和本办法规定的，有权向有关主管部门投诉、举报。

第十九条　有关主管部门依据职责对生成式人工智能服务开展监督检查，提供者应当依法予以配合，按要求对训练数据来源、规模、类型、标注规则、算法机制机理等予以说明，并提供必要的技术、数据等支持和协助。

参与生成式人工智能服务安全评估和监督检查的相关机构和人员对在履行职责中知悉的国家秘密、商业秘密、个人隐私和个人信息应当依法予以保密，不得泄露或者非法向他人提供。

第二十条　对来源于中华人民共和国境外向境内提供生成式人工智能服务不符合法律、行政法规和本办法规定的，国家网信部门应当通知有关机构采取技术措施和其他必要措施予以处置。

第二十一条　提供者违反本办法规定的，由有关主管部门依照《中华人民共和国网络安全法》、《中华人民共和国数据安全法》、《中华人民共和国个人信息保护法》、《中华人民共和国科学技术进步法》等法律、行政法规的规定予以处罚；法律、行政法规没有规定的，由有关主管部门依据职责予以警告、通报批评，责令限期改正；拒不改正或者情节严重的，责令暂停提供相关服务。

构成违反治安管理行为的，依法给予治安管理处罚；构成犯罪的，依法追究刑事责任。

第五章　附　则

第二十二条　本办法下列用语的含义是：

（一）生成式人工智能技术，是指具有文本、图片、音频、视频等内容生成能力的模型及相关技术。

（二）生成式人工智能服务提供者，是指利用生成式人工智能技术提供生成式人工智能服务（包括通过提供可编程接口等方式提供生成式人工智能服务）的组织、个人。

（三）生成式人工智能服务使用者，是指使用生成式人工智能服务生成内容的组织、个人。

第二十三条 法律、行政法规规定提供生成式人工智能服务应当取得相关行政许可的，提供者应当依法取得许可。

外商投资生成式人工智能服务，应当符合外商投资相关法律、行政法规的规定。

第二十四条 本办法自2023年8月15日起施行。

后　记

加强网络安全教育和宣传，增强全社会网络安全意识，提高全民信息素质和网络安全能力，是从网络大国向网络强国迈进的关键举措。高等院校应该紧扣移动互联网时代的脉搏，建立新型网络安全教育生态格局，对传统的网络安全教育模式进行改革创新，实现网络安全进教材、进课堂、进头脑。

本书系统深入地阐述了移动互联网、网络安全和高校网络安全教育的基本概念和特点，分析了移动互联网时代背景下高校网络安全教育所面临的机遇与挑战。本书在总结和借鉴当前我国高校网络安全教育实践经验的基础上开展了调查研究，尝试提出移动互联网时代高校网络安全教育的根本原则与对策，强调运用多种手段健全网络安全教育机制，构筑高校网络安全保障体系，希望有助于全面增强高校大学生的网络安全意识，提升其维护网络安全的能力。

本书在撰写过程中参阅和引述了一些学者的研究成果，在此向他们表示衷心的感谢，所列注释、参考文献如有疏漏，恳请相关作者谅解。本书在编辑出版的过程中，得到了江苏大学出版社吴春娥老师的大力支持，在此亦向其衷心致谢！

王训兵

2023 年 10 月

